"十三五"江苏省高等学校重点教材（编号：2020-2-066）

高等职业院校技能应用型教材·软件技术系列

MySQL 数据库原理与应用 项目化教程（微课版）

胡巧儿　李慧清　许　欢　主　编

吴秀君　冯笑雪　张　莉　副主编

U0178379

电子工业出版社

Publishing House of Electronics Industry

北京·BEIJING

内 容 简 介

本书以 MySQL 数据库管理系统为平台，讲解关系数据库基本原理及其在 MySQL 数据库中的应用。主要内容包括认识数据库、数据库设计、MySQL 环境部署、数据库的创建与管理、数据表的创建与管理、数据更新、简单数据查询、高级数据查询、查询优化、数据库的编程访问、数据库的安全管理。

本书突出了以技能培养为主的职业教育特点，采用项目导入、任务驱动的编写方式。每个项目均设置项目描述、学习目标、任务（含任务描述、相关知识、任务实施等）、知识拓展、同步实训等环节，并在每个项目后配备习题，帮助读者巩固所学的知识点。

本书提供配套的教学 PPT、案例数据库、习题与参考答案、同步实训与参考答案、微课视频等教学资源。其中，微课视频需要读者扫描书中的二维码进行观看，其他资源可以在华信教育资源网（www.hxedu.com.cn）中免费下载。读者可以使用手机等移动设备通过"云课堂智慧职教"APP 扫描本书封面的二维码，加入智慧职教 MOOC 学院学习在线课程。

本书结构清晰、图文并茂、浅显易懂、实用性强，可作为高等职业院校计算机及相关专业的专业课教材，也可供数据库技术初学者选用参考。

未经许可，不得以任何方式复制或抄袭本书之部分或全部内容。

版权所有，侵权必究。

图书在版编目（CIP）数据

MySQL 数据库原理与应用项目化教程：微课版/胡巧儿，李慧清，许欢主编. —北京：电子工业出版社，2021.4

ISBN 978-7-121-40911-0

Ⅰ. ①M⋯　Ⅱ. ①胡⋯ ②李⋯ ③许⋯　Ⅲ. ①SQL 语言－程序设计－高等学校－教材　Ⅳ. ①TP311.132.3

中国版本图书馆 CIP 数据核字（2021）第 058917 号

责任编辑：薛华强
印　　刷：三河市鑫金马印装有限公司
装　　订：三河市鑫金马印装有限公司
出版发行：电子工业出版社
　　　　　北京市海淀区万寿路 173 信箱　　邮编：100036
开　　本：787×1 092　1/16　印张：14.5　字数：410 千字
版　　次：2021 年 4 月第 1 版
印　　次：2024 年 7 月第 7 次印刷
定　　价：49.00 元

凡所购买电子工业出版社图书有缺损问题，请向购买书店调换。若书店售缺，请与本社发行部联系，联系及邮购电话：（010）88254888，88258888。

质量投诉请发邮件至 zlts@phei.com.cn，盗版侵权举报请发邮件至 dbqq@phei.com.cn。

本书咨询联系方式：（010）88254569，xuehq@phei.com.cn，QQ1140210769。

前 言

数据库技术是信息系统的一项核心技术，是一种计算机辅助管理数据的方法，主要研究如何组织和存储数据，如何高效地获取和处理数据。数据库技术是计算机及相关专业学生必备的专业基础知识。从目前各大招聘网站的信息来看，各类计算机人才的技能要求中都要求应聘者至少掌握一种数据库管理系统的操作方法。与其他数据库产品相比，MySQL 具有体积小、速度快、使用方便、可移植、费用低等特点，并且开放源代码，因此越来越多的公司开始使用 MySQL，尤其在Web 开发领域，MySQL 占据着举足轻重的地位。

为适应大数据技术的发展，介绍新技术、新成果、新经验，满足当前课程思政建设的需要，结合高等职业院校学生的能力水平和学习特点，我们组织编写了本书，本书的主要特色与创新内容如下。

（1）坚持高等职业教育中"实用为主、够用为度"的教学原则，对教材内容进行合理规划。

本书将数据库原理与数据库应用有机结合，数据库原理部分主要讲解关系数据库的基础知识，以及数据库概念设计与逻辑设计的常用方法；数据库应用部分则突出了软件开发时使用频率最高的数据查询语句的重要性。

（2）突出高等职业教育技能培养为主的特点。

本书以"项目导入、任务驱动"的方式编写，全书分为 11 个项目，分别是认识数据库、数据库设计、MySQL 环境部署、数据库的创建与管理、数据表的创建与管理、数据更新、简单数据查询、高级数据查询、查询优化、数据库的编程访问、数据库的安全管理。每个项目均以数据库设计与开发过程中的子过程为课程内容进行详细讲解，每个项目又分为若干任务，以实际工作任务为背景，通过"任务描述"→"相关知识"（完成任务需要用到的相关知识）→"任务实施"（完成具体的工作任务）三个环节，将知识的学习、技能的练习与任务相结合。以两个案例贯穿全书，构建立体的技能训练体系，选取的两个案例充分考虑了初学者的特点，课堂上以"学生成绩管理"数据库的设计与开发贯穿始终，课后以"员工管理"数据库的设计与开发贯穿始终。每个项目后面的"同步实训"可以强化对学生的技能训练。每个项目后面还附有大量的习题，以客观题为主，可以让学生在课后学习过程中及时巩固知识点；数据库设计、数据查询需要大量的技能训练，在习题中以主观题的形式进行了强化。数据查询语句是数据库中使用频率最高的语句，涉及的知识点比较多，故将相关内容安排在两个项目（项目 7 和项目 8）中进行介绍，确保学生能很好地掌握知识点。

（3）设置"知识拓展"环节，介绍新技术、新成果、新经验。

每个项目后面都有"知识拓展"环节，既有"常用的 MySQL 图形化管理工具""存储引擎""MySQL 触发器"等在其他教材中比较常见的内容，也有在同类教材中很少见到的内容，具体如下。

① 介绍"查询语句的执行顺序"，可以使学生深刻领会查询语句各子句的执行顺序，以及书

写顺序的差异。在实际应用中，可以让学生更好地根据需要编写查询代码并正确使用别名。

② 介绍 MySQL 在大数据技术中的解决方案和应用经验，主要包括"MySQL 大数据的常用解决方案——分表和分区""在 MySQL 中快速删除大量数据""MySQL 千万级大数据查询优化经验"。

③ 介绍目前在大数据技术中得到应用的数据存储技术，即"NoSQL 数据库"。

这些内容为学有余力的学生提供了更多学习资源，拓展了知识的深度和广度。

（4）注重课程思政建设。

本书把数据库相关的、价值观鲜明的思政元素（包括"华为公司发布 GaussDB 分布式数据库""我国数据库领域泰斗——萨师煊教授"等）融入"知识拓展"环节，可以让学生了解我国计算机信息行业取得的巨大成就，对学生能起到很好的正面引导作用。

（5）提供丰富的立体化教学资源。

为了方便教师开展教学和学生的个性化学习，本书提供了教学 PPT、案例数据库、习题与参考答案、同步实训与参考答案、微课视频等教学资源。其中，微课视频需要读者扫描书中的二维码进行观看，其他资源可以在华信教育资源网（www.hxedu.com.cn）中免费下载。读者可以使用手机等移动设备通过"云课堂智慧职教"APP 扫描本书封面的二维码，加入智慧职教 MOOC 学院学习在线课程。

本书项目中涉及的人名、电话号码、家庭住址等信息均属虚构，如有雷同，实属巧合。

本书由江苏海事职业技术学院的胡巧儿、内蒙古化工职业学院的李慧清、江苏海事职业技术学院的许欢担任主编，由胡巧儿负责内容结构设计和统稿工作。其他参与编写的人员有乌鲁木齐职业大学的吴秀君和赵静、邢台职业技术学院的冯笑雪、江苏海事职业技术学院的张莉。本书在编写过程中得到了江苏海事职业技术学院信息工程学院领导的大力支持，在此表示衷心的感谢。

由于编者水平所限，不妥之处在所难免，敬请广大读者和专家批评指正。

编　者

目　录

CONTENTS

V

认识数据库

项目描述

数据库技术是信息系统的一项核心技术。数据库技术产生于 20 世纪 60 年代末 70 年代初，其主要作用是有效地管理和存取大量的数据资源。

设计和使用数据库前，要理解数据库的基本概念。数据库是有结构的，数据库结构的基础是数据模型，数据库管理系统都是基于某种数据模型创建的，关系模型是目前使用最广泛的数据模型，读者要掌握关系模型的数据结构和数据完整性规则，并了解关系数据库的标准语言——SQL。

学习目标

（1）理解数据库的基本概念（数据、数据库、数据库管理系统、数据库系统等）。
（2）理解概念模型的相关术语及 E-R 图的三要素。
（3）理解关系模型的数据结构及数据完整性规则。
（4）了解关系数据库的标准语言——SQL。
（5）能根据给定的数据表，写出关系模式，分析主键、外键及字段取值约束条件。

任务 1.1　理解数据库的基本概念

微课视频

【任务描述】

设计和使用数据库前，需要读者理解数据库的几个基本概念：数据、数据库、数据库管理系统、数据库系统等。

学习本任务时，建议读者在理解数据库的基本概念的基础上，掌握数据库、数据库管理系统、数据库系统三者之间的关系，了解常用的数据库管理系统。

【相关知识】

数据、数据库、数据库管理系统和数据库系统是与数据库技术密切相关的四个基本概念。

1.1.1　数据

数据（Data）是数据库中存储的基本对象。早期的计算机主要用于科学计算领域，处理的数据基本是数值型数据，如整数、实数、浮点数等，因此数据在大多数人印象中就是数字，这是对数据的传统和狭义的理解。其实，数字只是数据的一种最简单的形式。如今，计算机存储和处理的对象十分广泛，数据种类也非常丰富，诸如文本、图形、图像、音频、视频等都是数据。

我们可以将数据定义为描述事物的符号记录。描述事物的符号可以是数字，也可以是文字、图形、图像、音频、视频等，数据有多种表现形式，它们都可以经过数字化处理后存入计算机。

数据的表现形式并不能完全表达数据的含义。例如，数据 80 可以表示某学生的一门课程的成绩是 80 分，也可以表示某件商品的价格是 80 元，还可以表示某人的体重是 80 千克。数据必须经过解释，才能让用户明白其含义。数据的含义被称为数据的语义，解释数据就是对数据的语义进行说明，数据与其语义是分不开的。

在日常生活中，人们习惯用自然语言描述事物。例如，描述一名学生，他的基本信息如下：刘卫平同学，男，1994-10-16 出生，家庭地址为衡山市东风路 78 号。

但在计算机中，该学生可以这样描述：

（刘卫平，男，1994-10-16，衡山市东风路 78 号）

我们把姓名、性别、出生日期、家庭地址等信息组织在一起，构成一个记录。记录是计算机中表示和存储数据的一种格式或一种方法。该记录就是描述学生的数据，这样的数据是有结构的。

1.1.2 数据库

数据库（DB，Database），顾名思义，就是存放数据的仓库。只不过该仓库是在计算机存储设备上的，而且是按一定的格式存放的。

在科学技术飞速发展的今天，人们对数据的需求越来越多，数据量也越来越大。通常情况下，我们收集一个应用所需的大量数据后，希望将这些数据保存起来，以便进一步加工处理，抽取有用的信息。早期，人们把数据存放在文件柜里，现在，人们可以借助计算机和数据库技术科学地保存和管理大量复杂的数据，从而方便、充分地利用这些宝贵的信息资源。

严格地讲，数据库是长期存储在计算机内的、有组织的、可共享的大量数据的集合。用户可以对数据库中的数据进行增加、删除、修改、查找等操作。数据库中的数据按一定的数据模型组织、描述和存储，具有较小的冗余度、较高的数据独立性和易扩展性，并可供各种用户使用。

概括而言，数据库中的数据具有三个基本特点，即永久存储、有组织和可共享。

1.1.3 数据库管理系统

数据库管理系统（DBMS，Database Management System）是介于用户与操作系统之间的数据管理软件。DBMS 可以创建数据库，并对数据库提供统一的管理和控制。

数据库管理系统的主要功能包括以下几个方面。

（1）数据定义功能。

DBMS 提供数据定义语言，用户通过它可以方便地定义数据库的各种对象，包括数据表、视图、存储过程等，这些对象要先定义才能使用。

（2）数据操纵功能。

DBMS 提供数据操纵语言，用户可以使用数据操纵语言操纵数据库，实现对数据库的基本操作，如查询、插入、修改、删除数据等。

（3）数据库的运行管理。

数据库在建立、运行和维护时由 DBMS 提供统一的管理和控制，以保证数据的安全性和完整性，并确保多用户对数据的并发访问和发生故障后的数据库恢复等。

（4）数据库的建立和维护。

数据库的建立和维护包括数据库初始数据的输入和转换功能，数据库的转储、恢复功能，数据库的重组和性能监视、分析功能等。这些功能通常是由一些程序或管理工具完成的。

1.1.4 数据库系统

数据库系统（DBS，Database System）指引入数据库的计算机系统，由硬件、操作系统、数据库、数据库管理系统、应用开发工具、应用系统、各类人员等组成。数据库系统的组成如图 1.1 所示。

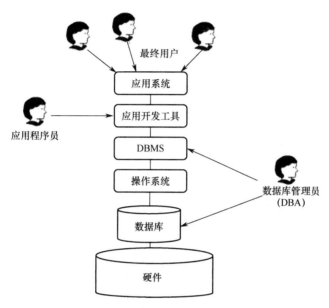

图 1.1　数据库系统的组成

我们将对数据库提供专职管理和维护的人员称为数据库管理员（DBA，Database Administrator）。DBA 的核心目标是保证数据库管理系统的稳定性、安全性、完整性和高性能。

数据库系统有以下几个特点。

- 数据结构化。
- 数据共享性高，冗余度低，易扩展。
- 数据独立性高。
- 数据由 DBMS 提供统一的管理与控制。

【任务实施】

1．描述数据库、数据库管理系统与数据库系统三者之间的关系

数据库系统包含了数据库和数据库管理系统。数据库是长期存储在计算机内有组织、可共享的相关数据的集合，数据库中的数据按一定的数据模型进行组织、描述和存储。这些数据具有较高的独立性和共享性，并且冗余度低，易扩展。数据库管理系统是数据库系统的核心组成部分，它是介于用户与操作系统之间的数据管理软件，用于创建数据库，并对数据库提供统一的管理与控制，是用户和数据库的接口。数据库系统指引入数据库的计算机系统，一般由硬件、操作系统、数据库、数据库管理系统、应用开发工具、应用系统、各类人员等组成。

2．了解常用的数据库管理系统产品

目前，市场上常用的数据库管理系统产品有 Oracle、SQL Server、MySQL、DB2、Access

等，下面分别介绍。

（1）Oracle。

Oracle 是美国 Oracle（甲骨文）公司推出的一款关系数据库管理系统，也是目前最流行的大型关系数据库管理系统之一。它是数据库领域一直处于领先地位的产品，市场占有率高，系统可移植性好、使用方便、功能强，适用于各类大、中、小、微型计算机环境。Oracle 具有效率高、可靠性好等特点，适用于高吞吐量的数据库建设方案。

（2）SQL Server。

SQL Server 是 Microsoft 公司推出的关系数据库管理系统，已被广泛应用于电子商务、银行、保险、电力等行业。SQL Server 因操作容易、界面良好等特点深受广大用户的喜爱。早期版本的 SQL Server 只能在 Windows 中运行，而后来的 SQL Server 2017 既支持 Windows，也支持 Linux。

（3）MySQL。

MySQL 是瑞典 MySQL AB 公司（该公司后来被 Sun 公司收购，Sun 公司又被 Oracle 公司收购）推出的关系数据库管理系统，可以在 UNIX、Linux、Mac OS 和 Windows 中运行。与其他数据库管理系统相比，MySQL 具有体积小、速度快、使用便捷等特点，并且开放源代码，开发人员可以根据需要进行修改。MySQL 推出社区版和商业版的双授权方案，兼顾了免费使用和付费使用的场景，软件使用成本低。因此，越来越多的公司开始使用 MySQL，尤其在 Web 开发领域中，MySQL 占据着举足轻重的地位。

（4）DB2。

DB2 是由 IBM 公司推出的关系数据库管理系统，主要支持 UNIX（包括 IBM 的 AIX）、z/OS（适用于大型计算机的操作系统）、Windows Server 等。DB2 具有较好的可伸缩性，既支持大型计算机，也支持单用户环境。DB2 提供了高层次的数据利用性、完整性、安全性和可恢复性，以及从小规模到大规模应用程序的执行能力，适合存储海量数据，但与其他数据库管理系统相比，DB2 的操作比较复杂。

（5）Access。

Access 是 Microsoft Office 系列中的一款办公软件，是 Windows 下基于桌面的关系数据库管理系统，主要用于中小型数据库应用系统的开发。

Access 的功能体现在两个方面：一是用于数据分析，二是用于软件开发。在功能上，Access 不仅是数据库管理系统，而且是一个功能强大的数据库应用开发工具，它提供了表、查询、窗体、报表、页、宏、模块等数据库对象；提供了多种向导、生成器、模板，把数据存储、数据查询、界面设计、报表生成等操作规范化，不需要太多复杂的编程，就能开发出一般的数据库应用系统。Access 采用 SQL 作为数据库语言，使用 VBA（Visual Basic for Application）作为高级控制操作和复杂数据操作的编程语言。

（6）MongoDB。

MongoDB 是一个介于关系数据库和非关系数据库之间的数据库管理系统。在非关系数据库中，MongoDB 的功能是比较丰富的。从另一角度去讨论，它也比较接近关系数据库。MongoDB 支持的数据结构（类似 JSON 的 BSON 格式）非常松散，可以存储比较复杂的数据类型。

MongoDB 最大的特点是支持的查询语言非常强大，其语法与面向对象的查询语言有些类似。MongoDB 可以实现诸如关系数据库单表查询等许多功能，而且支持对数据建立索引。不仅如此，MongoDB 还是一个开源数据库，并且具有高性能、易部署、易使用、存储数据等特点。对于 Web2.0 涉及的数据量大、扩展性强、事务性弱的应用开发任务，MongoDB 完全可以满足其数据存储的需求。

任务 1.2　理解数据模型

微课视频

【任务描述】

数据模型是对现实世界数据特征的抽象。为了把现实世界的具体事物抽象、组织为机器世界的某个 DBMS 支持的数据模型，需要先把现实世界的具体事物抽象为信息世界的概念数据模型（简称概念模型）。

本任务主要介绍信息世界的常用术语及概念模型常用的表达工具（E-R 图），机器世界目前主流的数据模型（关系模型），关系模型的数据结构及数据完整性规则。

本任务的具体内容：根据学生基本信息表、课程基本信息表、学生选课成绩表的内容，分析三张表对应的是学生选修课程 E-R 图中的哪部分；分析三张表的主键、外键；写出三张表对应的关系模式；分析三张表中字段取值的约束条件。

【相关知识】

1.2.1　概念模型

概念模型用于建立信息世界的数据模型，即按用户的观点对现实世界的事物及事物之间的联系进行抽象建模。概念模型是用户和数据库设计人员进行交流的工具，应当具备简单、清晰、易于用户理解等特点。概念模型独立于具体的 DBMS。

1. 信息世界相关术语

（1）实体（Entity）。

客观存在且可以相互区别的事物被称为实体。例如，学生、课程等都是实体。

（2）属性（Attribute）。

实体所具有的特性被称为属性。一个实体可由若干属性进行刻画。例如，学生实体可以由学号、姓名、性别、出生日期、家庭地址等属性组成，属性组合（刘卫平，男，1994-10-16，衡山市东风路 78 号）描述了一名学生。

（3）码（Key）。

唯一标识实体的属性或属性的组合被称为码。例如，学号是学生实体的码，因为每名学生的学号都不同。

（4）实体型（Entity Type）。

实体型：使用实体名及其属性名来描述同类实体。例如，学生（学号，姓名，性别，出生日期，家庭地址）就是一个实体型。

（5）实体集（Entity Set）。

同类实体的集合被称为实体集，如全体学生、所有课程等。

（6）联系（Relationship）。

在现实世界中，事物内部及事物之间是有联系的，这些联系在信息世界中反映为实体内部的联系和实体之间的联系。实体内部的联系通常指组成实体的各属性之间的联系，实体之间的联系通常指不同实体集之间的联系。

两个实体之间的联系主要有一对一、一对多和多对多三种类型。

① 一对一联系：如果对于实体集 A 中的每个实体，实体集 B 中至多存在一个实体与之联

系，反之亦然，则称实体集 A 与实体集 B 存在一对一联系，记作 1∶1。

例如，一名学生只能有一张校园卡，一张校园卡只能属于一名学生，学生与校园卡之间存在一对一联系。

② 一对多联系：如果对于实体集 A 中的每个实体，实体集 B 中存在多个实体与之联系，反之，对于实体集 B 中的每个实体，实体集 A 中至多存在一个实体与之联系，则称实体集 A 与实体集 B 存在一对多联系，记作 $1∶n$。

例如，一个班级有多名学生，一名学生只能属于一个班级，班级与学生之间存在一对多联系。

③ 多对多联系：如果对于实体集 A 中的每个实体，实体集 B 中存在多个实体与之联系，反之，对于实体集 B 中的每个实体，实体集 A 中也存在多个实体与之联系，则称实体集 A 与实体集 B 存在多对多联系，记作 $m∶n$。

例如，一名教师可以讲授多门课程，一门课程可以有多名教师讲授，教师与课程之间存在多对多联系。

2．E-R 图

概念模型常用的描述工具是 E-R（Entity-Relationship）图，即实体-联系图。E-R 图有三个要素：实体型（一般简称实体）、联系和属性，表示方法如下。

（1）用矩形表示实体，实体名写在框内。

（2）用菱形表示实体间的联系，联系名写在菱形框内，用无向边分别把菱形框与有关实体连接起来。

（3）用椭圆表示实体的属性或实体间联系的属性，并用无向边把属性及其所属的实体或联系连接起来。

例如，如图 1.2 所示为一个描述学生、课程及学生与课程之间联系的 E-R 图。一名学生可以选修多门课程，一门课程可以被多名学生选修，因此学生与课程之间是多对多联系，学生选课会产生一个新的属性"成绩"。学号是学生实体的码，课程号是课程实体的码。

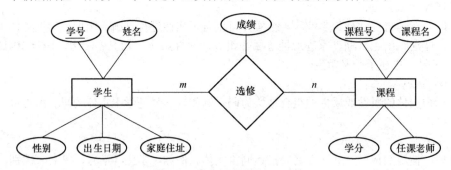

图 1.2　学生选修课程 E-R 图

E-R 图的设计方法和步骤将在后面的项目中进行介绍。

1.2.2　关系模型

逻辑数据模型简称数据模型，它直接面向机器世界里数据库的逻辑结构，任何一个 DBMS 都基于某种数据模型。

数据模型有三个要素：数据结构、数据操作和数据约束条件。

层次模型、网状模型和关系模型是三种最主要的数据模型。层次模型用"树"结构表示数据之间的关系，网状模型用"图"结构表示数据之间的关系，关系模型用"二维表"（关系）表示数据之间的关系。

关系模型的数据结构简单、清晰、易用，是目前最重要，使用最广泛的数据模型。采用关系模型的数据库管理系统被称为关系数据库管理系统（RDBMS，Relational Database Management System），目前，常用的数据库管理系统大多是关系数据库管理系统，它们创建的数据库被称为关系数据库，关系数据库的逻辑结构是二维表。

下面介绍关系模型的数据结构、数据操作和数据完整性规则。

1．关系数据结构

关系模型是建立在集合代数的基础上的。关系模型由一组关系组成，每个关系的数据结构是一张规范化的二维表，把关系视为行的一个集合。规范化的意思是表中没有子表，即每个属性都不可再分。如表 1-1 所示为非规范化的二维表，修改表 1-1 后可以得到如表 1-2 所示的规范化的二维表。

表 1-1　非规范化的二维表

学　号	姓　名	成　绩		
		语　文	数　学	英　语
S001	张三	70	65	80
S002	李四	85	90	77
S003	王五	60	75	82
……	……	……	……	……

表 1-2　规范化的二维表

学　号	姓　名	语　文	数　学	英　语
S001	张三	70	65	80
S002	李四	85	90	77
S003	王五	60	75	82
……	……	……	……	……

下面介绍关系模型中的一些术语。

（1）关系：一个关系就是一张二维表。

（2）元组（记录）：表中的一行被称为一个元组或一条记录。

（3）属性（字段）：表中的一列被称为一个属性或字段，每个属性的名称被称为属性名。

（4）域：属性的取值范围。

（5）候选码（候选键）：在关系中能唯一标识一个元组的属性或属性组合被称为候选码。

（6）主码（主键）：从关系中选定一个候选码作为主码。

（7）全码：在最简单的情况下，候选码只包含一个属性；在最极端的情况下，候选码包含关系的所有属性，此时的候选码被称为全码，全码是候选码的特例。

（8）主属性：在关系中，候选码中的属性被称为主属性。

（9）非主属性：在关系中，不包含在任何候选码中的属性被称为非主属性。

（10）外码（外键）：设 F 是关系 R 中的一个或一组属性，但不是 R 的主码，如果 F 与关系 S 中的主码对应（F 作为 S 中的主码），则称 F 是关系 R 的外码。

外码是表与表之间联系的桥梁，当进行查询操作时，可以通过外码把多张表连接起来。

注意：外码虽然可以与对应的主码不同名，但为了便于识别，应尽量让它们同名。

（11）关系模式：用于描述关系，表示为 R(U,D,Dom,F)。其中。R 为关系名，U 为组成该关系的属性的集合，D 为属性组 U 中所有属性的域，Dom 为属性向域的映象集合，F 为属性之间数据依赖关系的集合，一般简单记作 R(U)。

关系实际上就是关系模式在某一时刻的状态或内容。也就是说，关系模式是型，关系是它的值。关系模式是静态的、稳定的，而关系是动态的、随时间变化的。但在实际应用中，常把关系模式和关系统称为关系，读者可以在具体语境中进行区别。

关系有如下性质。

（1）同列同质，即同一属性名下的各属性值是同类型的数据，且必须来自同一个域。

（2）同一关系中的属性名不能重复，但同一关系中的不同属性的数据可以来自同一个域。

（3）行的顺序无关，可以任意交换。

（4）列的顺序也无关，可以任意交换。

（5）任意两个元组不能完全相同，即没有完全相同的两行数据。

（6）表中不能有子表，即分量必须取原子值，每个分量必须是不可分的数据项。

（7）一个关系只能有一个主码，可以没有外码，也可以有一个或多个外码。

2．关系数据操作

关系数据操作主要包括查询、插入、修改和删除数据。关系数据操作是集合操作，即把关系（二维表）中的每条记录视为集合的一个元素，操作对象和操作结果都是关系。关系数据操作的具体内容将在后面的项目中进行介绍。

3．关系数据完整性规则

关系数据完整性控制是 RDBMS 提供的重要控制功能之一，用于确保数据的准确性和一致性。通俗地讲，该控制功能是为了确保表中的数据不出现明显的、不合逻辑的错误。例如，学生基本情况表中有两名学生的学号相同；成绩表中出现了一个学生基本情况表中不存在的学号（意味着根本没有这名学生）；学生成绩不在 0～100 分之间；性别不是"男"或"女"。

就像交警需要根据交规执法一样，RDBMS 需要制定一套数据完整性规则，以便在用户对数据库中数据做更新操作时，RDBMS 可以根据数据完整性规则检查表中数据是否合法，如果被检查的数据不合法，系统就会报错，不允许用户继续操作。

关系数据完整性规则包括三部分内容：实体完整性规则、参照完整性规则和用户自定义完整性规则。

（1）实体完整性规则。

实体完整性规定主键取值不能重复，主属性不能为空值（NULL），即构成主键的字段都不能为 NULL。

说明：空值是数据库中的一个特殊值，表示"不知道""不确定"的意思，不等于数值 0 也不等于空串。

（2）参照完整性规则。

参照完整性规定外键的取值必须等于被参照表的主键的某个值，或者取空值。

说明：当外键为主属性，即构成主键的字段时，不允许取空值。否则，就违反了实体完整性规则。

（3）用户自定义完整性规则。

用户自定义完整性指根据具体的语义要求，使字段取值满足某种条件或函数要求。例如，性别只能取"男"或"女",百分制成绩的取值范围是 0～100 分。

【任务实施】

本任务基于一个小型的"学生成绩管理"数据库的三张数据表:学生基本信息表(见表 1-3)、课程基本信息表(见表 1-4)和学生选课成绩表(见表 1-5)。这三张表的结构由学生选修课程 E-R 图(见图 1.2)转换而来。具体的转换方法将在项目 2 中进行介绍。

表 1-3　学生基本信息表

学　号	姓　名	性　别	出生日期	家庭地址
S001	刘卫平	男	1994-10-16	衡山市东风路 78 号
S002	张卫民	男	1995-08-11	地址不详
S003	马　东	男	1994-10-12	长岭市五一路 785 号
S004	钱达理	男	1995-02-01	滨海市洞庭大道 278 号
S005	东方牧	男	1994-11-07	东方市中山路 25 号
S006	郭文斌	男	1995-03-08	长岛市解放路 25 号
S007	肖海燕	女	1994-12-25	山南市红旗路 15 号
S008	张明华	女	1995-05-27	滨江市韶山路 35 号

表 1-4　课程基本信息表

课程号	课程名	学　分	任课教师
0001	大学计算机基础	2	周宁宁
0002	C 语言程序设计	3	欧阳夏
0003	SQL Server 数据库及其应用	3	张秋丽
0004	英语	2.5	李斯文
0005	高等数学	2	王洁实
0006	数据结构	3	李佳佳

表 1-5　学生选课成绩表

学　号	课程号	成　绩	学　号	课程号	成　绩
S001	0001	80.0	S002	0004	NULL
S001	0002	90.0	S002	0005	89.0
S001	0003	87.0	S003	0001	83.0
S001	0004	NULL	S003	0002	73.0
S001	0005	78.0	S003	0003	84.0
S002	0001	76.0	S003	0004	NULL
S002	0002	73.0	S003	0005	65.0
S002	0003	67.0	S004	0006	80.0

1. 分析三张表对应的是学生选修课程 E-R 图中的哪部分

三张表与学生选修课程 E-R 图的对应关系如下。

(1)学生基本信息表对应的是"学生"实体,表中的一条记录对应一名学生。

(2)课程基本信息表对应的是"课程"实体,表中的一条记录对应一门课程。

(3)学生选课成绩表对应的是"选修"多对多联系,每名学生选修一门课程会产生一条成绩记录。

2．分析三张表的主键

主键是表中能唯一识别一条记录的字段或字段的组合，即主键的值在表中不能重复。

（1）学生基本信息表中的每名学生的学号是唯一的，适合当主键，而姓名、性别、出生日期、家庭地址都有可能重复，它们都不适合当主键。因此，学生基本信息表的主键：学号。

（2）课程基本信息表中的课程号是唯一的，可以当主键。一名教师可以讲授几门课程，几门课程的学分可能是相同的，同名的课程也许教学大纲完全不一样，应当看作两门课程。因此，课程基本信息表的主键：课程号。

（3）学生选课成绩表记录的是学生选修课程的成绩，一名学生选修了多门课程，该学生的学号就会重复出现。同样，一门课程被多名学生选修，该门课程的课程号也会重复出现，而成绩也会重复。因此，学号、课程号和成绩三个字段都不能单独当主键。考虑三个字段的两两组合：假设（学号、课程号）组合的值重复，根据关系的性质，表中不允许有重复行，意味着如果表中存在两行相同的（学号、课程号）组合，则成绩不能相同，这种假设明显是不合理的，因为一名学生选修某门课程后只能有一个成绩；（学号，成绩）组合的值重复意味着一名学生有几门课程的成绩是相同的，这种情况是有可能的；（课程号，成绩）组合的值重复意味着一门课程有多名学生的成绩是相同的，这种情况也是有可能的。因此，学生选课成绩表的主键是两个字段的组合：（学号，课程号）。

3．分析三张表的外键

根据外键的定义，外键不是本表的主键，而是对应另外一张表的主键。

（1）学生基本信息表的主键是学号，外键只可能是其他几个字段，因为姓名、性别、出生日期和家庭地址这几个字段在其他表中都没有，所以学生基本信息表没有外键。

（2）课程基本信息表中的主键是课程号，因为课程名、学分和任课教师这几个字段在其他两张表中都没有，所以课程基本信息表也没有外键。

（3）学生选课成绩表中的主键是字段组合（学号，课程号）。因为成绩在其他表中没有，很明显不是外键；单独的学号字段不是学生选课成绩表的主键，而是对应学生基本信息表的主键（学号），所以学号是学生选课成绩表的外键；同理，因为课程号对应课程基本信息表的主键（课程号），所以课程号也是该表的外键。学生选课成绩表有两个外键（学号、课程号）。

4．写出三张表对应的关系模式

一个关系就是一张二维表，关系模式用于描述关系，简写为 R(U)，R 为关系名，U 为组成该关系的属性的集合。

三张表对应的关系模式如下。

（1）学生基本信息表（学号，姓名，性别，出生日期，家庭地址）。

（2）课程基本信息表（课程号，课程名，学分，任课教师）。

（3）学生选课成绩表（学号，课程号，成绩）。

5．分析三张表的字段取值的约束条件

根据关系数据完整性规则，主键取值不能重复，构成主键的字段不能取空值（NULL）；外键取值等于被参照表的主键的某个值或取空值（NULL）；除主键、外键外，其他字段取值要根据具体的语义判断。

（1）学生基本情况表的主键为学号，学号取值不能重复，也不能取空值（NULL）；性别只能取"男"或"女"。

（2）课程基本信息表的主键为课程号，课程号取值不能重复，也不能取空值（NULL）。

（3）学生选课成绩表的主键为字段的组合（学号，课程号），该字段组合的值不允许重复；学号是外键又是构成主键的字段，取值要等于被它参照的学生基本信息表的学号的某个值，不能取空值（NULL），同理，课程号取值要等于被它参照的课程基本信息表的课程号的某个值，不能取空值（NULL）；百分制成绩的取值范围是 0～100 分。

任务 1.3　了解 SQL

微课视频

【任务描述】

市场上的数据库管理系统产品有很多，目前常用的数据库管理系统大多是关系数据库管理系统，SQL 是关系数据库的标准语言。

本任务的具体内容：介绍 SQL 语句的分类及 SQL 的特点。

【相关知识】

SQL（Structured Query Language）又被称为结构化查询语言，是由国际标准化组织 ISO 颁布的操作关系数据库的标准语言。SQL 主要用于管理数据库中的数据，如存取数据、查询数据、更新数据等。

1.3.1　SQL 语句的分类

SQL 语句按功能可以分为四大类：数据定义、数据操纵、数据查询及数据控制。

（1）数据定义（DDL，Data Definition Language）。

DDL 语句包括 CREATE、ALTER、DROP 三种语句，用于定义数据库，定义表、视图、存储过程等数据库对象。CREATE 表示创建，ALTER 表示修改，DROP 表示删除。

（2）数据操纵（DML，Data Manipulation Language）。

DML 语句包括 INSERT、DELETE、UPDATE 三种语句，分别用于对数据库中的数据进行增、删、改操作。INSERT 表示插入，DELETE 表示删除，UPDATE 表示修改。

（3）数据查询（DQL，Data Query Language）。

DQL 语句包括 SELECT 语句，用于查询数据库中的数据。SELECT 语句是 SQL 中使用频率最高的一条语句。

（4）数据控制（DCL，Data Control Language）。

DCL 语句包括 GRANT、REVOKE、COMMIT、ROBACK 四种语句，用于控制用户的访问权限。GRANT 表示给用户授权，REVOKE 表示收回用户权限，COMMIT 表示提交事务，ROLLBACK 表示回滚事务。

1.3.2　SQL 的特点

（1）综合统一。

SQL 可以独立完成数据库生命周期中的全部活动，包括定义关系模式、录入数据、建立数据库、查询、更新、维护、数据库重构、数据库安全性控制等一系列操作，这就为数据库应用系统开发提供了良好的环境，在数据库投入运行后，还可以根据需要随时修改模式，且不影响数据库的运行，从而使系统具有良好的可扩充性。

（2）高度非过程化。

非关系数据模型的数据操纵语言是面向过程的语言，用其完成用户请求时，必须指定存取路径。而用 SQL 进行数据操作，用户只需提出"做什么"，而不必指明"怎么做"，因此用户无须了解存取路径，存取路径的选择及 SQL 语句的操作过程由系统自动完成。这不仅大大减轻了用户的负担，而且有利于提高数据的独立性。

（3）面向集合的操作方式。

SQL 采用集合操作方式，把表视为一个集合，把表中的每行数据视为集合的一个元素，查询操作的对象和结果可以是集合，一次插入、删除、更新操作的对象也可以是数据行的集合。

（4）以同一种语法结构提供两种使用方式。

SQL 既是自含式语言，又是嵌入式语言。作为自含式语言，它能够独立地用于联机交互，用户可以在终端键盘上直接输入 SQL 语句对数据库进行操作。作为嵌入式语言，SQL 语句能够嵌入使用高级语言（如 C、C#、Java）编写的程序中，以便程序员设计程序时使用。而在两种使用方式中，SQL 的语法结构基本是一致的。这种以统一的语法结构提供两种不同的操作方式的特点，为用户提供了极大的灵活性与便利性。

（5）语言简洁，易学易用。

SQL 不仅功能强大，而且设计巧妙，语言简洁。完成数据定义、数据操纵、数据控制的核心功能只用了 9 种语句：CREATE、ALTER、DROP、SELECT、INSERT、UPDATE、DELETE、GRANT、REVOKE。此外，SQL 语法简单，接近英语口语，因此易于学习和使用。

【任务实施】

观察下面几条 SQL 语句，进一步了解 SQL 语句的分类，体会 SQL 的特点。

CREATE DATABASE mydb;

说明：CREATE 表示创建，该语句是一条 DDL 语句，其功能为创建一个数据库，数据库名称 mydb。

DELETE FROM stumarks;

说明：DELETE 表示删除，该语句是一条 DML 语句，其功能为删除 stumarks 表中的所有记录。

SELECT stuno,stuname FROM stuinfo WHERE stusex='女';

说明：SELECT 表示查询，该语句是一条 DQL 语句，其功能为查询 stuinfo 表中所有女同学的学号和姓名。

GRANT SELECT ON stumarks TO wang;

说明：GRANT 表示授予，该语句是一条 DCL 语句，其功能为将查询 stumarks 表的权限授予用户 wang。

【知识拓展】华为公司发布 GaussDB 分布式数据库

历经 12 年的精心研究，华为公司在国产数据库领域取得重大突破。2019 年 5 月 15 日，华为公司面向全球发布人工智能原生（AI-Native）数据库 GaussDB。GaussDB 并非是一个产品，而是系列产品的统称。目前，GaussDB 至少包含 3 款产品：面向 OLTP 的数据库、面向 OLAP 的数据库及面向事务和分析混合处理的 HTAP 数据库。

Gauss 是德国著名的数学家，产品命名为 Gauss 的用意是致敬数学，致敬科学家。

GaussDB 是全球首款 AI-Native 数据库，也是业界第一款支持 ARM 的企业级数据库，它有两大革命性的成果。

第一，首次将人工智能技术融入分布式数据库的全生命周期，实现自运维、自管理、自调优、故障自诊断和自愈。在交易、分析和混合负载等场景下，基于最优化理论，首创基于深度强化学习的自调优算法，调优性能比业界同类技术提升 60%以上。

第二，通过异构计算创新框架充分发挥 x86、ARM、GPU、NPU 多种算力优势，在权威标准测试集 TPC-DS 上，性能比业界同类技术提升 50%，排名第一。

截至目前，华为 GaussDB 数据库和 FusionInsight 大数据解决方案已经用于全球 60 个国家及地区，服务 1500 多个客户，拥有 500 多家商业合作伙伴，并广泛用于金融、运营商、政府、能源、医疗、制造、交通等多个行业。据报道，已经有多个典型的金融案例证明了 GaussDB 是经受得住考验的。

① 招商银行零售银行。使用 GaussDB 分布式 OLTP 数据库后，其综合交易流水平台、风险预警平台和重资产营销平台管理数据的容量提升 10 倍，AI 的故障恢复速度提升 30 倍，相比于其他产品 30 秒的 RTO 时间，GaussDB 可以做到 1 秒以内。

② 某大型银行智慧银行项目。使用 GaussDB 分布式 OLAP 数据库后，其分析师平台、数据仓库和数据集市的数据分析效率大幅提升，相比于友商产品 TPC-DS benchmark 2.68M 的成绩，GaussDB 能达到 4.03M，提升达到 50%。

③ 中国民生银行。使用 GaussDB 分布式 HTAP 数据库后，一套架构能够支持空间数据，以及流数据库、图数据库、文本数据库和关系数据库中的数据进行混合负载，在解决扩展性和性能瓶颈的同时，可有效分散风险，提升业务连续性。

GaussDB 是一款划时代的产品。继单机数据时代、集群数据库时代和云分布式数据库时代后，数据库进入了第四个发展阶段——人工智能原生数据库时代。华为将在人工智能原生数据库时代中凭借 GaussDB 引领业界发展。可以预见的是，用不了多久，数据库产业将全面进入 AI 数据库时代，在这场巨变中，华为无疑已经占得了先机。

接下来，华为将在数据库市场打出一套"黄金组合拳"——GaussDB 高校金种子发展计划：第一，提供 1.5 亿元的 GaussDB 创新研究启动基金，鼓励进行数据库领域的创新探索；第二，支持高校开展 GaussDB 实训课程，并计划在 5 年内培养超过 100 万名学生，为数据库产业培育"金种子"人才；第三，计划联合包括清华大学、武汉大学、华东师范大学、重庆邮电大学等 10 所在数据库领域比较有实力的高校，成立 GaussDB 高校联合创新实验室，携手打造世界级的数据库产品。

数据库领域属于中国的精彩正在开始，让我们一起为 GaussDB 喝彩！

【同步实训】分析"员工管理"数据库的数据

1. 实训目的

能根据给定的数据表，写出关系模式，分析主键、外键及字段取值的约束条件。

2. 实训内容

以下任务基于一个小型的"员工管理"数据库的两张数据表：部门基本信息表和员工基本信息表，两张表的内容分别如表 1-6 和表 1-7 所示。

表 1-6 部门基本信息表

部门编号	部门名称	部门地址
10	ACCOUNTING	NEWYORK
20	RESEARCH	DALLAS
30	SALES	CHICAGO
40	OPERATIONS	BOSTON

表 1-7 员工基本信息表

工 号	姓 名	工作职位	领导工号	入职日期	工 资	奖 金	部门编号
7369	SMITH	CLERK	7902	1980-12-17	800.00	NULL	20
7499	ALLEN	SALESMAN	7698	1981-02-20	1600.00	300.00	30
7521	WARD	SALESMAN	7698	1981-02-22	1250.00	500.00	30
7566	JONES	MANAGER	7839	1981-04-02	2975.00	NULL	20
7654	MARTIN	SALESMAN	7698	1981-09-28	1250.00	1400.00	30
7698	BLAKE	MANAGER	7839	1981-05-01	2850.00	NULL	30
7782	CLARK	MANAGER	7839	1981-06-09	2450.00	NULL	10
7788	SCOTT	ANALYST	7566	1987-04-19	3000.00	NULL	20
7839	KING	PRESIDENT	NULL	1981-11-17	5000.00	NULL	10
7844	TURNER	SALESMAN	7698	1981-09-08	1500.00	0.00	30
7876	ADAMS	CLERK	7788	1987-05-23	1100.00	NULL	20
7900	JAMES	CLERK	7698	1981-12-03	950.00	NULL	30
7902	FORD	ANALYST	7566	1981-12-03	3000.00	NULL	20
7934	MILLER	CLERK	7782	1982-01-23	1300.00	NULL	10

（1）写出两张表的关系模式。

（2）分析两张表的主键、外键。

（3）分析两张表的字段取值的约束条件。

习 题 一

单选题

1．数据库是相关数据的集合，它不仅包括数据本身，而且包括（　　）。

　　A．数据之间的联系　　　　　　　　　B．数据安全

　　C．数据控制　　　　　　　　　　　　D．数据操纵

2．（　　）是位于用户和操作系统之间的一层数据管理软件。数据库在建立、使用和维护时由其统一管理、统一控制。

　　A．DBMS　　　　B．DB　　　　　　C．DBS　　　　　D．DBA

3．数据库的基本特点是（　　）。

　　A．数据可以共享、数据独立性、数据冗余大、统一管理和控制

　　B．数据可以共享、数据互换性、数据冗余小、统一管理和控制

　　C．数据可以共享、数据独立性、数据冗余小、统一管理和控制

　　D．数据非结构化、数据独立性、数据冗余小、统一管理和控制

4．数据冗余指（　　）。

　　A．数据和数据之间没有联系　　　　　B．数据有丢失

　　C．数据量太大　　　　　　　　　　　D．存在重复的数据

5．数据库系统不仅包括数据库本身，还包括相应的硬件、软件和（　　）。

　　A．数据库管理系统　　　　　　　　　B．数据库应用系统

　　C．相关的计算机系统　　　　　　　　D．各类相关人员

6. 数据库管理系统能对数据库中的数据进行插入、修改、删除等操作，该功能被称为（ ）。

    A．数据定义功能   B．数据查询功能   C．数据操纵功能   D．数据控制功能

7. 在数据库技术中，实体—联系模型是一种（ ）。

    A．逻辑数据模型   B．物理数据模型   C．结构数据模型   D．概念数据模型

8. E-R 图的三要素是（ ）。

    A．实体、属性、实体集   B．实体、键、联系

    C．实体、属性、联系   D．实体、域、候选键

9. 在 E-R 图中，用矩形和椭圆分别表示（ ）。

    A．联系、属性   B．属性、实体   C．实体、属性   D．属性、联系

10. 在下列实体类型的联系中，属于一对多联系的是（ ）。

    A．学生与课程之间的联系   B．学校与班级之间的联系

    C．商品条形码与商品之间的联系   D．公司与总经理之间的联系

11. 学生社团可以吸纳多名学生，每名学生可以参加多个社团，从社团到学生之间的联系属于（ ）联系。

    A．多对多   B．一对一   C．多对一   D．一对多

12. 关系模式的任何属性（ ）。

    A．不可再分   B．可以再分

    C．命名在关系模式上可以不唯一   D．以上都不是

13. 在关系理论中，如果一个关系中的一个属性或属性组能够唯一标识一个元组，那么可以将该属性或属性组称为（ ）。

    A．外码   B．主码   C．域   D．关系名

14. 在关系模型中，一个关系就是一个（ ）。

    A．一维数组   B．一维表   C．二维表   D．三维表

15. 表示二维表中的"行"的关系模型术语是（ ）。

    A．数据表   B．元组   C．属性   D．字段

16. 如果一个关系中的属性或属性组不是该关系的主码，但它们是另外一个关系的主码，则称该属性或属性组为该关系的（ ）。

    A．主码   B．内码   C．外码   D．关系

17. 关系的主码可由（ ）属性组成。

    A．一个   B．两个   C．多个   D．一个或多个

18. 关系模式的候选码可以有一个或多个，而主码只能有（ ）。

    A．多个   B．零个   C．一个   D．一个或多个

19. 关系数据库是若干（ ）的集合。

    A．表（关系）   B．视图   C．列   D．行

20. 下列选项中，不是关系性质的是（ ）。

    A．不同的列应有不同的数据类型   B．不同的列应有不同的列名

    C．行的顺序无关   D．列的顺序无关

21. 数据完整性指（ ）。

    A．数据库中的数据不存在重复

    B．数据库中所有的数据格式是一样的

    C．所有的数据全部保存在数据库中

    D．数据库中的数据能够正确地反映实际情况

22. 在关系数据库中，要求关系中所有的主属性不能有空值，其遵守的约束规则是（　　）。
   A．参照完整性规则 　　　　　　　B．用户自定义完整性规则
   C．实体完整性规则 　　　　　　　D．域完整性规则

23. 参照完整性规则：关系 R 的（　　）必须是另一个关系 S 的主键的某个值，或者是空值。
   A．候选键　　　　　B．外键　　　　　C．主键　　　　　D．主属性

24. 设"职工档案"数据表中有职工编号、姓名、年龄、职务、籍贯等字段，其中可作为主码的字段是（　　）。
   A．职工编号　　　　B．姓名　　　　　C．年龄　　　　　D．职务

25. 现有如下关系：
   患者（患者编号，患者姓名，性别，出生日期，所在单位）
   医疗（患者编号，患者姓名，医生编号，医生姓名，诊断日期，诊断结果）
   其中，医疗关系中的外码是（　　）。
   A．患者编号 　　　　　　　　　　B．患者姓名
   C．患者编号和患者姓名 　　　　　D．医生编号和患者编号

26. 现有如下关系：
   借阅（书号，书名，库存数，读者号，借阅日期，还书日期）
   假如同一本书允许一个读者多次借阅，则该关系的主码是（　　）。
   A．书号 　　　　　　　　　　　　B．读者号
   C．书号+读者号 　　　　　　　　D．书号+读者号+借阅日期

27. 在关系模型中，为了实现"关系中不允许出现相同元组"的约束应使用（　　）。
   A．临时键　　　　　B．主键　　　　　C．外键　　　　　D．索引键

28. SQL 是国际标准化组织 ISO 颁布的操作关系数据库的标准语言，在该语言中，使用频率最高的语句是（　　）。
   A．INSERT　　　　　B．UPDATE　　　　C．DELETE　　　　D．SELECT

29. ALTER 语句属于 SQL 的（　　）语句。
   A．数据定义　　　　B．数据操纵　　　　C．数据查询　　　　D．数据控制

30. GRANT 语句属于 SQL 的（　　）语句。
   A．数据定义　　　　B．数据操纵　　　　C．数据查询　　　　D．数据控制

数据库设计

项目描述

由于数据库是有结构的，开发一个数据库应用系统需要一系列准备工作：首先，经过调研，完成需求分析；然后，进行功能设计；最后，进行数据库逻辑结构设计，设计逻辑结构前，一般先设计概念结构，再把概念结构转换为逻辑结构。关系数据库的逻辑结构用关系模型进行描述，即一组关系模式。

在本项目中，请读者根据一个小型学生成绩管理系统的用户需求，设计该系统的后台数据库的概念结构（用 E-R 图表示），再把 E-R 图转换为数据库的逻辑结构（一组关系模式，即若干表结构），并根据关系规范化理论对其进行评价及优化。

学习目标

（1）识记 E-R 图的设计原则及步骤。

（2）识记 E-R 图转换为关系模型的一般转换规则。

（3）理解关系规范化理论。

（4）能根据某小型数据库应用系统的需求设计 E-R 图（数据库的概念结构）。

（5）能把 E-R 图转换为关系模型（数据库的逻辑结构）。

（6）能在函数依赖范畴内判断关系模式满足第几范式，并能通过分解达到 3NF。

任务 2.1　概念结构设计

微课视频

【任务描述】

设计数据库的概念结构，通常先根据用户需求确定实体、实体的属性、实体之间的联系，设计各局部应用的 E-R 图，然后合并为初步 E-R 图，消除冗余信息后，得到基本 E-R 图，即全局 E-R 图。

本任务的具体内容：请读者根据一个小型学生成绩管理系统的用户需求，设计该系统的后台数据库的概念结构（用 E-R 图表示）。

【相关知识】

设计数据库的概念结构，就是把需求分析阶段得到的具体事物及事物之间的联系抽象成信息世界的概念模型。概念模型与具体的 DBMS 无关。

E-R 图是概念模型常用的表达工具，E-R 图有三个要素：实体型（一般简称为实体）、联系和属性，分别用矩形、菱形和椭圆表示，实体之间的联系有三种：$1:1$、$1:n$ 和 $m:n$。

开发一个数据库应用系统，经常采用的策略是自顶向下进行需求分析，然后自底向上设计概念结构，即先设计各子系统的局部 E-R 图，再将它们合并，得到全局 E-R 图。

2.1.1 设计局部 E-R 图

设计局部 E-R 图，先确定各局部应用中的实体、实体的属性、实体的码、实体之间的联系及联系的类型（$1:1$、$1:n$ 和 $m:n$）。

实际上，实体和属性是相对而言的，"确定实体和属性"这个看似简单的操作经常会困扰设计人员。确定一个事物能否作为属性要遵守以下两条原则。

① 属性不能再具有需要描述的性质，即属性必须是不可分的数据项，不能包含其他属性。

② 属性不能与其他实体具有联系，即 E-R 图中的联系只发生在实体之间。

凡满足以上两条准则的事物，一般作为属性对待。

例如，"学生"是一个实体，有"学号""姓名""性别"等属性，如果"班级"只作为"学生"实体的属性，则表示学生的所在班级；不过，如果需要描述学生的"班主任"、班级的"固定教室"等与班级相关的信息，则需要考虑将"班级"作为一个实体，如图 2.1 所示。

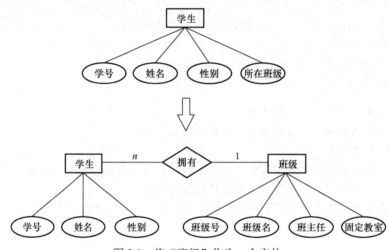

图 2.1 将"班级"作为一个实体

2.1.2 设计全局 E-R 图

1. 合并 E-R 图，生成初步 E-R 图

各局部数据库应用系统所面对的问题不同，且通常是由不同的设计人员设计的，因此，各局部 E-R 图不可避免地存在一些不一致的地方，我们将这种现象称为冲突。

各局部 E-R 图之间的冲突主要有三种：属性冲突、命名冲突和结构冲突。

（1）属性冲突。

属性冲突主要包含以下两种。

① 值域冲突，即属性值的类型、取值范围或取值集合不同。例如，学生年龄，有些部门用出生日期表示学生的年龄，有些部门用整数表示学生的年龄。

② 取值单位冲突。例如，零件的重量，有的以公斤为单位，有的以千克为单位。

属性冲突属于用户业务上的约定，需要与用户协商解决。

（2）命名冲突。

命名冲突可能发生在实体、联系或属性之间，其中，属性的命名冲突最常见。命名冲突主要包含以下两种。

① 同名异义，即同一名字的对象在不同的局部 E-R 图中具有不同的意义。

② 异名同义，即不同名字的对象在不同的局部 E-R 图中具有相同的意义。

命名冲突解决办法与属性冲突相同，需要与用户协商解决。

（3）结构冲突。

① 同一对象在不同的局部 E-R 图中有不同的抽象。例如，班级在某局部 E-R 图中是属性，但在另一局部 E-R 图中被当作实体。

解决办法通常是把属性变换为实体，或者把实体变换为属性，使同一对象具有相同的抽象。但变换时还是要遵循 2.1.1 节讲述的两条原则。

② 同一实体在不同的局部 E-R 图中的属性不同，可能是属性个数或属性的排列次序不同。这是很常见的冲突，原因是不同的局部数据库应用系统关心的是该实体的不同特性。

解决办法是该实体的属性取各局部 E-R 图中属性的并集，再适当调整属性的次序。

③ 实体之间的联系在不同的局部 E-R 中为不同的类型。例如，E1 与 E2 在某局部 E-R 图中是一对多联系，而在另一个局部 E-R 图中可能是多对多联系。

解决的办法是根据应用的语义对实体联系的类型进行综合或调整。

2．消除不必要的冗余，生成基本 E-R 图

在初步 E-R 图中，可能存在一些冗余的数据和实体间冗余的联系。所谓冗余的数据指可由基本数据导出的数据，冗余的联系指可由其他联系导出的联系。冗余数据和冗余联系容易破坏数据库的完整性，给数据库的维护工作增加了困难，应当予以消除。但是，并非所有的冗余数据和冗余联系必须消除，有时为了提高效率，不得不以冗余信息为代价，在设计数据库概念结构时，需要根据用户的整体需求来确定。例如，银行客户经常需要查询自己账户的余额，如果每次查询都需要先对该账户的银行流水进行统计，再得到账户余额，则会严重降低查询效率，这是用户不能接受的。因此，虽然账户余额可以通过统计该账户的每次交易的金额得到，属于冗余数据，但是为了提高查询效率，满足客户的需求，通常要保留该冗余数据。

消除了冗余数据和冗余联系的 E-R 图被称为基本 E-R 图。

【任务实施】

一个小型学生成绩管理系统的需求分析如下。

系统能存储、管理并查询以下信息：每名学生的基本信息（学号、姓名、性别、出生日期、家庭地址、平均成绩、所在班级）、各班级的基本信息（班级号、班级名称、班主任、固定教室）、各门课程的基本信息（课程号、课程名、学分、任课教师）、教师的基本信息（工号、姓名、性别、职称）、班级开课情况（一个班级可以开设多门课程，一门课程可以在多个班级开设）、学生选修课程的成绩（一名学生可以选修多门课程，一门课程可以被多名学生选修）、教师担任班主任的情况（一个班级只有一个班主任，一名教师只能担任一个班级的班主任）、教师讲授课程的情况（一名教师可以讲授多门课程，一门课程可以有多名教师讲授）、各种统计数据（每名学生的总分、均分，每门课程的最高分、最低分、平均分、选修人数等）。

根据用户需求，设计数据库的概念结构。

1．数据抽象：确定实体、属性及实体之间的联系

（1）根据需求分析，该系统包含四个实体："学生""班级""教师""课程"。

（2）根据确定一个事物能否作为属性要遵守的两条原则，各实体属性如下（带下画线的属性为各实体的码）。

学生：<u>学号</u>、姓名、性别、出生日期、家庭地址、平均成绩。

班级：<u>班级号</u>、班级名称、固定教室。

教师：工号、姓名、性别、职称。

课程：课程号、课程名、学分。

（3）根据需求分析，各实体之间有如下联系。

① 一名学生可以选修多门课程，一门课程可以被多名学生选修，学生选修课程会有成绩。

② 一个班级可以开设多门课程，一门课程可以有多个班级开设。

③ 一个班级有多名学生，一名学生只能属于一个班级。

④ 一名教师可以讲授多门课程，一门课程可以有多名教师讲授。

⑤ 一名教师可以担任多个班级的授课任务，一个班级可以有多名老师授课。

⑥ 一名教师可以担任一个班级的班主任，一个班级只有一个班主任。

2. 设计局部 E-R 图

根据数据抽象结果，可以得到教师管理班级局部 E-R 图、学生选修课程局部 E-R 图和教师讲授课程局部 E-R 图，分别如图 2.2～图 2.4 所示。

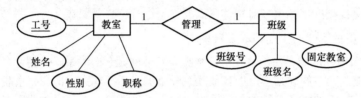

图 2.2　教师管理班级局部 E-R 图

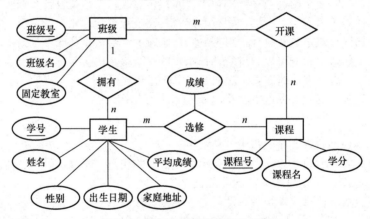

图 2.3　学生选修课程局部 E-R 图

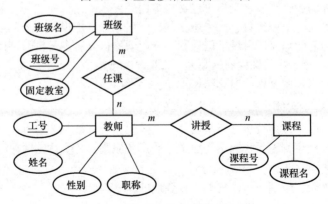

图 2.4　教师讲授课程局部 E-R 图

3. 合并 E-R 图，生成初步 E-R 图

合并教师管理班级局部 E-R 图、学生选修课程局部 E-R 图和教师讲授课程局部 E-R 图，合并时如果存在属性冲突、命名冲突及结构冲突，则必须消除，得到的初步 E-R 图如图 2.5 所示。

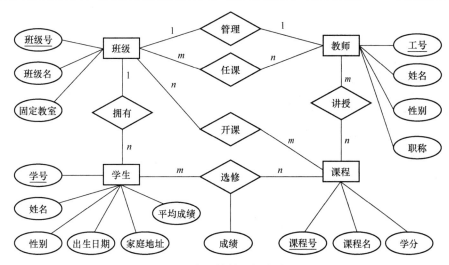

图 2.5　学生成绩管理初步 E-R 图

4. 消除不必要的冗余，生成基本 E-R 图

消除初步 E-R 图（见图 2.5）中存在的冗余数据和冗余联系。

（1）消除冗余的联系："班级"与"课程"之间的联系"开课"，可以由"班级"与"学生"之间的"拥有"联系及"学生"与"课程"之间的"选修"联系推导出来，因此"班级"与"课程"之间的"开课"联系属于冗余联系，可以消除。

（2）消除冗余的数据："学生"实体的"平均成绩"属性，可以由"学生"与"课程"之间的"选修"联系的"成绩"属性统计出来，因此"学生"实体中的"平均成绩"属于冗余数据，可以消除。

消除冗余联系和冗余数据后，得到学生成绩管理基本 E-R 图，即全局 E-R 图，如图 2.6 所示。

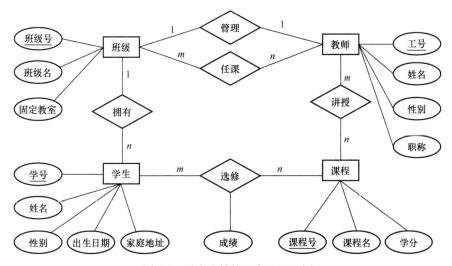

图 2.6　学生成绩管理全局 E-R 图

任务 2.2   逻辑结构设计——E-R 图转换为关系模型

微课视频

【任务描述】

　　数据库应该由哪几个关系模式构成？每个关系模式应该有哪些属性？这些问题是数据库逻辑结构设计要解决的问题。

　　设计关系数据库的逻辑结构，通常是把概念结构设计的结果——全局 E-R 图转换为关系模型（一组关系模式）。

　　本任务的具体内容：请读者将描述"学生成绩管理"数据库概念结构的 E-R 图（见图 2.6），转换为关系模型（数据库逻辑结构）。

【相关知识】

　　关系模型是一组关系模式的集合。要将 E-R 图转换为关系模型实际上就是将实体、实体之间的联系分别转换为关系模式，并确定这些关系模式的属性和码。

　　E-R 图转换为关系模型的一般规则如下。

　　（1）一个实体转换为一个关系模式，关系的属性就是实体的属性，关系的码就是实体的码。

　　（2）实体之间联系的转换，根据联系的类型，可以分为以下几种情况。

　　① 1∶1 联系，一般将该联系与任意一端实体所对应的关系模式合并，即在该关系模式的属性中加入另一个关系模式的码和联系本身的属性。

　　② 1∶n 联系，一般将该联系与 n 端实体所对应的关系模式合并，即在 n 端所对应的关系模式中增加 1 端实体的码及联系本身的属性。

　　③ $m∶n$ 联系，一般将该联系转换为一个关系模式，关系的属性为两端实体的码及联系本身的属性，两端实体的码组成关系的码或关系的码的一部分。

【任务实施】

1. 将如图 2.6 所示的 E-R 图转换为关系模型

　　将描述"学生成绩管理"数据库概念结构的 E-R 图（见图 2.6），转换为关系模型（数据库逻辑结构）

　　说明：在下面的关系模式中，用下画线标出它的码，用浪纹线标出它的外码。

　　分析：将 E-R 图转换为关系模型，即将 E-R 图上的实体及实体之间的联系分别转换为关系模式。一个实体对应一个关系模式，实体之间的联系根据联系的类型转换为一个关系模式，或者与某一端实体对应的关系模式合并。

　　（1）实体的转换。

　　学生成绩管理 E-R 图中"学生""班级""教师""课程"四个实体对应的关系模式如下：

　　学生（<u>学号</u>，姓名，性别，出生日期，家庭地址）
　　班级（<u>班级号</u>，班级名，固定教室）
　　教师（<u>工号</u>，姓名，性别，职称）
　　课程（<u>课程号</u>，课程名，学分）

　　（2）实体间联系的转换。

　　①"管理"是 1∶1 联系，可以与"班级"的关系模式合并，加上另一个关系模式"教师"的码（工号）。"工号"在"班级"关系模式中作为外码：

　　班级（<u>班级号</u>，班级名，固定教室，<u>工号</u>）

②"任课""讲授""选修"都是 $m:n$ 联系，要转换为一个新的关系模式，关系的属性由两端实体的码加联系本身的属性组成，两端的码组成新关系的码：

任课（<u>工号</u>，<u>班级号</u>）

讲授（<u>工号</u>，<u>课程号</u>）

选修（<u>学号</u>，<u>课程号</u>，成绩）

③"拥有"是 $1:n$ 联系，要与 n 端（学生）对应的关系模式合并，"学生"关系模式加上 1 端（班级）实体的码（班级号）。"班级号"在"学生"关系模式中作为外码：

学生（<u>学号</u>，姓名，性别，出生日期，家庭地址，<u>班级号</u>）

将 E-R 图转换为关系模型后，共得到七个关系模式，具体如下：

学生（<u>学号</u>，姓名，性别，出生日期，家庭地址，<u>班级号</u>）

班级（<u>班级号</u>，班级名，固定教室，<u>工号</u>）

教师（<u>工号</u>，姓名，性别，职称）

课程（<u>课程号</u>，课程名，学分）

任课（<u>工号</u>，<u>班级号</u>）

讲授（<u>工号</u>，<u>课程号</u>）

选修（<u>学号</u>，<u>课程号</u>，成绩）

2. 将如图 1.2 所示的 E-R 图转换为关系模型

将学生选修课程 E-R 图（见图 1.2）转换为关系模型。

（1）实体的转换。

学生选修课程 E-R 图中"学生"和"课程"两个实体对应的关系模式如下：

学生（<u>学号</u>，姓名，性别，出生日期，家庭地址）

课程（<u>课程号</u>，课程名，学分，任课教师）

（2）实体间联系的转换。

"学生"与"课程"之间是 $m:n$ 的联系，需要转换为一个新的关系模式，关系的属性由两端实体的码加联系本身的属性组成，两端的码组成新关系的码：

选修（<u>学号</u>，<u>课程号</u>，成绩）

将 E-R 图转换为关系模型后，共得到三个关系模式，具体如下：

学生（<u>学号</u>，姓名，性别，出生日期，家庭地址）

课程（<u>课程号</u>，课程名，学分，任课教师）

选修（<u>学号</u>，<u>课程号</u>，成绩）

特别说明：为了方便初学者学习，从项目 3 开始，任务实施的案例"学生成绩管理"数据库的逻辑结构全部基于这三个关系模式的组合，它们的实例如表 1-3～表 1-5 所示。

任务 2.3　逻辑结构设计——关系模型的优化

【任务描述】

数据库逻辑结构设计的结果不是唯一的，不同的设计人员可能设计出不同的关系模型，将 E-R 图转换为关系模型后，还需要以关系规范化理论为指导，评价各关系模式达到的范式级别，按照应用需求对它们进一步优化。

微课视频

本任务的具体内容：根据任务 2.2 得到的"学生成绩管理"数据库的关系模型，在函数依赖范畴内判断每个关系模式能够满足的范式级别，如果没有达到 3NF，则在关系规范化理论的指导下，进行分解优化。

【相关知识】

为了进一步提高数据库应用系统的性能，还应该根据应用需求适当地调整数据模型的结构，这就是数据模型的优化。关系模型的优化通常以关系规范化理论为指导，将结构复杂的关系分解成结构简单的关系，从而把不好的关系模式转换为好的关系模式。

对一个有经验的设计人员而言，如果设计一个不复杂的小型数据库应用系统，可以在关系规范化理论的指导下，跳过概念结构设计环节，直接设计数据库的逻辑结构。

2.3.1　不好的关系模式

下面举例说明一个不好的关系模式存在的问题。

例如，有一个描述教学管理的数据库，该数据库涉及的对象包括学生的学号（sno）、姓名（sname）、性别（ssex）、系名（sdept）、系主任姓名（mname）、课程号（cno）、课程名（cname）和成绩（score）。假设用一个关系 student 存放所有数据，则该关系的关系模式如下：

student(sno,sname,ssex,sdept,mname,cno,cname,score)

根据社会经验，很明显地，该关系各属性之间存在以下联系：

一个系有若干学生，一名学生只属于一个系。一个系只有一名系主任；一名学生可以选修多门课程，每门课程可以有若干学生选修；每名学生选修每门课程都有一个成绩。

如表 2-1 所示为关系模式 student 的一个实例，经过分析，可以得出该关系的码是(sno,cno)。

表 2-1　student 表

sno	sname	ssex	sdept	mname	cno	cname	score
S1	马小宇	男	信息工程系	刘天明	C1	C 语言	98
S1	马小宇	男	信息工程系	刘天明	C2	Java	80
S1	马小宇	男	信息工程系	刘天明	C3	HTML	95
S1	马小宇	男	信息工程系	刘天明	C4	MySQL	88
S2	张　婷	女	人文系	王　超	C1	英语	70
S2	张　婷	女	人文系	王　超	C2	艺术	86
S2	张　婷	女	人文系	王　超	C3	音乐	90
…	…	…	…	…	…	…	…

虽然，该关系模式已经包含了需要的信息，但如果深入分析，则会发现该关系模式存在以下问题。

（1）数据冗余严重。

例如，每个系的信息（系名、系主任姓名）会重复出现，如果有一千名学生，平均每人选10 门课程，则每个系的信息会出现上万次；一门课程如果有上百名学生选修，则课程的基本信息会出现上百次；如果一名学生选修了多门课程，则他（她）的个人基本信息会出现多次。

（2）修改复杂。

由于数据冗余严重，当更新数据时，维护人员要付出很大的代价维护数据库的完整性，否则会面临数据不一致的危险。例如，某系换了系主任，就必须修改与该系学生有关的所有记录，稍有不慎，漏改了某些记录，就会造成数据不一致。

（3）插入异常。

关系 student 的码是(sno,cno)，根据实体完整性规则，主属性不能为空值。如果一个系刚成立，还没有学生，就没办法把该系的信息插入数据库中。

（4）删除异常。

如果某个系的学生全部毕业了，则在删除该系学生的同时，把该系的信息也全部删除了，事实上，该系有可能还存在，然而在数据库中已找不到相关信息，即出现了删除异常。

从直观的角度看，存在以上问题是因为 student 关系模式包含了许多信息，有学生基本信息、系部信息和学生选课信息，而属性之间存在各种依赖关系。如果把它分解为几个关系模式，消除属性之间的依赖关系，则可以解决以上问题。

研究属性之间的数据依赖，从而把不好的关系模式分解、转换为若干好的关系模式，这就是关系规范化理论的内容。

2.3.2　函数依赖

数据依赖是一种关系内部的属性与属性之间的约束关系，这种约束关系是通过属性的值是否相等体现的。数据依赖是现实世界属性之间的联系的抽象，是数据内在的性质，是语义的体现。

数据依赖有多种类型，最基本、最重要的数据依赖是函数依赖。

定义 2.1　设 R(U)是属性集 U 上的关系模式，X、Y 是 U 的子集。对于 R(U)的任意一个关系 r，若 r 中不可能存在两个元组在 X 上的属性值相等，而在 Y 上的属性值不等，则称 X 函数决定 Y 或 Y 函数依赖于 X，记作 X→Y。

根据定义，若 X→Y，则 X 的属性值与 Y 的属性值可以是多对一联系或一对一联系，不可以是一对多联系。

例如，学号→姓名，即学号的值能够函数决定姓名的值，反过来，姓名→学号只有在没有同名的情况下才会成立，如果允许同名，学号就不函数依赖于姓名了。

下面介绍一些术语和记号。

- X→Y，但 Y⊄X，则称 X→Y 是非平凡的函数依赖。
- X→Y，但 Y⊆X，则称 X→Y 是平凡的函数依赖。平凡的函数依赖必然成立，因此若不特别声明，则默认讨论非平凡的函数依赖。
- 若 X→Y，X 被称为该函数依赖的决定因素。
- 若 X→Y，Y→X，则记作 X←→Y。
- 若 Y 不函数依赖于 X，则记作 X↛Y。

定义 2.2　在 R(U)中，如果 X→Y，并且对于 X 的任何一个真子集 X'，都有 X'↛Y，则称 Y 对 X 完全函数依赖，记作 $X \xrightarrow{F} Y$。

若 X→Y，但 Y 不完全函数依赖于 X，则称 Y 对 X 部分函数依赖，记作 $X \xrightarrow{P} Y$。

例如，$(sno,cno) \xrightarrow{P} sname$，$(sno,cno) \xrightarrow{P} cname$，其原因是学生的姓名由学号就可以决定，课程名由课程号就可以决定。

$(sno,cno) \xrightarrow{F} score$，其原因是成绩由学号和课程号一起决定。

定义 2.3　在 R(U)中，如果 X→Y（Y⊄X），Y↛X，Y→Z（Z⊄Y），则称 Z 对 X 传递函数依赖，记作 $X \xrightarrow{T} Z$。

这里加上条件 Y↛X 的原因是如果 Y→X，即 X←→Y，则 Z 直接函数依赖于 X，而不是传递函数依赖。

例如，关系模式 student(sno,sname,ssex,sdept,mname,cno,cname,score)中有：

sno→sdept，sdept↛sno，sdept→mname。

所以 $sno \xrightarrow{T} mname$。

2.3.3 范式

范式是符合某种级别的关系模式的集合。

根据规范化理论，关系模式要满足一定的要求，满足不同程度的要求被称为不同的范式。满足最低要求的叫第一范式，简称 1NF；在第一范式中满足进一步要求的叫第二范式，简称 2NF，以此类推，一直到 5NF。各范式之间的关系如下：

$$5NF \subseteq 4NF \subseteq BCNF \subseteq 3NF \subseteq 2NF \subseteq 1NF$$

本书只给出函数依赖范畴内的四个范式（1NF、2NF、3NF、BCNF）的定义。

定义 2.4 如果关系模式 R 不包含多值属性，即每个属性的数据项都不可再分，则 $R \in 1NF$。

根据关系的性质，所有关系模式必须满足 1NF，不满足 1NF 的关系是非规范化的关系（即表中有子表）。

定义 2.5 如果 $R \in 1NF$，且在 R 中不存在非主属性对候选码的部分函数依赖，则 $R \in 2NF$。

定义 2.6 如果 $R \in 1NF$，且在 R 中不存在非主属性对候选码的传递函数依赖，则 $R \in 3NF$。

定义 2.7 如果 $R \in 1NF$，若 $X \rightarrow Y$ 且 $Y \not\subseteq X$ 时，X 必包含候选码，则 $R \in BCNF$。

从定义上看，3NF、BCNF 都是从 1NF 开始判断的，可以证明：只要满足 3NF，肯定满足2NF；只要满足 BCNF，肯定满足 3NF；若 $R \in BCNF$，则不存在主属性对候选码的部分依赖及传递依赖（这些证明过程不属于本书要讨论的内容，初学者记住结论即可）。

根据函数依赖及范式的定义，可以证明：一个关系模式 R，如果它的码是单个属性，则至少满足 2NF；如果它没有非主属性，则至少满足 3NF；如果它的码是全码，则必定满足 BCNF；如果每个属性都是候选码，则必定满足 BCNF。

一个关系模式如果满足 BCNF，那么在函数依赖范畴内已经实现了彻底的分离，并消除了插入、删除异常。

一个低一级范式的关系模式通过模式分解可以转换为若干高一级范式的关系模式的集合，该过程被称为**规范化**。

2.3.4 关系模式分解

关系模式必须满足 1NF，这样的关系模式就是合法的、被允许的。但是，通过前面的例子可以看出，有些关系模式存在插入异常、删除异常、修改复杂，以及数据冗余严重等问题。这些问题需要通过规范化解决，即把一个低一级范式的关系模式通过模式分解转换为若干高一级范式的关系模式的集合。一般来说，数据库只需满足第三范式（3NF）就可以了。

关系模式分解的基本步骤如下：

```
1NF
↓消除非主属性对候选码的部分函数依赖
2NF
↓消除非主属性对候选码的传递函数依赖
3NF
↓消除主属性对候选码的部分及传递依赖
BCNF
```

关系模式分解的原则是分解必须保持等价，既要保持数据等价，也要保持语义等价。数据等价指无损连接性，即分解为多个关系模式后可以通过连接操作还原数据；语义等价指保持函数依赖，即分解为多个关系模式后，它们的函数依赖集的并集与原来关系模式的函数依赖集相同。

例如，关系模式 student(sno,sname,ssex,sdept,mname,cno,cname,score) 的分解过程如下。

① 消除非主属性 sname、ssex、ssdept、mname、cname 对码(sno,cno)的部分依赖：

SD(sno,sname,ssex,sdept,mname)
SC(sno,cno,score)
C(cno,cname)

很容易判断出：SD∈2NF，SC∈BCNF，C∈BCNF。

② 消除关系模式 SD 中的非主属性 mname 对码(sno)的传递依赖，SD 分解为：

S(sno,sname,ssex,sdept)
D(sdept,mname)

分解后，S∈BCNF，D∈BCNF。

关系模式分解的基本思想就是逐步消除属性之间数据依赖中不合适的部分，使各关系模式达到某种程度的"分离"，即"一事一地"的关系模式设计原则，让一个关系模式描述一个实体或实体之间的联系。例如，有以下三个关系模式：

学生（学号，姓名，性别，出生日期，家庭地址）
课程（课程号，课程名，学分，任课教师）
选修（学号，课程号，成绩）

上述关系模式"学生""课程"分别描述了"学生"实体和"课程"实体，关系模式"选修"描述了"学生"实体与"课程"实体之间的多对多联系。

关系模式的分解有一个经过证明的重要事实：关系模式 R 总可以无损连接且保持函数依赖地分解为若干 3NF 模式集。

要注意的是，关系模式的分解结果不是唯一的，并不是规范化程度越高，模式就越好。规范化程度越高，意味着关系模式越多，查询数据时，必然需要更多表的连接操作，这样做会大大降低查询速度，应根据用户的需求权衡利弊，做一个合适的选择。因此，数据库设计不仅需要理论知识，还要有丰富的实践经验。

【任务实施】

根据任务 2.2 得到的"学生成绩管理"数据库的关系模型，在函数依赖范畴内判断每个关系模式最高满足第几范式，如果没有达到 3NF，在关系规范化理论的指导下，进行分解优化。

"学生成绩管理"数据库的关系模型由以下七个关系模式组成：

学生（学号，姓名，性别，出生日期，家庭地址，班级号）
班级（班级号，班级名，固定教室，工号）
教师（工号，姓名，性别，职称）
课程（课程号，课程名，学分）
任课（工号，班级号）
讲授（工号，课程号）
选修（学号，课程号，成绩）

分析：判断一个关系模式满足第几范式，需要先分析其属性之间的函数依赖。

（1）写出各关系模式的函数依赖。

"学生"关系模式：学号→（姓名，性别，出生日期，家庭地址，班级号）
"班级"关系模式：班级号←→班级名，班级号←→固定教室，班级号←→工号，班级名←→固定教室，班级名←→工号，固定教室←→工号
"教师"关系模式：工号→（姓名，性别，职称）
"课程"关系模式：课程号→（课程名，学分）
"选修"关系模式：（学号，课程号）→成绩

（2）根据函数依赖判断关系模式满足第几范式。

"任课"和"讲授"关系模式都是全码，一定是 BCNF；"学生""教师""课程""选修"关系模式的决定因素只有码，因此也是 BCNF；对于"班级"关系模式，如果考虑每个班级所在的固定教室不同，则每个属性值都不会重复，都是候选码，因此，"班级"关系模式也属于

BCNF。在函数依赖范畴内，这七个关系模式都已达到了最高范式，无须再分解。

【知识拓展】我国数据库领域泰斗——萨师煊教授

萨师煊：计算机科学家。中国人民大学经济信息管理系的创建人、我国数据库学科的奠基人之一、数据库学术活动的积极倡导者和组织者。原中国计算机学会常务理事、软件专业委员会常务委员兼数据库学组组长，中国计算机学会数据库专业委员会名誉主任委员，原中国人民大学经济信息管理系主任、名誉系主任。

数据库教学的先行者，数据库研究的探索者

中国人民大学信息学院的前身是 1978 年创办的经济信息管理系。萨师煊等一批学者在我国高等学校经济管理类专业中最早引入"信息"一词，创建了经济信息管理系。这是我国高等学校中第一个以信息技术在经济管理领域中的应用为特色的系部，萨师煊是第一任系主任。

20 世纪 70 年代末，我国万物复苏，百废待兴。以萨师煊为代表的老一辈科学家以一种强烈的责任心和敏锐的学术洞察力，率先在国内开展数据库技术的教学与研究工作。1979 年，萨师煊将自己的讲稿汇集成《数据库系统简介》和《数据库方法》，在当时的《电子计算机参考资料》上发表。这是我国最早的数据库学术论文，对我国数据库的研究和普及起到了启蒙作用。随后，他发表了不少相关学术论文，内容涉及关系数据库理论、数据模型、数据库设计、数据库管理系统实现等诸多方面。

为了推动国内数据库技术的教学与科研工作，萨师煊一边南北奔走，到全国许多高等学校和科研院所讲课、做报告；一边编写讲义，开设课程。1978 年，萨师煊在中国人民大学开设了"数据库系统概论"课程，他成为我国最早开设这门课程的教师。许多高校教师、研究所科技人员纷纷前往中国人民大学听萨师煊讲课，这件事情在全国产生了极大的影响。

1982 年，教育部在中国人民大学召开第一次"数据库系统概论"课程教学大纲研讨会。萨师煊负责牵头，国内其他著名的高校教师参加，起草了国内第一个计算机类专业本科"数据库系统概论"课程的教学大纲。该大纲对国内刚刚开始的数据库课程教学发挥了重要的指导作用。1983 年，教育部部属高等学校计算机软件专业教学方案将"数据库系统概论"列为四年制本科生的必修课程，1983 年 6 月，"数据库系统概论"课程教学大纲正式审核通过。

1983 年，萨师煊与弟子王珊共同创作《数据库系统概论》。这是国内第一部系统地阐明数据库原理、技术和理论的教材。该教材一直被大多数院校的计算机类专业和信息类专业采用，为推动我国数据库技术发展、培养数据库人才做出了开创性的贡献。1988 年，该书的第一版获得国家级优秀教材奖，2002 年，该书的第三版获得全国普通高等学校优秀教材一等奖。

萨师煊十分重视理论联系实际，一方面，他积极为国家大型计算机工程提供技术咨询，另一方面，他重视对技术难度大、投入多的数据库基础软件的研制。他领衔主持了国家"七五"科技攻关项目"国家经济信息系统分布式查询系统"的研制，这是在 IBM 大型机上实现的大型软件项目。该项目于 1991 年获得国家计委的"杰出贡献奖"。

萨师煊与王珊于 1987 年一起创办了中国人民大学数据工程与知识工程研究所，多年来，该研究所始终站在学科前沿，跟踪国际先进技术，通过承担国家科研项目，将系统软件的开发、基础理论的研究与研究生的培养结合起来，累计培养了数百名研究生。在萨师煊的带动和影响下，该研究所积极开展学术交流与合作，在国内、外享有很高的声誉，在国内长期处于数据库技术研究工作的领先地位。2008 年，在研究所的基础上建成了数据工程与知识工程教育部重点实验室。

中国数据库学术活动的积极倡导者和组织者

萨师煊担任中国计算机学会软件专业委员会数据库学组组长期间,积极倡导和组织数据库学术交流活动,自 1982 年起,每年要举办一次全国数据库学术会议,为数据库工作者交流学术成就和开发经验、检阅工作成果提供了讲坛。更重要的是,在萨师煊的带领下,数据库学组形成了"团结、执着、和谐、潇洒"的良好风气,为推动我国数据库技术的持续发展打下了基础。

1984 年,在天津召开的第三届全国数据库学术会议上,萨师煊提议设立奖项,评选优秀研究生论文,以鼓励青年学生的研究成果,促进他们更快地成长。在这次会议上,萨师煊个人出资,给予 6 位获奖研究生一定的支持。这一举措成为我国数据库领域的佳话,饱含着前辈对后来者的鼓励与提携。后来,许多获奖者都成为国内、外知名的数据库专家。

萨师煊一贯倡导开展数据库领域的国际学术交流活动,他强调学术交流活动要"请进来,走出去"。早在 20 世纪 70 年代末,他就曾多次邀请国际知名数据库专家到国内讲学,带来了国际数据库研究的新成果和数据库技术发展的新进展。

萨师煊对我国数据库技术的发展、应用和学术交流起到了很大的推动作用,他带领研究团队紧跟国际前沿,缩短与国际先进技术的差距,为我国数据库技术的发展作出了杰出的贡献。萨师煊以他的人格魅力和渊博的学识,团结了全国的数据库工作者,成为我国数据库领域有口皆碑的组织者和带头人,为我国数据库学科的人才培养和技术发展作出了开创性的贡献。

【同步实训】"员工管理"数据库设计

1. 实训目的

(1)能根据某小型数据库应用系统需求设计 E-R 图(数据库的概念结构)。
(2)能把 E-R 图转换为关系模型(数据库的逻辑结构)。
(3)能在函数依赖范畴内判断关系模式满足第几范式,并分解为 3NF。

2. 实训内容

设计一个简单的员工管理系统,该系统需要管理员工信息和部门信息,员工信息有工号、姓名、工作职位、领导的工号、入职日期、工资、奖金,部门信息有部门编号、部门名称、部门地址。一名员工只能在一个部门工作,一个部门可以有多名员工。
(1)用 E-R 图表示该业务的概念模型。
(2)把第(1)题得到的 E-R 图转换为关系模型。
(3)判断第(2)题得到的各关系模式是否满足 3NF。

习 题 二

一、单选题

1. 概念设计的结果是( )。
   A. 一个与 DBMS 相关的概念模型 　　B. 一个与 DBMS 无关的概念模型
   C. 数据库系统的公用视图 　　D. 数据库系统的数据字典
2. E-R 图用于描述数据库的( )。
   A. 概念模型 　　B. 数据模型 　　C. 存储模式 　　D. 外模式
3. 将 E-R 图中实体之间满足一对多的联系转换为关系模式时( )。

A. 可以将联系合并到"一"端实体转换后得到的关系模式

B. 可以将联系合并到"多"端实体转换后得到的关系模式

C. 必须建立独立的关系模式

D. 只能合并到"一"端实体转换得到的关系模式

4. 在设计概念结构，合并 E-R 图时，如果"教师"在一个局部 E-R 图中被当作实体，而在另一局部 E-R 图中被当作属性，那么这种冲突被称为（　　）。

    A. 属性冲突   B. 命名冲突   C. 结构冲突   D. 联系冲突

5. 在设计概念结构，合并 E-R 图时，如果"系部"在一个局部 E-R 图中被命名为"系部"，而在另一局部 E-R 图中被命名为"部门"，那么这种冲突被称为（　　）。

    A. 属性冲突   B. 命名冲突   C. 结构冲突   D. 联系冲突

6. 将一个 $m:n$ 联系转换为一个关系模式，关系的主键一般为（　　）。

    A. m 端实体的主键   B. 两端实体主键的组合

    C. n 端实体的主键   D. 任意一个实体的主键

7. 关系规范化中的删除操作异常指（　　），插入操作异常指（　　）。

    A. 不该删除的数据被删除   B. 不该插入的数据被插入

    C. 应该删除的数据未被删除   D. 应该插入的数据未被插入

8. 设计性能较优的关系模式被称为规范化，规范化的主要理论依据是（　　）。

    A. 关系规范化理论   B. 关系运算理论

    C. 关系代数理论   D. 数理逻辑

9. 规范化理论是关系数据库进行逻辑设计的理论依据。根据该理论，在关系数据库中，关系的每个属性都是（　　）。

    A. 互不相关的   B. 不可分解的   C. 长度可变的   D. 互相关联的

10. 关系规范化的目的是（　　）。

    A. 完全消除数据冗余   B. 简化关系模式

    C. 控制冗余，避免插入和删除异常 D. 提高数据查询效率

11. 关系模型中的关系模式至少是（　　）。

    A. 1NF   B. 2NF   C. 3NF   D. BCNF

12. 在关系模式 R 中，若其函数依赖集中所有决定因素都是候选键，则 R 的最高范式为（　　）。

    A. 2NF   B. 3NF   C. BCNF   D. 1NF

13. 在一个关系 R 中，若每个数据项都是不可再分割的，那么 R 一定属于（　　）。

    A. 2NF   B. 3NF   C. BCNF   D.1NF

14. 当 B 属性函数依赖于 A 属性时，属性 A 与 B 的联系是（　　）。

    A. 一对多   B. 多对一，或者一对一

    C. 多对多   D. 以上都不是

15. 在关系模式中，如果属性 A 和 B 存在一对一联系，则有（　　）。

    A. A→B   B. B→A   C. A←→B   D. 以上都不是

16. 候选键中的属性被称为（　　）。

    A. 非主属性   B. 主属性   C. 复合属性   D. 关键属性

17. 各种范式之间的关系为（　　）。

    A. BCNF $\subseteq$ 3NF $\subseteq$ 2NF $\subseteq$ 1NF   B. 3NF $\subseteq$ 1NF $\subseteq$ 2NF $\subseteq$ BCNF

    C. 1NF $\subseteq$ 2NF $\subseteq$ 3NF $\subseteq$ BCNF   D. 2NF $\subseteq$ 1NF $\subseteq$ 3NF $\subseteq$ BCNF

18. 在关系模式中，满足 2NF 的模式（　　）。

    A．可能是 1NF   B．必定是 1NF   C．必定是 3NF   D．必定是 BCNF

19．关系模式 R 中的属性全部是主属性，则 R 的最高范式至少是（   ）。

    A．2NF   B．3NF   C．BCNF   D．4NF

20．消除了部分函数依赖的 1NF 的关系模式，必定是（   ）。

    A．1NF   B．2NF   C．3NF   D．4NF

21．候选码中的属性可以有（   ）。

    A．零个   B．一个   C．一个或多个   D．多个

22．关系模式的分解（   ）。

    A．唯一   B．不唯一

23．根据关系数据库规范化理论，关系数据库中的关系要满足第一范式。已知关系：部门（部门号，部门名，部门成员，部门总经理）。下列哪个属性使该关系不满足第一范式？（   ）。

    A．部门总经理   B．部门成员   C．部门名   D．部门号

24．已知关系：W（工号，姓名，工种，定额），将其规范化，得到第三范式，正确的写法为（   ）。

    A．W1（工号，姓名），W2（工种，定额）

    B．W1（工号，工种，定额），W2（工号，姓名）

    C．W1（工号，姓名，工种），W2（工号，定额）

    D．W1（工号，姓名，工种），W2（工种，定额）

25．已知关系：学生（学号，姓名，系别，宿舍区），函数依赖集 F={学号→姓名，学号→系别，系别→宿舍区}，则"学生"关系满足（   ）。

    A．2NF   B．3NF   C．BCNF   D.1NF

26．若关系为 1NF，且它的每个非主属性都（   ）候选键，则该关系为 2NF。

    A．部分函数依赖于   B．完全函数依赖于

    C．传递函数依赖于   D．函数依赖于

27．在关系数据库的规范化理论中，当执行"分解"操作时，必须遵守规范化原则，保持原有的函数依赖性和（   ）。

    A．数据完整性   B．关系模式   C．查询效率   D．无损连接性

28．对于非规范化的模式，将模式经过属性域变为简单域可以转换为 1NF，将 1NF 经过（   ）可以转换为 2NF，将 2NF 经过（   ）可以转换为 3NF。

    A．消除非主属性对候选键的部分依赖   B．消除非主属性对候选键的传递依赖

    C．消除主属性对候选键的部分依赖   D．消除主属性对候选键的传递依赖

29．下列关于数据库的设计范式的说法中，错误的是（   ）。

    A．数据库的设计范式有助于规范化数据库的设计

    B．数据库的设计范式有助于减少数据冗余

    C．数据库的设计范式有助于消除数据更新异常

    D．设计数据库时，一定要严格遵守设计范式。满足的范式级别越高，系统性能越好

30．假设关系模式 R(A,B)已属于 3NF，以下说法正确的是（   ）。

    A．它一定消除了插入和删除异常   B．仍可能存在一定的插入和删除异常

    C．一定属于 BCNF   D．A 和 C 都是

二、综合题

1．设计一个数据库，包括"商店""会员""职工"实体集，"商店"的属性有商店编号、店

名、店址、店经理；"会员"的属性有会员编号、会员名、地址；"职工"的属性有职工编号、职工姓名、性别、工资。每家商店有若干职工，但每名职工只能服务于一家商店；每家商店有若干会员，每个会员可以属于多家商店。在联系中，应反映出职工在商店参加工作的时间，以及会员的加入时间。根据上述内容画出反映商店、职工、会员实体及其联系的 E-R 图，并转换为关系模型，最后判断各关系模式是否满足 3NF。

2．假设某公司在多个地区设有销售部，每个销售部均可经销本公司的各种产品，每个销售部聘用多名职工，且每名职工只属于一个销售部。销售部有部门编码、部门名称、地区和电话等属性，产品有产品编码、品名和单价等属性，职工有职工号、姓名和性别等属性，每个销售部的销售产品有数量属性。根据上述内容画出 E-R 图，并转换为关系模型，最后判断各关系模式是否满足 3NF。

3．某图书管理系统对图书、读者及读者借阅情况进行管理。系统要求记录图书的书号、书名、作者、出版日期、出版社名称、价格、读者姓名、借书证号、性别、出生日期、借书日期和还书日期。请用 E-R 图表示该业务的概念模型，并转换为关系模型，最后判断各关系模式是否满足 3NF。

4．现有一银行业务管理流程，需要管理客户和账户信息。系统要求记录顾客的身份证号、姓名、地址、联系电话、账号、开户日期、交易额、余额、交易时间。每位客户可以开设多个账户。请用 E-R 图表示该业务的概念模型，并转换为关系模型，最后判断各关系模式是否满足 3NF。

MySQL 环境部署

项目描述

完成数据库逻辑结构设计后，就可以在一个具体的数据库管理系统中创建数据库并进行维护了。创建数据库前，先要在计算机上部署好具体的数据库管理系统环境。

本项目将介绍 MySQL 数据库管理系统的环境部署，包括 MySQL 8.0.19 的下载、安装与配置，启动与停止 MySQL 服务，登录 MySQL 服务器等操作。

学习目标

（1）了解 MySQL 的版本信息。

（2）以安装包或压缩包的方式完成 MySQL 的安装与配置。

（3）熟练使用 MySQL（启动与停止 MySQL 服务，登录 MySQL 服务器等操作）。

（4）了解常用的 MySQL 图形化管理工具。

任务 3.1　MySQL 的安装与配置

微课视频

【任务描述】

了解 MySQL 的版本信息，从 Oracle 官网下载社区版的 MySQL 8.0.19 压缩包和安装包，分别以两种方式（安装包和压缩包）完成 MySQL 8.0.19 的安装与配置。

【相关知识】

安装 MySQL 前，需要访问 Oracle 官网，下载安装文件。在此之前，需要明确几个问题：软件是否需要用户付费？软件支持哪些操作系统？如何解读软件的版本号？软件的安装方式有哪些？下面逐一说明。

1. 免费还是付费

针对不同的用户群体，MySQL 分为两个版本。

（1）MySQL Community Server（社区版）：该版本完全免费，Oracle 公司不提供技术支持。

（2）MySQL Enterprise Server（企业版）：该版本能够以较高的性价比为企业提供数据仓库应用，支持 ACID 事物处理，提供完整的提交、回滚、崩溃恢复和行级锁定功能。该版本需要用户付费，Oracle 公司提供电话技术支持。

2. 操作系统

MySQL 支持的操作系统有 Windows、UNIX、Linux、macOS 等，因为 UNIX 和 Linux 的版

本很多，所以对应不同的 MySQL 版本。因此，下载 MySQL 的安装文件前，必须确定计算机使用哪种操作系统，再下载相应的安装文件。

3. 软件版本号

MySQL 版本号由 3 个数字和 1 个后缀组成，如 MySQL 5.7.23，含义如下。

- 第 1 个数字"5"是主版本号，用于描述文件的格式，所有主版本号为 5 的发行版都有相同的文件夹格式。
- 第 2 个数字"7"是发行级别，主版本号和发行级别组合在一起构成了发行序列号。
- 第 3 个数字"23"是此发行系列的版本号，该数字随每次新发行的版本递增。通常建议用户选择已发行的最新版本。

后缀显示发行的稳定性级别，常用后缀及其说明如下。

- Alpha：表明该版本包含大量未被彻底测试的新代码。大多数 Alpha 版本有扩展功能，可能需要开发人员进一步开发。
- Beta：表明该版本的功能是完整的，并且所有的新代码已被测试，没有增加重要的新特征，应该没有已知的缺陷。若 Alpha 版本至少一个月没有出现报道的致命漏洞，并且没有计划增加新功能，则版本从 Alpha 变为 Beta。
- Rc：表明该版本是一个已经发行了一段时间的 Beta 版本，总体运行比较正常，只是在 Beta 版本的基础上增加了少量的修复措施。
- 没有后缀：表明该版本是正式发行版，又被称为 GA 版或 Release 版，意味着该版本已经在很多环境中运行了一段时间，而且没有非平台特定的缺陷报告，只是对关键漏洞进行了修复。

4. 安装方式

MySQL 提供安装包和压缩包两种安装方式，安装包是以.msi 作为后缀的二进制分发文件，压缩包是以.zip 作为后缀的压缩文件。使用安装包时，只需双击安装文件，然后按照提示逐步操作即可，属于"傻瓜"式安装方式；使用压缩包时，需要用户理清安装步骤，知晓安装过程中的配置方法。

【任务实施】

下面介绍在 Windows 中以两种安装方式安装 MySQL 8.0.19 的方法及配置过程。

1. 压缩包方式

（1）下载 MySQL 安装文件。

打开浏览器，进入 MySQL 的官方网站，打开 MySQL Community Server（社区版）的下载页面，如图 3.1 所示。单击 MySQL 8.0.19 压缩包右边的"Download"按钮，下载压缩包。如果要下载安装包，单击"MySQL Installer for Windows"区域，转入安装包页面。

（2）文件解压。

把下载的压缩文件解压到想安装的目录下，此处选择 D 盘根目录（D:\），如图 3.2 所示。

（3）配置 my.ini。

在安装路径（D:\mysql-8.0.19-winx64）下新建一个 my.ini 文件（先新建一个.txt 格式的文本文件，然后将后缀.txt 修改为.ini），内容如图 3.3 所示，my.ini 是 MySQL 的配置文件。

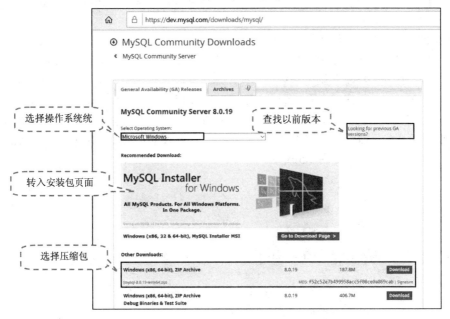

图 3.1　MySQL Community Server 压缩包下载页面

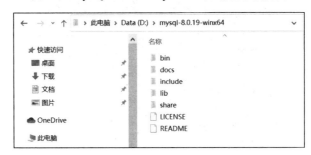

图 3.2　解压到 D 盘根目录

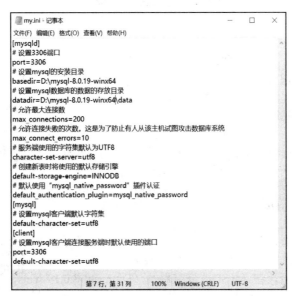

图 3.3　my.ini 配置文件

（4）配置环境变量。

右击桌面上的"此电脑"图标，在弹出的快捷菜单中选择"属性"选项，打开"系统"窗口，选择"高级系统设置"选项，打开"系统属性"对话框，单击"高级"选项卡，再单击"环境变量"按钮，打开"环境变量"对话框，在"系统变量"区域中单击"编辑"按钮，打开"编辑系统变量"对话框，新建一个系统变量 MySQL_HOME，如图 3.4 所示。

返回"环境变量"对话框，在"系统变量"区域中选择"path"变量，单击"编辑"按钮，打开"编辑环境变量"对话框，单击"新建"按钮，在列表末尾添加 MySQL 可执行文件的路径（%MySQL_HOME%\bin），如图 3.5 所示。

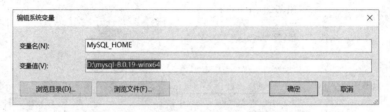

图 3.4　新建系统变量 MySQL_HOME

图 3.5　添加 MySQL 可执行文件的路径

（5）安装 MySQL 服务。

以管理员身份运行 cmd，执行以下命令：

```
mysqld –install  [服务名]
```

说明：

[]表示服务名是可选项，默认为 MySQL，建议用 MySQL80，与安装包默认的服务名相同。

（6）初始化。

在"命令提示符"窗口中执行以下命令完成初始化工作：

```
mysqld --initialize-insecure
```

说明：

- initialize 前面有两个-，后面没有空格，"--initialize"表示初始化。"-insecure"表示忽略安全性，将 root 用户密码设置为空，若省略此项，将为 root 用户生成一个随机密码。
- 执行这条命令后，在 MySQL 安装路径（D:\mysql-8.0.19-winx64）下生成用于存放数据文件的 data 文件夹，如图 3.6 所示。

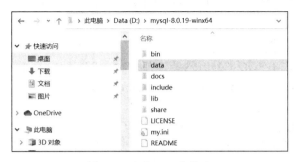

图 3.6 生成 data 文件夹

（7）启动 MySQL 服务。

在"命令提示符"窗口中执行以下命令启动 MySQL 服务，如图 3.7 所示，MySQL80 是前面第（5）步安装的服务名。

```
net start MySQL80
```

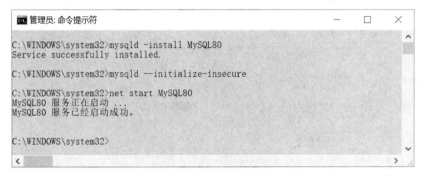

图 3.7 启动 MySQL 服务

（8）修改 root 用户密码。

在"命令提示符"窗口中输入以下命令：

```
mysql -u root –p
```

屏幕提示"Enter password:"，直接按 Enter 键，以 root 用户身份登录 MySQL 服务器。然后，在"mysql>"提示符后面输入修改密码的命令"set password='123456'"，表示把 root 用户的密码改为"123456"，如图 3.8 所示。

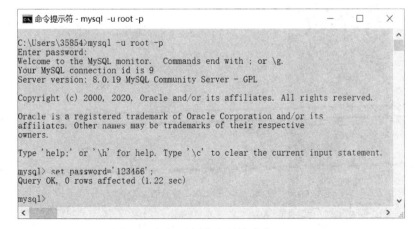

图 3.8 把 root 用户密码修改为 123456

2．安装包方式

（1）下载 MySQL 安装文件。

打开浏览器，进入 MySQL 的官方网站，打开 MySQL Community Server（社区版）的下载页面，如图 3.1 所示。单击"MySQL Installer for Windows"区域，转入安装包下载页面，如图 3.9 所示。

（2）双击文件"mysql-installer-community-8.0.19.0.msi"，打开"MySQL Installer"对话框，显示安装类型，MySQL 提供了 5 种安装类型，分别是默认安装、仅安装服务器、仅安装客户端、完全安装和自定义安装，如图 3.10 所示。

图 3.9　MySQL Community Server 安装包下载页面

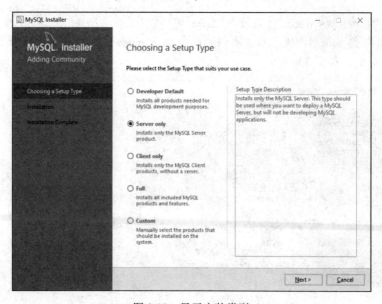

图 3.10　显示安装类型

（3）选中"Server Only"（仅安装服务器）单选钮，单击"Next"按钮，显示即将安装的 MySQL 版本信息，如图 3.11 所示。

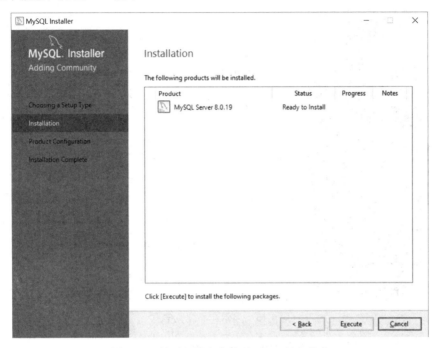

图 3.11　显示即将安装的 MySQL 版本信息

（4）单击"Execute"按钮，开始安装 MySQL，安装完成后，状态栏会显示 "Complete"，如图 3.12 所示。

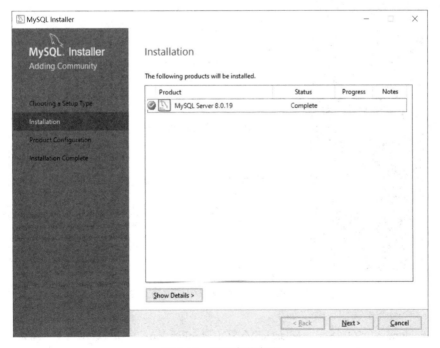

图 3.12　显示安装完成

（5）单击"Next"按钮，显示产品配置信息，如图 3.13 所示。

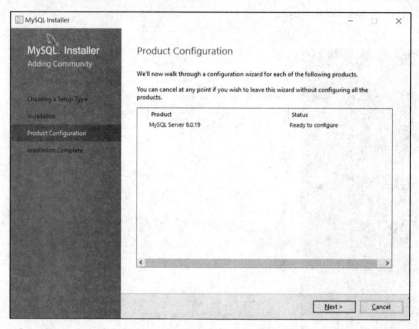

图 3.13　显示产品配置信息

（6）单击"Next"按钮，显示高可用性信息，如图 3.14 所示。

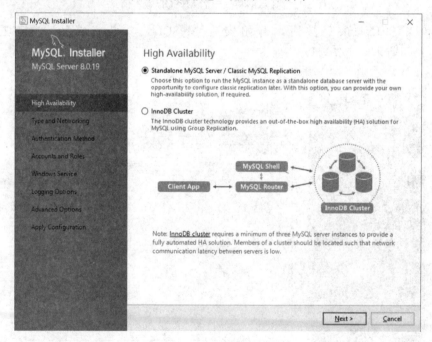

图 3.14　显示高可用性信息

该界面包含两个单选钮，含义如下。

- Standalone MySQL Server/Classic MySQL Replication：独立 MySQL 服务器/经典 MySQL 复制。

- InnoDB Cluster：InnoDB 集群。

（7）选中"Standalone MySQL Server/Classic MySQL Replication"单选钮，单击"Next"按钮，显示服务器类型和网络配置信息，如图 3.15 所示。

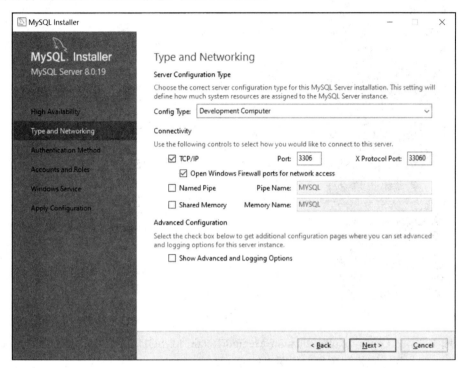

图 3.15　显示服务器类型和网络配置信息

Configuration Type（配置类型）有以下三个选项。

- Development Computer（开发者用机）：需要运行许多其他的应用程序，MySQL 仅使用少量的内存。
- Serer Computer（服务器用机）：多个服务器需要在本机运行。适合于运行 Web 服务器、应用服务器，MySQL 使用中等数量的内存。
- Dedicated Computer（专用服务器用机）：本机专用于运行 MySQL 数据库服务器，无其他服务器（如 Web 服务器）运行，MySQL 将使用所有可用的内存。

（8）在 Configuration Type 下拉菜单中，选择默认的"Development Computer"选项，其他配置参数保持默认值，单击"Next"按钮，显示身份验证方法，如图 3.16 所示。

身份验证方法有以下两个选项。

- Use Strong Password Encryption for Authentication(RECOMMEND)：使用强密码加密，进行身份验证（推荐）。
- Use Legacy Authentication Method(Retain MySQL 5.x Compatibility)：使用传统的身份验证方法（保持 MySQL 5.x 兼容性）。

说明：MySQL 8.0 版本采用了新的加密规则 caching_sha2_password，即推荐使用强密码加密，进行身份验证，而 MySQL 5.x 版本采用的加密规则是 mysql_native_password，新的加密规则可以显著地提高安全性。但是，如果应用程序目前无法升级，即无法使用 MySQL 8.0 的连接器和驱动程序，则只能选择传统的身份验证方法。安装 MySQL 之后，如果用户不愿意使用强密码验证方法，则可以更改为传统的身份验证方法。

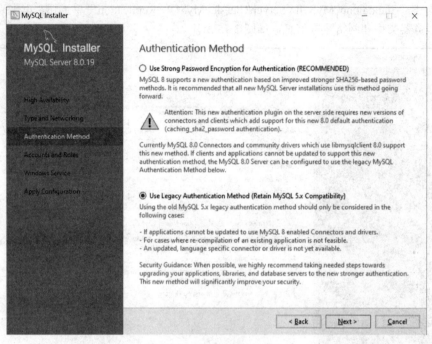

图 3.16　显示身份验证方法

（9）选中"Use Legacy Authentication Method(Retain MySQL 5.x Compatibility)"单选钮，单击"Next"按钮，显示账户和角色，如图 3.17 所示。

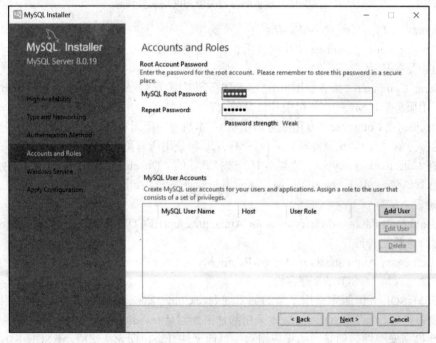

图 3.17　显示账户和角色

（10）设置系统管理员 root 的密码（如果初学者担心忘记密码，则可以将密码设置为"123456"，以后再修改），单击"Next"按钮，显示 Windows 服务，如图 3.18 所示。

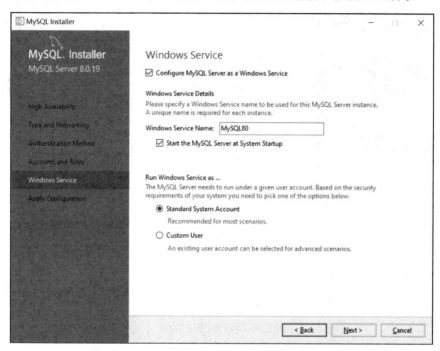

图 3.18   显示 Windows 服务

（11）所有配置参数保持默认值，单击"Next"按钮，显示应用配置信息，如图 3.19 所示。

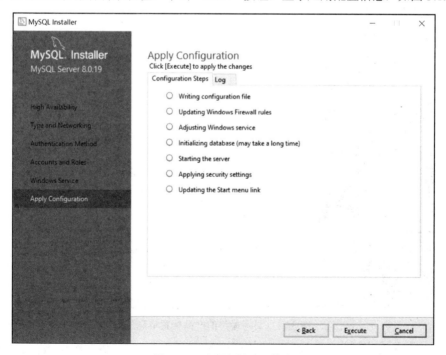

图 3.19   显示应用配置信息

（12）单击"Execute"按钮，执行配置。执行结束后，如图 3.20 所示。

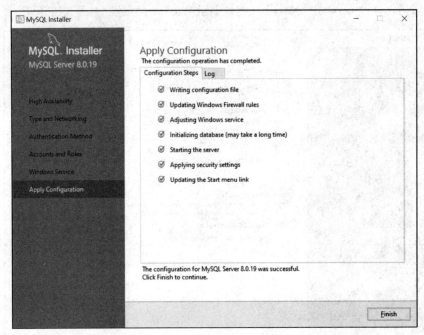

图 3.20　执行配置已完成

（13）单击"Finish"按钮，显示最终的产品配置信息，如图 3.21 所示。

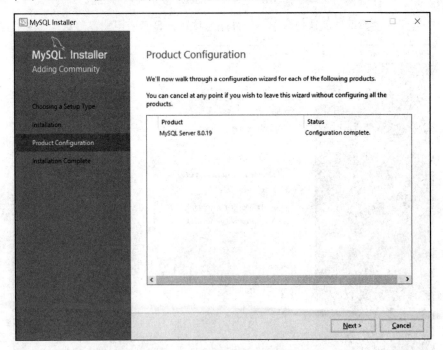

图 3.21　显示最终的产品配置信息

（14）单击"Next"按钮，显示 MySQL 安装成功，如图 3.22 所示，单击"Finish"按钮，结束安装过程。

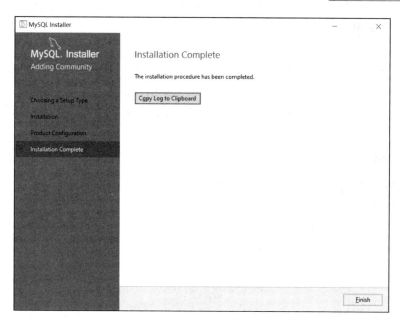

图 3.22　显示 MySQL 安装成功

（15）由于前面的安装过程没有自动配置环境变量，安装完成后，还应该通过手动方式配置环境变量，把 MySQL 的 bin 文件夹添加到环境变量中。配置方法同压缩包方式的第（4）条安装步骤，只需把图 3.4 中的 MySQL_HOME 的值改为 "C:\Program Files\MySQL\MySQL Server 8.0" 即可，此处不再赘述。

另外，要注意的是，以安装包方式安装 MySQL 后，data 文件夹并没有和 bin 及其他文件夹处于同一个文件夹中，事实上，bin、lib 及文件夹的存放路径为 "C:\Program Files\MySQL\MySQL Server 8.0"，而 data 文件夹的存放路径为 "C:\ProgramData\MySQL\MySQL Server 8.0\data"（如果想卸载软件，则必须手动删除）。在安装过程中所生成的配置文件 my.ini 通常与 data 文件夹处于同一个文件夹中。

任务 3.2　使用 MySQL

微课视频

【任务描述】

安装完 MySQL 后，读者需要掌握启动与停止 MySQL 服务的方法，了解常用的客户端程序 mysql，熟悉常用的客户端程序 mysql 的相关命令，通过客户端程序 mysql 登录 MySQL 服务器，并能够重新配置 MySQL。

【相关知识】

3.2.1　启动与停止 MySQL 服务

安装完 MySQL 后，需要启动 MySQL 服务，否则客户端无法连接到 MySQL 服务器。在前面的配置过程中，已经将 MySQL 安装为 Windows 系统服务。下面介绍启动与停止 MySQL 服务的两种操作方式，以及设置 MySQL 服务启动类型的方法。

1. 通过"命令提示符"窗口

以管理员身份打开"命令提示符"窗口，在该窗口中输入"net start mysql80"后按 Enter 键，启动 MySQL80 服务；在"命令提示符"窗口中输入"net stop mysql80"后按 Enter 键，停止 MySQL80 服务，如图 3.23 所示。要注意的是，MySQL 的服务名称不一定是 MySQL80，用户可以在安装 MySQL 的过程中为服务改名，或者使用默认名，具体的服务名可以在 Windows 服务管理器中确定。

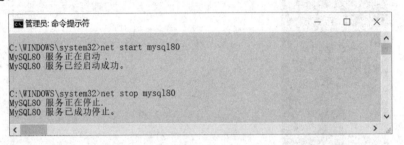

图 3.23　通过"命令提示符"窗口启动与停止 MySQL 服务

2. 通过 Windows 服务管理器

在"控制面板"的"管理工具"窗口中，双击"服务"选项，打开"服务"窗口，右击"MySQL80"服务，在弹出的快捷菜单中选择"启动"或"停止"选项，启动或停止 MySQL80 服务，如图 3.24 所示。当 MySQL80 服务处于启动状态时，"启动"选项是灰色不可用的，同理，当 MySQL80 服务处于停止状态时，"停止"选项是灰色不可用的。

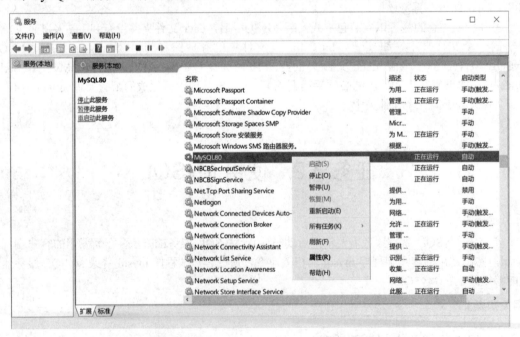

图 3.24　通过 Windows 服务管理器启动或停止 MySQL 服务

如果在快捷菜单中选择"属性"选项，则会弹出该服务的属性对话框，可以设置 MySQL 服务的启动类型，如图 3.25 所示。

图 3.25 "MySQL80 的属性"对话框

MySQL 服务的启动类型有三种：自动、手动与禁用，其含义分别如下。

- 自动：服务在开机时随系统一起启动，适合经常使用的服务。
- 手动：服务不会随系统一起启动，需要服务时，只能手动启动。
- 禁用：服务不再启动，如果需要服务，则必须将服务的启动类型修改为上述两种类型。

读者可以根据需要，选择 MySQL 服务的启动类型。

3.2.2 MySQL 客户端程序

MySQL 安装路径下有一个 bin 文件夹，里面存放了很多可执行文件，它们是 MySQL 服务器端实用程序和 MySQL 客户端程序，如表 3-1 所示，列出了部分常用的 MySQL 客户端程序及其功能。

表 3-1 常用的 MySQL 客户端程序及其功能

程 序 名	功 能
mysql	交互式命令工具
mysqladmin	管理工具
mysqlcheck	表维护工具，用于检查、修复、分析以及优化表
mysqlshow	数据库对象查看工具，用于显示数据库、表、列、索引相关信息
perror	解释错误代码工具，用于显示系统或 MySQL 错误代码含义
mysqldump	数据导出工具，用于将 MySQL 数据库转储到一个文件
mysqlimport	数据导入工具
mysqlaccess	用于检查访问主机的主机名、用户名和数据库组合权限的脚本

其中，mysql 是交互式命令工具（也被称为客户端连接工具），也是使用最频繁的连接服务器的 MySQL 客户端程序。使用该命令工具时，允许以交互式的方式输入 SQL 语句，也允许以执

行脚本文件的方式批处理 SQL 语句。mysql 客户端程序提供的命令如表 3-2 所示，这些命令既可以使用一个单词来表示，也可以通过"\字母"的简写方式来表示。

表 3-2　mysql 客户端程序提供的命令

命　令	简　写	具体含义
?	(\?)	显示帮助信息
help	(\h)	显示帮助信息
clear	(\c)	清除当前输入的语句
status	(\s)	从服务器获取 MySQL 的状态信息
connect	(\r)	重新连接服务器，可选参数是数据库和主机
delimiter	(\d)	设置语句分隔符
ego	(\G)	向 MySQL 服务器发送命令，垂直显示结果
exit	(\q)	退出 MySQL
quit	(\q)	退出 MySQL
go	(\g)	向 MySQL 服务器发送命令
print	(\p)	打印当前命令
prompt	(\R)	改变 MySQL 提示信息
rehash	(\#)	重新计算键的哈希值
source	(\.)	执行一个 SQL 脚本文件，以一个文件名作为参数
tee	(\T)	设置输出文件，将所有内容附加到给定的输出文件中
use	(\u)	使用另一个数据库，数据库名称作为参数
system	(\!)	执行系统 shell 命令
charset	(\C)	切换到另一个字符集
warnings	(\W)	每条语句之后显示警告
nowarning	(\w)	每条语句之后不显示警告

使用 mysql 连接服务器的语法格式如下：

```
mysql –h hostname –u username –p
```

各参数的含义如下。

- -h 后面的参数 hostname 是服务器的主机地址，如果客户端和服务器在同一台机器上，输入 localhost 或 ip 地址 127.0.0.1，也可以省略该参数。
- -u 后面的参数 username 是登录服务器的用户名。
- -p 后面的参数为输入的密码，但是-p 和密码之间不能有空格，如果不在-p 的后面输入密码，则按 Enter 键后以密文的形式输入密码。

【任务实施】

1. 登录 MySQL 服务器并查看状态信息

（1）启动 MySQL 服务。

如果 MySQL 服务的启动类型为"自动"，那么这一步可以省略。否则，可以通过命令或 Windows 服务管理器启动 MySQL 服务。如果通过命令启动 MySQL 服务，则要以管理员身份打开"命令提示符"窗口，再输入相关命令，启动 MySQL 服务，如图 3.23 所示。

（2）登录服务器。

登录 MySQL 服务器可以通过交互式命令工具 mysql 完成，在"命令提示符"窗口输入本地登录命令"mysql -u root -p"，根据提示输入 root 用户的密码，验证成功后即可登录 MySQL 服务器，如图 3.26 所示。

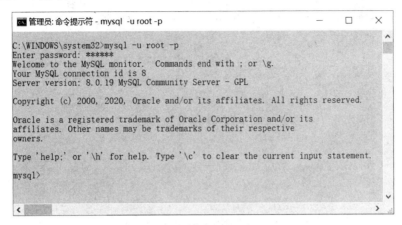

图 3.26　以命令的方式登录 MySQL 服务器

　　如果 MySQL 是用安装包安装的，则能以菜单的方式登录服务器。在"开始"菜单中，选择"MySQL 8.0 Command Line Client – Unicode"选项或"MySQL 8.0 Command Line Client"选项，运行 mysql 客户端程序，根据提示输入密码，验证成功后登录 MySQL 服务器，如图 3.27 所示。这种登录方式只限于以 root 用户身份登录。

　　说明：Unicode 是统一的字符编码标准，MySQL 的 Windows 客户端从 5.6.2 版本起，开始提供 Unicode 界面。而过去的 MySQL 客户端默认是在 DOS 中运行的，不能满足 Windows 的标准编码要求。有了 Unicode 界面，程序在 Windows 中的运行速度比在 DOS 中快了很多，字体也更符合编码要求。

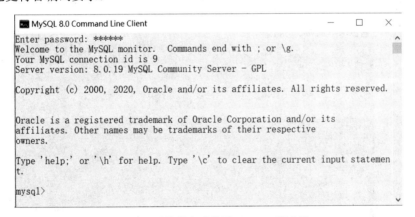

图 3.27　以菜单方式登录 MySQL 服务器

　　（3）查看 MySQL 状态信息。

　　在"mysql>"提示符后输入"status"命令或该命令的简写"\s"，即可从服务器获取 MySQL 的状态信息，如图 3.28 所示。

　　（4）退出 MySQL 客户端程序。

　　退出 MySQL 客户端程序，可以用"exit"命令或"quit"命令，两个命令的简写方式都是"\q"。

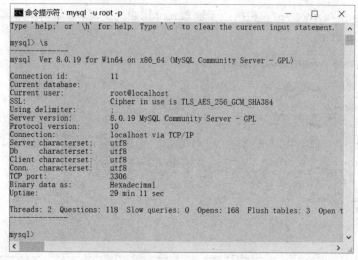

图 3.28　查看 MySQL 状态信息

2. 重新配置 MySQL

在任务 3.1 中，我们已经通过配置向导或编辑配置文件 my.ini 进行了相应的配置，但在实际应用过程中，某些配置可能不符合要求，就需要对其进行修改。这里，我们将 MySQL 客户端的字符集编码修改为 gb2312，下面介绍两种配置方式。

（1）通过命令重新配置。

运行 MySQL 客户端程序，在"mysql>"提示符后输入修改配置的命令：

```
set character_set_client=gb2312;
```

执行上述代码，使用"\s"命令查看 MySQL 状态信息，显示 MySQL 客户端的字符集编码已经修改为 gb2312，如图 3.29 所示。

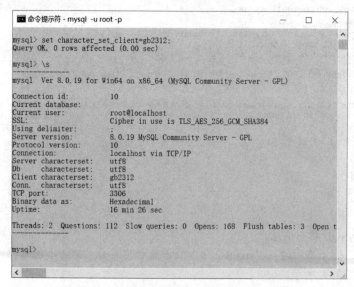

图 3.29　修改 MySQL 客户端的字符集编码

需要注意的是，这种修改方式只对当前的窗口有效，如果新开一个窗口就会重新读取 my.ini 配置文件，因此，这种修改方式只适用于临时改变配置的情况。

（2）通过 my.ini 配置文件重新配置。

如果想让修改后的配置长期有效，就需要在 my.ini 配置文件中进行修改，如图 3.30 所示。从图 3.30 中可以看到，客户端的编码是通过"default-character-set"参数配置的，如果想要重新配置，只需修改该参数的值，并保存文件，然后重启 MySQL 服务即可。

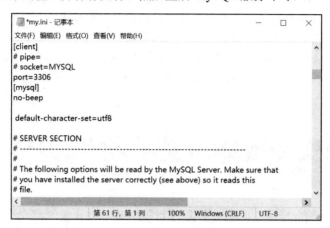

图 3.30　修改 my.ini 配置文件

【知识拓展】常用的 MySQL 图形化管理工具

MySQL 除系统自带的命令管理工具外，还有许多其他的图形化管理工具，常用的图形化管理工具有 Navicat for MySQL、MySQL Workbench、SQLyog、phpMyAdmin。

1. Navicat for MySQL

Navicat for MySQL 是目前开发者经常使用的一款 MySQL 图形化管理工具，它简单易学，支持中文，其界面十分简洁，功能也非常强大，并且有免费版本。Navicat for MySQL 与微软的 SQL Server 管理器比较类似。

Navicat for MySQL 的安装文件可以从 Navicat 的官网下载，安装完成后，该软件的运行界面如图 3.31 所示。

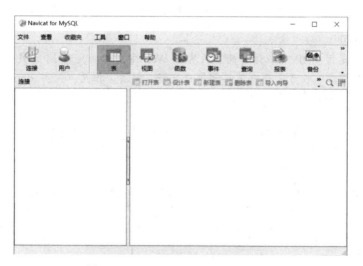

图 3.31　Navicat for MySQL 运行界面

2. MySQL Workbench

MySQL Workbench 是 MySQL 自带的图形化管理工具。在使用安装包方式安装 MySQL 的过程中，可以同时安装 MySQL Workbench。此外，也可以从官网单独下载 MySQL Workbench 进行安装。MySQL Workbench 的前身是著名的数据库设计工具 DBDesigner4。MySQL Workbench 通过可视化界面帮助数据库设计人员、数据库管理员和软件开发人员完成数据库设计，编辑和运行 SQL 语句，进行数据库的迁移、备份、导出、导入等操作。

MySQL Workbench 可在 Windows 和 Linux 中使用，其运行界面如图 3.32 所示。

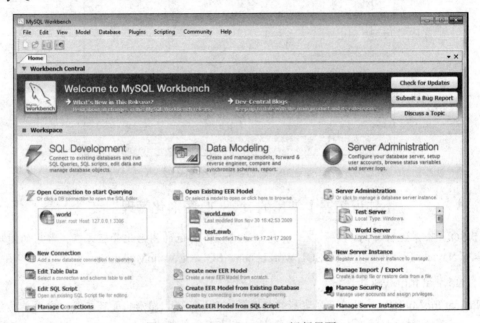

图 3.32　MySQL Workbench 运行界面

3. SQLyog

SQLyog 是业界著名的 Webyog 公司出品的一款简洁高效、功能强大的 MySQL 数据库图形化管理工具。将计算机连接互联网后，用户可以使用 SQLyog 快速地维护远程的 MySQL 数据库。

4. PhpMyadmin

PhpMyadmin 是用 PHP 编程语言开发的基于 Web 方式的网页版 MySQL 图形化管理工具。PhpMyadmin 支持中文、便于管理，其界面十分友好、简洁。但是，使用 PhpMyadmin 处理大量数据时，容易导致页面请求超时。

【同步实训】MySQL 8.0 的安装与配置

1. 实训目的

（1）能在装有 Windows 的笔记本电脑上完成 MySQL 8.0 的安装与配置。

（2）能启动或停止 MySQL 服务。

（3）能以 root 身份登录 MySQL 服务器并修改其密码。

2. 实训内容

（1）在装有 Windows 的笔记本电脑上完成 MySQL 8.0 的安装与配置。

（2）查看 MySQL 服务的启动方式，分别使用手动、命令方式启动或关闭 MySQL 服务。

（3）以 root 身份登录 MySQL 服务器并修改其密码。

（4）将 MySQL 客户端的字符集编码修改为 gbk。

习 题 三

一、单选题

1．下列选项中，修改 my.ini 配置文件中的（　）属性可以修改服务器端的字符编码。

    A．character-set   B．character-set- default

    C．character-set-server   D．default-character

2．下列选项中，（　）是配置 MySQL 服务器默认使用的用户身份。

    A．admin   B．scott   C．root   D．test

3．下列选项中，（　）命令可以将客户端字符编码修改为 gbk。

    A．alter character_set_client = gbk   B．set character_set_client = gbk

    C．set character_set_results = gbk   D．alter character_set_results = gbk

4．下列选项中，（　）是 MySQL 用于放置日志文件及数据库的目录。

    A．bin 目录   B．data 目录   C．include 目录   D．lib 目录

5．下列关于启动 MySQL 服务的描述中，错误的是（　）。

    A．在 Windows 中，启动 MySQL 服务的 DOS 命令是"net start MySQL80"

    B．MySQL 服务不仅可以通过 DOS 命令启动，还可以通过 Windows 服务管理器启动

    C．使用 MySQL 前，需要先启动 MySQL 服务，否则客户端无法连接数据库

    D．MySQL 服务只能通过 Windows 服务管理器启动

6．下列关于登录本地 MySQL 服务器的 DOS 命令中，错误的是（　）。

    A．mysql -h 127.0.0.1 -uroot -p   B．mysql -h localhost -uroot –p

    C．mysql -h -uroot -p   D．mysql -u root -p

7．下列选项中，（　）是 MySQL 加载后一定会使用的配置文件。

    A．my.ini   B．my-huge.ini   C．my-large.ini   D．my-small.ini

8．下列选项中，（　）命令用于从服务器获取 MySQL 的状态信息。

    A．\?   B．\h   C．\s   D．\u

9．下列选项中，（　）是 MySQL 用于放置可执行文件的目录。

    A．bin 目录   B．data 目录   C．include 目录   D．lib 目录

10．下面关于停止 MySQL 的 DOS 命令中（服务名为 mysql），正确的是（　）。

    A．stop net mysql   B．service stop mysql

    C．net stop mysql   D．service mysql stop

二、判断题

1．在 MySQL 命令中，clear 命令用于清除屏幕。（　）

2．卸载 MySQL 时，默认会自动删除相关的所有安装信息。（　）

3．在 MySQL 命令中，用于退出 MySQL 的命令有 quit、exit 和\q。（　）

4．在 MySQL 的安装路径中，bin 目录用于放置一些可执行文件。（　）

5．MySQL 服务不仅可以通过 Windows 服务管理器启动，还可以通过 DOS 命令启动。（　）

6．在 MySQL 命令中，用于切换到 mydb 数据库的命令是"USE mydb"或"\u mydb"。　　（　　）

7．在 my.ini 配置文件中修改字符集编码后，如果打开其他"命令提示符"窗口登录 MySQL，则之前对字符集编码的修改是无效的。　　　　　　　　　　　　　　　（　　）

8．安装 MySQL 时，首先要安装服务器端，然后进行服务器的相关配置工作。　　（　　）

9．在 Windows 服务管理器中启动 MySQL 时，启动类型有自动、手动和已禁用三种。　（　　）

10．修改 MySQL 的配置有两种方式，一种是通过命令进行配置，另一种是在 my.ini 配置文件中进行配置。　　　　　　　　　　　　　　　　　　　　　　　　　　（　　）

11．通过命令修改的 MySQL 配置长期有效。　　　　　　　　　　　　　　　（　　）

12．通过 MySQL Command Line Client 登录 MySQL 服务器时，只要输入正确的 root 用户密码，就可以成功登录 MySQL 服务器。　　　　　　　　　　　　　　　　　　　（　　）

13．MySQL 的安装文件有两个版本，一种是以.msi 作为后缀名的二进制分发版，一种是以 .rar 作为后缀的压缩文件。　　　　　　　　　　　　　　　　　　　　　　（　　）

14．MySQL 启动后，会读取 my.ini 配置文件以获取 MySQL 的配置信息。　　（　　）

15．查看 MySQL 的帮助信息，可以在"命令提示符"窗口中输入"help"或"\h"命令。
　　　　　　　　　　　　　　　　　　　　　　　　　　　　　　　　　　（　　）

数据库的创建与管理

项目描述

在项目 3 中，我们完成了 MySQL 的环境部署，并熟悉了 MySQL 的基本操作。在本项目中，我们将介绍在 MySQL 数据库管理系统平台上创建和管理数据库的方法。

在本项目中，请读者使用 SQL 语句和 Navicat for MySQL 图形化管理工具，创建和管理"学生成绩管理"数据库（studb）。

学习目标

（1）识记创建、管理数据库的相关语句及语法。

（2）能使用 SQL 语句创建、管理数据库。

（3）能使用 Navicat for MySQL 图形化管理工具创建、管理数据库。

任务 4.1　创建与查看数据库

微课视频

【任务描述】

使用 SQL 语句创建"学生成绩管理"数据库（studb），并且查看数据库，包括当前用户可见的所有数据库列表，以及 studb 数据库的创建信息。

【相关知识】

MySQL 的数据库分为系统数据库和用户数据库两类。MySQL 安装完成后，会在 data 文件夹中自动创建 4 个系统数据库，即 information_schema、mysql、performance_schema、sys，它们在系统运行过程中有特殊的作用，用户不要随意修改和删除这些系统数据库，否则会导致 MySQL 运行异常。用户数据库由用户创建与维护，用于存放用户特定业务需求下的数据。

数据库的默认存放路径是 MySQL 的 data 文件夹。

4.1.1　创建数据库

创建数据库指在系统磁盘上划分一块区域用于存储和管理数据，创建数据库用 CREATE DATABASE 语句。

语法格式如下：

```
CREATE DATABASE [IF NOT EXISTS]　数据库名
[CHARACTER SET 字符集名称] [COLLATE 校验规则名称];
```

部分参数的含义及语法说明如下。

- 语句中的"[]"表示可选项。创建数据库的最简化的语法格式如下：
  CREATE DATABASE 数据库名
- 数据库名称要符合操作系统文件夹的命名规则，不可以是 MySQL 的保留字。
- IF NOT EXISTS 子句的作用是创建数据库前先判断是否存在同名的数据库，如果已存在同名的数据库，就不创建新的数据库，并且系统提示一则警告信息。
- 字符集（CHARACTER SET）是多个字符的集合，字符集种类较多，每个字符集包含的字符个数不同。MySQL 支持的能够处理中文的字符集包括 UTF-8、GB18030、GBK、GB2312 等。UTF-8（在代码中一般写为"utf8"）是大字符集，包含了大部分文字的编码。为了避免乱码问题，建议读者使用 UTF-8 字符集。
- 校验规则（COLLATE）是在字符集内用于比较字符的一套规则，即字符集的排序规则。
- 可以用 SHOW CHARACTER SET 语句查看 MySQL 支持的所有字符集和它们的默认校验规则，如图 4.1 所示。
- 设置数据库字符集的规则：如果指定了字符集和校验规则，则使用指定的字符集和校验规则；如果指定了字符集但没指定校验规则，则使用指定的字符集及其默认的校验规则；如果指定了校验规则但没指定字符集，则使用该校验规则关联的字符集；如果没有指定字符集和校验规则，则使用服务器字符集和校验规则。

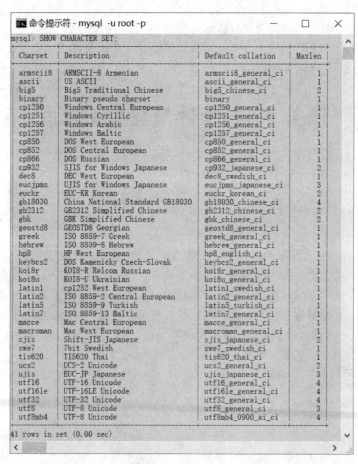

图 4.1　MySQL 字符集及其默认校验规则

4.1.2 查看数据库

使用 SHOW 语句查看当前用户可见的所有数据库列表，以及某个数据库的创建信息。

1．查看所有数据库列表

语法格式如下：

```
SHOW DATABASES;
```

2．查看某个数据库的创建信息

语法格式如下：

```
SHOW CREATE DATABASE 数据库名;
```

【任务实施】

1．查看所有数据库列表

查看所有数据库列表，代码如下：

```
SHOW DATABASES;
```

执行上述代码，结果如图 4.2 所示，显示的是创建数据库前，系统当前自带的若干数据库。

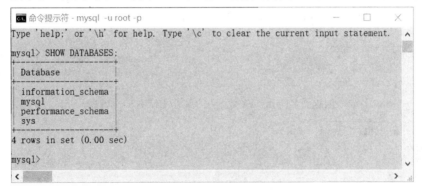

图 4.2　查看所有数据库列表

SQL 语句书写规范如下。

- SQL 语句对英文大小写不敏感，为了提高 SQL 语句的可读性，建议读者输入关键字、函数名时用英文大写，输入数据库名、表名、字段名等用户自定义标识符用英文小写。
- SQL 语句的结束符为分号 ";"
- 一条 SQL 语句可写成一行或多行，如果语句太长，建议一个子句占一行。
- SQL 语句中所有的标点符号都应该是在英文状态下输入的。

2．创建 mydb1 数据库

创建 mydb1 数据库，代码如下：

```
CREATE DATABASE mydb1;
```

执行上述代码，系统给出创建成功的提示信息，查看数据库列表，mydb1 已在其中，如图 4.3 所示。

再次执行命令：

```
CREATE DATABASE mydb1;
```

系统的提示信息如图 4.4 所示，表示创建失败，mydb1 已经存在。

如果为上述命令增加 IF NOT EXISTS 子句，则创建数据库前，系统会判断是否存在同名的数据库，代码如下：

CREATE DATABASE IF NOT EXISTS mydb1;

执行上述代码，系统不再报错，只提示一则警告信息，如图 4.5 所示。

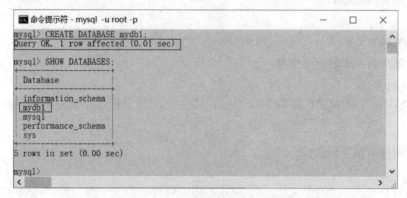

图 4.3　创建 mydb1 数据库并查看

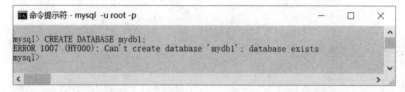

图 4.4　创建同名的 mydb1 数据库（不带 IF NOT EXISTS 子句）

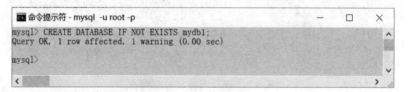

图 4.5　创建同名的 mydb1 数据库（带 IF NOT EXISTS 子句）

3．查看数据库 mydb1 的创建信息

查看数据库 mydb1 的创建信息，代码如下：

SHOW CREATE DATABASE mydb1;

执行上述代码，结果如图 4.6 所示，显示了数据库 mydb1 的创建信息，包括 mydb1 数据库的编码方式为 utf8。

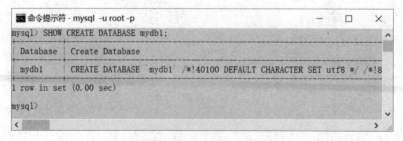

图 4.6　查看 mydb1 数据库的创建信息

4．创建"学生成绩管理"数据库

创建"学生成绩管理"数据库（studb），字符编码为 gbk，校验规则为 gbk_bin，并且查看该数据库的创建信息，代码如下：

```
CREATE DATABASE studb CHARACTER SET gbk COLLATE gbk_bin;
SHOW CREATE DATABASE studb;
```

执行上述代码，结果如图 4.7 所示。

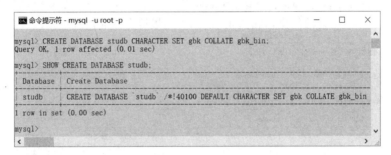

图 4.7　创建 studb 数据库并查看该数据库的创建信息

任务 4.2　管理数据库

微课视频

【任务描述】

使用 SQL 语句修改、删除"学生成绩管理"数据库（studb），先修改 studb 数据库的字符集及检验规则，再删除 studb 数据库。

【相关知识】

4.2.1　修改数据库

数据库创建后，如果需要修改其字符集和校验规则，则可以使用 ALTER DATABASE 语句。语法格式如下：

```
ALTER DATABASE　数据库名;
CHARACTER SET 字符集名称 | COLLATE 校验规则名称
[CHARACTER SET 字符集名称 | COLLATE 校验规则名称];
```

部分参数的含义及语法说明如下。

- "|"表示此处为选择项，在所列出的各项中仅需选择一项。
- 可以同时修改数据库的字符集和校验规则，也可以只修改其中一项，设置数据库字符集的规则参见 4.1.1 节中的相关内容。

4.2.2　删除数据库

不需要的数据库可以用 DROP DATABASE 语句删除，以便释放系统资源。语法格式如下：

```
DROP DATABASE [IF EXISTS] 数据库名;
```

部分参数的含义及语法说明如下。

- IF EXISTS 子句用于在删除数据库前，先判断数据库是否存在，如果数据库不存在，就不执行删除操作。否则，删除不存在的数据库时系统会报错。

【任务实施】

1. 修改 studb 数据库的字符编码

将 studb 数据库的字符编码修改为 utf8，使用该字符集默认的校验规则。代码如下：

```
ALTER DATABASE studb CHARACTER SET utf8;
```

执行上述代码，查看修改结果，如图 4.8 所示。结果符合预期。

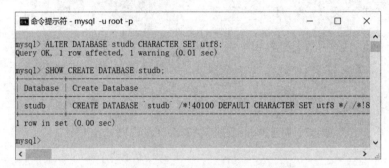

图 4.8　修改并查看 studb 数据库的创建信息

2. 删除 studb 数据库

删除 studb 数据库，代码如下：

```
DROP DATABASE studb;
```

执行上述代码，系统提示删除成功，再执行一次，系统报错（因为 studb 数据库已经不存在了）。为了避免删除不存在的数据库时系统报错，可以增加 IF EXISTS 子句，代码如下：

```
DROP DATABASE IF EXISTS studb;
```

执行上述代码，系统只提示一则警告信息，以上删除操作过程如图 4.9 所示。

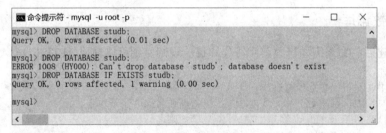

图 4.9　删除 studb 数据库

任务 4.3　使用 Navicat for MySQL 创建与管理数据库

【任务描述】

使用 Navicat for MySQL 图形化管理工具创建和管理"学生成绩管理"数据库（studb）。

微课视频

【相关知识】

开发者除使用 MySQL 自带的命令管理工具外，还可以使用其他管理工具。Navicat for MySQL 是一款专为 MySQL 设计的高性能的图形化管理工具，它功能强大、界面简洁、简单易学、支持中文，并且提供了免费版本。Navicat for MySQL 与微软的 SQL Server 管理器比较相似。读者可以从 Navicat 的官网下载 Navicat for MySQL 的安装文件。

【任务实施】

1. 使用 Navicat for MySQL

启动 Navicat for MySQL，单击左上角的"连接"按钮，或者执行"文件"→"新建连接"菜单命令，打开"新建连接"对话框，如图 4.10 所示。

图 4.10　"新建连接"对话框

填入相应的连接信息，连接名称可以自定义，填完后单击"连接测试"按钮，测试当前的连接是否成功。用户可以选中"保存密码"复选框，如果本次连接成功，则下次连接时无须输入密码。连接成功后，进入 Navicat for MySQL 主界面，如图 4.11 所示。

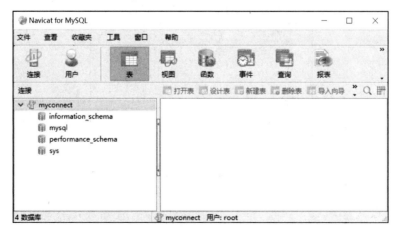

图 4.11　Navicat for MySQL 主界面

新建连接后，左侧的目录会出现此连接。下次启动 Navicat for MySQL 时，只需双击该连接，就能显示数据库列表。

注意：在 Navicat for MySQL 中，每个数据库的信息是单独获取的，没有获取的数据库的图标显示为灰色，而一旦执行了某些操作，获取了数据库的信息后，相应的图标就显示为彩色。

2. 创建 studb 数据库

创建 studb 数据库，将字符编码设置为 utf8，校验规则设置为 utf8_bin。

右击左侧列表中的 myconnect 文件夹，在弹出来的快捷菜单中选择"新建数据库"选项，如图 4.12 所示。弹出"新建数据库"对话框，将数据库名设置为"studb"，字符集设置为"utf8"，排序规则设置为"utf8_bin"，如图 4.13 所示。

图 4.12　选择"新建数据库"选项

图 4.13　"新建数据库"对话框

最后，单击"确定"按钮，完成 studb 数据库的创建操作。返回 Navicat for MySQL 主界面，可以看到，在数据库列表中新增了一个 studb 数据库，如图 4.14 所示。

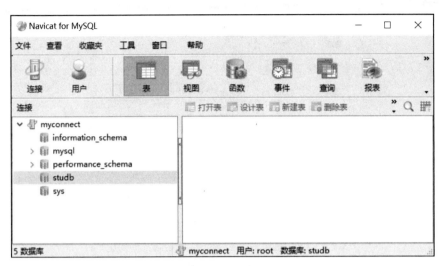

图 4.14 studb 数据库创建成功

3. 查看或修改 studb 数据库

右击数据库列表中的 studb 数据库,在弹出来的快捷菜单中选择"数据库属性"选项,如图 4.15 所示,弹出"数据库属性"对话框,显示 studb 数据库的字符集和排序规则,如图 4.16 所示,如果有需要,则可以对 studb 数据库的字符集及排序规则进行修改。

图 4.15 查看数据库 studb 快捷菜单

图 4.16　"数据库属性"对话框

4．删除 studb 数据库

右击数据库列表中的 studb 数据库，弹出如图 4.15 所示的快捷菜单，选择"删除数据库"选项，弹出"确认删除"对话框，如图 4.17 所示，单击"删除"按钮，删除 studb 数据库。

图 4.17　"确认删除"对话框

【知识拓展】存储引擎

1．什么是存储引擎

MySQL 中的数据通过各种不同的技术存储在文件（或内存）中。每种技术均使用不同的存储机制、索引技巧、锁定水平，并且最终提供广泛的、不同的功能和能力。这些技术及配套的相关功能在 MySQL 中被称为存储引擎。简单来说，存储引擎指表的类型及表在计算机上的存储方式。

MySQL 默认配置了许多不同的存储引擎，可以预先设置或在 MySQL 服务器中启用，用户可以选择适用于服务器、数据库和表格的存储引擎。可以灵活选择存储引擎是 MySQL 受欢迎的主要原因，其他数据库管理系统仅支持一种存储引擎，而用户使用 MySQL 时，可以根据需要选择存储引擎。

2．存储引擎的分类

MySQL 8.0 支持的存储引擎有 InnoDB、MyISAM、MEMORY、Archive、CSV、BLACKHOLE 等。可以使用 SHOW ENGINES 语句查看系统支持的存储引擎类型，如图 4.18 所示。其中，Engine 是存储引擎名称，Support 表示服务器是否支持，Comment 是存储引擎的简要介绍，Transactions 表示存储引擎是否支持事务。从图 4.18 中可以看出 InnoDB 是 MySQL 8.0 默认的存储引擎。

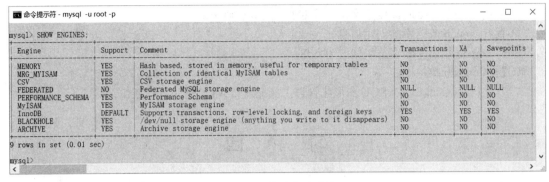

图 4.18　查看存储引擎

3．存储引擎的选择

每种存储引擎均有鲜明的特点，以适应不同的需求。用户选择存储引擎时，先要考虑每种存储引擎提供了哪些功能。

（1）InnoDB：InnoDB 是 MySQL 5.5 版本后的默认存储引擎，支持 ACID 事务，支持外键，支持行级锁定。如果对事务的完整性有较高的要求，并且在并发条件下要求数据的一致性，数据操作除插入和查询外，还包括很多更新、删除操作，那么 InnoDB 存储引擎是一个很好的选择。

（2）MyISAM：MyISAM 拥有较快的插入和查询速度，但不支持事务，不支持外键。如果数据操作以查询和插入为主，只有少量的更新和删除操作，并且对事务完整性、并发性要求不高，那么建议选择 MyISAM 存储引擎。

（3）MEMORY：MEMORY 不会在磁盘上创建任何文件，而是将所有数据置于内存中，将表定义存储在 MySQL 数据字典中，系统重启后只保存表结构，数据会丢失。

（4）ARCHIVE：ARCHIVE 拥有较快的插入速度，但其对查询操作的支持较差。ARCHIVE 非常适合存储大量的、独立的，作为历史记录的数据，原因是这些数据不经常被读取。

（5）CSV：CSV 是一种在逻辑上用逗号分割数据的存储引擎。它会在数据库子目录里为每个数据表创建一个.CSV 文件。这是一种普通的文本文件，每个数据行占用一个文本行。CSV 存储引擎不支持索引，CSV 存储引擎的表往往用于数据交换。

（6）BLACKHOLE：BLACKHOLE 指黑洞引擎。使用 BLACKHOLE 时，写入的任何数据都会消失。BLACKHOLE 一般用于验证存储文件语法的正确性，测量来自二进制日志记录的开销，查找与存储引擎自身不相关的性能瓶颈。

注意：同一个数据库也可以使用多种存储引擎的表。如果数据库中的表对事务处理的要求较高，则选择 InnoDB 存储引擎；如果数据库中的表对查询速度要求较高，则选择 MyISAM 存储引擎；如果数据库需要一个用于查询的临时表，则选择 MEMORY 存储引擎。

【同步实训】创建与维护"员工管理"数据库

1．实训目的

（1）能用 SQL 语句创建和管理数据库。

（2）能用 Navicat for MySQL 图形化管理工具创建和管理数据库。

2．实训内容

（1）使用 SQL 语句完成以下操作。

①查看所有的数据库列表。

②创建 empdb 数据库，设置字符集为 gbk，校验规则 gbk_bin。

③查看 empdb 数据库的创建信息。

④将 empdb 数据库的字符集修改为 utf8。

⑤删除 empdb 数据库。

（2）使用 Navicat for MySQL 图形化管理工具完成第（1）题的所有操作。

习　题　四

单选题

1. 下列关于删除数据库的描述中，正确的是（　　）。

    A. 数据库一旦创建就不能被删除

    B. 使用 DROP DATABASE 语句删除数据库时，为了避免数据库产生系统报错，可以增加 IF EXISTS 子句

    C. DROP TABLE 语句用于删除数据库的关键字

    D. 成功删除数据库后，数据库中的所有数据将被清除，但原来分配的空间仍会被保留

2. 下列选项中，（　　）用于查看 MySQL 中已经存在的数据库列表。

    A. SHOW DATABASES mydb;　　　　B. CREATE DATABASE mydb;

    C. AlTER DATABASE mydb;　　　　D. SHOW DATABASES;

3. 下列选项中，（　　）可以正确创建一个名称为 mydb 的数据库。

    A. CREATE BASE mydb;　　　　　　B. CREATE DATABASE mydb;

    C. AlTER DATABASE mydb;　　　　D. CREATE TABLE mydb;

4. 下列选项中，（　　）用于查看 mydb 数据库的具体创建信息。

    A. SHOW DATABASES mydb;　　　　B. CREATE DATABASE mydb;

    C. SHOW CREATE DATABASE mydb;　　D. SHOW DATABASES;

5. 下列关于删除 mydb 数据库的 SQL 语句中，正确的是（　　）。

    A. DROP mydb;　　　　　　　　　　B. DELETE mydb;

    C. DROP DATABASE mydb;　　　　D. DELETE DATABASE mydb;

6. 下列选项中，可以将数据库 mydb 的字符编码修改为 gbk 的是（　　）。

    A. ALTER DATABASE mydb CHARACTER SET=gbk;

    B. ALTER DATABASE mydb CHARACTER SET gbk;

    C. UPDATE DATABASE mydb CHARACTER SET gbk COLLATE gbk_bin;

    D. ALTER DATABASE mydb COLLATE gbk;

7. 下列关于创建数据库的描述中，正确的是（　　）。

    A. 创建数据库就是在数据库系统中划分一块存储数据的空间

    B. CREATE TABLE 语句用于创建数据库

    C. 创建数据库时，"数据库名称"不是唯一的，可以重复出现

    D. 使用 CREATE DATABASE 语句可以一次创建多个数据库

数据表的创建与管理

项目描述

创建数据库后就要创建数据表了，数据表是最重要的数据库对象，用于存放数据。数据表由表结构和表数据两部分构成，数据表的基本操作包括创建表、修改表和删除表，创建表与修改表指表结构的定义与维护，创建与维护表的同时可以实施数据完整性，为字段定义各种约束条件。

在本项目中，请读者使用 SQL 语句和 Navicat 图形化管理工具，创建和管理"学生成绩管理"数据库（studb）的数据表，并对数据表实施数据完整性。

学习目标

（1）识记数据表的基础知识。
（2）识记创建和管理数据表相关语句的语法。
（3）识记实施数据完整性的方法。
（4）能用 SQL 语句创建和管理数据表并实施数据完整性。
（5）能用 Navicat 图形化管理工具创建和管理数据表并实施数据完整性。

任务 5.1　理解数据表的基础知识

微课视频

【任务描述】

识记 MySQL 数据表的相关基础知识，包括表名的命名规范，常用的数据类型等，在此基础上，根据"学生成绩管理"数据库（studb）的三张数据表要存放的数据（内容详见项目 1 中的表 1-3～表 1-5），分析每张数据表的结构（字段名、数据类型、长度、精度、小数位数及完整性约束条件）。

【相关知识】

创建数据表，就是要定义数据表的结构，包括表名，表中各字段的名称、数据类型、长度、精度、小数位数及完整性约束条件等。

5.1.1　表的命名

同一个 MySQL 数据库的数据表不能同名，表的命名规范如下。

- 不能将 MySQL 保留字作为表名。
- 表名的最大长度为 64 个字符。
- 表名的首字母应该为字母，可以使用下画线、数字、字母、@、#、$等，其中，字母可以是 26 个英文字母或其他语言的字母，但不能使用空格和其他特殊字符。

- 取有意义的名字，最好能够"见其名，知其义"。

注意：虽然表名可以用中文，但是强烈建议读者不要使用中文！用中文命名后，编写代码不方便，还会带来语言兼容问题。

5.1.2　数据类型

MySQL 的数据类型十分丰富，读者应根据实际需要选择合适的数据类型。合适的数据类型可以有效地节省数据库的存储空间，同时也可以提升系统的计算速度，节省数据的检索时间。下面给出 MySQL 常用的数据类型。

1. 整数类型

整数类型用于保存整数。根据取值范围的不同，整数类型可分为 5 种，分别是 TINYINT、SMALLINT、MEDIUMINT、INT 和 BIGINT。不同整数类型所对应的字节和取值范围如表 5-1 所示。

表 5-1　MySQL 整数类型

数 据 类 型	字　节	范围（无符号）	范围（有符号）
TINYINT	1	0～255	-2^7～(2^7-1)
SMALLINT	2	0～65535	-2^{15}～$(2^{15}-1)$
MEDIUMINT	3	0～16777215	-2^{23}～$(2^{23}-1)$
INT	4	0～4294967295	-2^{31}～$(2^{31}-1)$
BIGINT	8	0～18446744073709551615	-2^{63}～$(2^{63}-1)$

从表 5-1 中可以看出，存储不同类型的整数时，所占用的字节不同，占用字节最少的是 TINYINT 类型，最多的是 BIGINT 类型，占用字节多的数据类型能存储的数值范围较大，可以根据占用的字节计算出每种数据类型的取值范围。

2. 浮点数类型和定点数类型

在 MySQL 中，小数需要使用浮点数或定点数表示。浮点数类型有两种，分别是单精度浮点数类型（FLOAT）和双精度浮点数类型（DOUBLE）。定点数类型 DECIMAL(m,d)通过后面的参数分别设置其精度和小数位数，m 表示数字总位数（不包括小数点和符号位），d 表示小数位数。这几个类型对应的字节和取值范围如表 5-2 所示。

表 5-2　MySQL 浮点数类型和定点数类型

数 据 类 型	字　节	范围（无符号）	范围（有符号）
FLOAT	4	0 和 1.17494351E-38～3.402823466E+38	-3.402823466 E+38～1.175494351E-38
DOUBLE	8	0 和 2.2250738585072014E-308～1.7976931348623157E+308	-1.7976931348623157E+308～2.2250738585072014E-308
DECIMAL(m,d)	m+2	依赖于 m 和 d 的值	依赖 m 和 d 的值

在实际应用中，尽量采用定点数类型，而不采用浮点数类型。因为使用定点数类型不仅能够保证计算结果更精确，还可以节省存储空间。

3. 日期与时间类型

为了方便在数据库中存储日期和时间，MySQL 提供了表示日期和时间的数据类型，分别是 YEAR、DATE、TIME、DATETIME 和 TIMESTAMP。如表 5-3 所示，给出了日期和时间类型对应的字节、取值范围和格式，其中，YYYY 表示年，MM 表示月，DD 表示日，HH 表示小时，MM 表示分钟，SS 表示秒。

表 5-3 MySQL 日期和时间类型

数据类型	字　节	取值范围	格　式
YEAR	1	1901～2155	YYYY
DATE	4	1000-01-01～9999-12-3	YYYY-MM-DD
TIME	3	-838:59:59～838:59:59	HH:MM:SS
DATETIME	8	1000-01-01 00:00:00～ 9999-12-31 23:59:59	YYYY-MM-DD HH:MM:SS
TIMESTAMP	4	1970-01-01 00:00:00～ 2038-01-19 03:14:07	YYYY-MM-DD HH:MM:SS

4. 字符串类型

字符串类型用于存储字符串数据，MySQL 支持两类字符串数据：文本字符串和二进制字符串。字符串类型分为 CHAR、VARCHAR、TEXT 等多种类型，不同数据类型具有不同的特点及用途，如表 5-4 所示。

表 5-4 MySQL 字符串类型

数据类型	用　途
CHAR(n)	固定长度的字符串
VARCHAR(n)	可变长度的字符串
BLOB	二进制形式的长文本数据 ，如声音、视频、图像等
TEXT	长文本数据，如文章、评论、简历等
ENUM	枚举类型，多选一
SET	字符串对象，可以有 0 个或多个值

（1）CHAR 和 VARCHAR 类型。

CHAR(n)是固定长度的字符串，定义时要指定字符串长度 n，n 的取值范围是 0～255，如果实际插入值的长度小于 n，则用空格补齐到指定长度 n。

VARCHAR(n)是可变长度的字符串，n 表示插入字符串的最大长度，n 的取值范围与编码有关。如果实际插入的字符串的长度不够，以实际插入值的长度进行存储。

系统处理 CHAR(n)的速度比 VARCHAR(n)快，而 VARCHAR(n)比 CHAR(n)节省空间。在实际应用中，如果某个字段每行值的长度相差不大，可以选择用 CIIAR 类型（如身份证号码）。否则，可以考虑用 VARCHAR 类型（如家庭地址）。

注意：从 MySQL 5.0 版本开始，VARCHAR(n)和 CHAR(n)中的 n 表示 n 个字符，一个汉字和一个英文字母均被当作一个字符计算，仅是占用的字节有区别。一个汉字占用的字节与编码有关，比如在 UTF-8 编码中，一个汉字需要占用 3 字节；而采用 GBK 编码，一个汉字需要占用 2 字节。

（2）BLOB 和 TEXT 类型。

BLOB 类型存储的是二进制字符串数据，如声音、视频、图像等。

TEXT 类型存储的是文本字符串数据，如个人简历、文章内容、评论等。

（3）ENUM 和 SET 类型。

ENUM 和 SET 类型都是一个字符串对象。

ENUM 类型是枚举类型，其值为定义字段时枚举列表中的某个值，语法格式如下：

ENUM('值 1', '值 2', …, '值 n')

ENUM 类型的字段在取值时，只能在指定的枚举列表中选择，而且一次只能取一个值。例如，"性别"字段只能取"男"或"女"，则把"性别"字段的数据类型定义为：

ENUM('男', '女')

SET 类型可以有 0 个或多个值（最多可以有 64 个值），在创建表时指定。语法格式如下：

SET('值 1', '值 2', …, '值 n')

与 ENUM 类型有所不同，ENUM 类型的字段只能从定义的多个值中选择一个插入，而 SET 类型的字段可以从定义的值中选择多个值。

【任务实施】

根据 MySQL 数据表的基础知识，以及"学生成绩管理"数据库（studb）的三张数据表要存放的数据（内容详见项目 1 中的表 1-3～表 1-5），分析每张数据表的结构（字段名、数据类型、长度、精度、小数位数及完整性约束条件，分析字段约束条件的方法参见任务 1.2 的任务实施部分）。

1．学生基本信息表

学生基本信息表用于存储每个学生的基本信息，包括学生的学号、姓名、性别、出生日期和家庭地址。表名和字段名不仅要符合命名规范，最好能够"见其名，知其义"，表名可以命名为 stuinfo，stu 表示 student，info 表示 information。如表 5-5 所示为 stuinfo 表的结构，列举了表中的字段名、数据类型、说明及约束。考虑姓名中有复姓等因素，姓名取 5 个字符长度，性别只能取"男"或"女"，故采用枚举类型，家庭地址如果不清楚，统一填"地址不详"。

表 5-5　stuinfo 表的结构

字 段 名	数 据 类 型	说 明	约 束
stuno	CHAR(4)	学号	主键
stuname	CHAR(5)	姓名	必填
stusex	ENUM('男', '女')	性别	
stubirthday	DATE	出生日期	
stuaddress	VARCHAR(60)	家庭地址	默认"地址不详"

2．课程基本信息表

课程基本信息表可以命名为 stucourse，用于存储每门课程的基本信息，包括课程号、课程名、学分和任课教师。如表 5-6 所示为 stucourse 表的结构，列举了表中的字段名、数据类型、说明及约束。此处约定，学分取一位整数和一位小数，故采用 DECIMAL(2,1)数据类型。

表 5-6　stucourse 表的结构

字 段 名	数 据 类 型	说 明	约 束
cno	CHAR(4)	课程号	主键
cname	VARCHAR(20)	课程名称	不能重名
credit	DECIMAL(2,1)	学分	不能为空值
cteacher	CHAR(5)	任课教师	

3. 学生选课成绩表

学生选课成绩表可以命名为 stumarks，用于存储每个学生选修每门课程的成绩，包括学生的学号、课程号和成绩。如表 5-6 所示为 stumarks 表的结构，列举了表中的字段名、数据类型、说明及约束。因为百分制成绩最高为 100 分，整数部分需要 3 位，小数部分一般只保留 1 位，所以用 DECIMAL(4,1)数据类型。根据任务 1.2 的分析结果，在本表中，stuno 是外键，参考的是 stuinfo 表中的 stuno 字段。为了方便起见，也为了后续实施数据完整性，应尽量保证它们的字段名及数据类型一致。同理，本表中的 cno 字段也要与 stucourse 表中的 cno 字段定义一致。

表 5-7 stumarks 表的结构

字 段 名	数 据 类 型	说 明	约 束
stuno	CHAR(4)	学号	外键 主键(stuno,cno)
cno	CHAR(4)	课程号	外键
stuscore	DECIMAL(4,1)	成绩	介于 0～100 之间

任务 5.2　创建与查看数据表

微课视频

【任务描述】

使用 SQL 语句创建"学生成绩管理"数据库（studb）的三张数据表：stuinfo（学生基本信息表）、stucourse（课程基本信息表）、stumarks（学生选课成绩表）。

在本任务中，创建数据表时只定义表名及各字段的字段名、数据类型、长度、精度及小数位数，实施数据完整性（定义字段取值的约束条件）将在任务 5.4 中完成。

【相关知识】

5.2.1　创建数据表

数据表由表结构和表数据构成，创建数据表指定义表结构。

创建数据表用 CREATE TABLE 语句，该语句简化后的语法格式如下：

```
CREATE TABLE [IF NOT EXISTS] 表名
( 字段名 1 数据类型 1
[,字段名 2 数据类型 2 ]
[,…]
);
```

各参数的含义与语法说明如下。

- 在创建表之前，一定要用 USE 语句切换到表所属的数据库，语法格式如下：

```
USE 数据库名
```

- IF NOT EXISTS 子句的作用是为了避免创建同名的数据表时系统报错，在创建之前，先判断数据库中是否存在同名的表，如果不存在同名的表，则创建新表。
- 在()里定义各字段名、数据类型等，各字段之间要用逗号隔开，最后一个字段后面没有逗号。

5.2.2 查看数据表

我们已经介绍了查看所有数据库及某个数据库的创建信息的语句，类似地，系统也提供了查看当前数据库中的所有数据表及某张数据表的创建信息的语句。另外，还可以用 DESC 语句查看某张数据表的结构。下面详细介绍。

1. 查看当前数据库中的所有数据表

查看当前数据库下的所有数据表，语法格式如下：
```
SHOW TABLES;
```

2. 查看某张数据表的创建信息

查看某张数据表的创建信息，语法格式如下：
```
SHOW CREATE TABLE 表名;
```

3. 查看某张数据表的结构

查看某张数据表的结构，语法格式如下：
```
DESC[RIBE] 表名;
```
说明：
- [RIBE]表示 RIBE 可以省略。

【任务实施】

1. 切换到 studb 数据库

切换到 studb 数据库，代码如下：
```
USE studb
```
注意：对 studb 数据库的数据表进行操作前，要先切换到 studb 数据库。

2. 查看所有数据表

查看所有数据表，代码如下：
```
SHOW TABLES;
```
执行上述代码，系统提示"Empty set"，表示当前数据库中没有表，如图 5.1 所示。

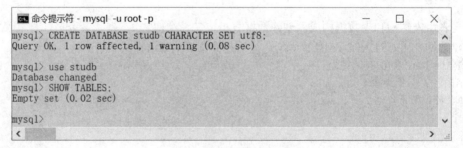

```
命令提示符 - mysql -u root -p                        —    □    ×
mysql> CREATE DATABASE studb CHARACTER SET utf8;
Query OK, 1 row affected, 1 warning (0.08 sec)

mysql> use studb
Database changed
mysql> SHOW TABLES;
Empty set (0.02 sec)

mysql>
```

图 5.1　查看 studb 数据库中的所有数据表

3. 创建学生基本信息表

根据如表 5-5 所示的 stuinfo 表的结构，创建学生基本信息表（stuinfo），代码如下：
```
CREATE TABLE stuinfo
(
    stuno CHAR(4),
```

```
stuname CHAR(5),
stusex ENUM('男','女'),
stubirthday DATE,
stuaddress VARCHAR(60)
);
```

操作技巧：如果代码比较长，则要注意代码的格式，最好一行定义一个字段。作为初学者，发生拼写错误是大概率事件，而 mysql 客户端程序不支持全屏编辑，所以，建议初学者先在记事本中把代码编辑好，再将代码复制、粘贴到 mysql 客户端程序中运行。

执行上述代码，结果如图 5.2 所示。系统提示"Query OK, 0 rows affected"，表示 stuinfo 表创建成功。

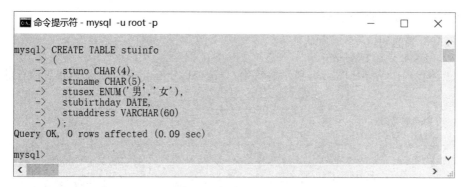

图 5.2　创建 stuinfo 表

4. 创建课程基本信息表

根据如表 5-6 所示的 stucourse 表的结构，创建课程基本信息表（stucourse），代码如下：

```
CREATE TABLE stucourse
(
 cno      CHAR(4),
 cname    VARCHAR(20),
 credit   DECIMAL(2,1),
 cteacher CHAR(5)
 );
```

执行上述代码，系统提示"Query OK, 0 rows affected"，表示 stucourse 表创建成功。

5. 创建学生选课成绩表

根据如表 5-7 所示的 stumarks 表的结构，创建学生选课成绩表（stumarks），代码如下：

```
CREATE TABLE stumarks
 (
 stuno    CHAR(4),
 cno      CHAR(4) ,
 stuscore DECIMAL(4,1)
);
```

执行上述代码，系统提示"Query OK, 0 rows affected"，表示 stumarks 表创建成功。

6. 查看 studb 数据库中的所有数据表

查看 studb 数据库中的所有数据表，代码如下：

```
SHOW TABLES;
```

执行上述代码，显示 stuinfo 表、stucourse 表和 stumarks 表已在数据库中，如图 5.3 所示。

```
命令提示符 - mysql -u root -p
mysql> SHOW TABLES;
+-----------------+
| Tables_in_studb |
+-----------------+
| stucourse       |
| stuinfo         |
| stumarks        |
+-----------------+
3 rows in set (0.00 sec)

mysql>
```

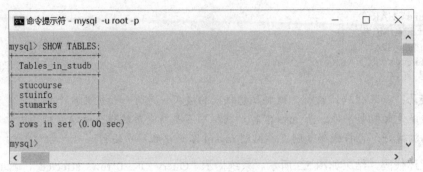

图 5.3　显示 studb 数据库中的所有表

7．查看 stuinfo 表的创建信息

查看 stuinfo 表的创建信息，代码如下：

```
SHOW CREATE TABLE stuinfo;
```

执行上述代码，结果如图 5.4 所示。其中，“ENGINE=InnoDB”表示这张表的存储引擎是 InnoDB。

```
命令提示符 - mysql -u root -p
mysql> SHOW CREATE TABLE stuinfo;
+---------+----------------------------------------
| Table   | Create Table
+---------+----------------------------------------
| stuinfo | CREATE TABLE `stuinfo` (
  `stuno` char(4) DEFAULT NULL,
  `stuname` char(5) DEFAULT NULL,
  `stusex` enum('男','女') DEFAULT NULL,
  `stubirthday` date DEFAULT NULL,
  `stuaddress` varchar(60) DEFAULT NULL
) ENGINE=InnoDB DEFAULT CHARSET=utf8 |
+---------+----------------------------------------
1 row in set (0.00 sec)

mysql>
```

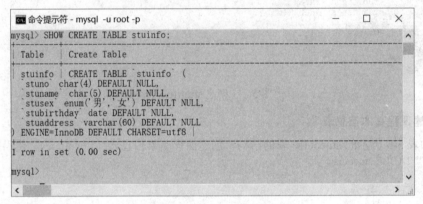

图 5.4　显示 stuinfo 表的创建信息

8．查看 stuinfo 表的结构

查看 stuinfo 表的结构，代码如下：

```
DESC stuinfo;
```

执行上述代码，以表格的形式显示 stuinfo 表的结构，如图 5.5 所示。

```
命令提示符 - mysql -u root -p
mysql> DESC stuinfo;
+-------------+----------------+------+-----+---------+-------+
| Field       | Type           | Null | Key | Default | Extra |
+-------------+----------------+------+-----+---------+-------+
| stuno       | char(4)        | YES  |     | NULL    |       |
| stuname     | char(5)        | YES  |     | NULL    |       |
| stusex      | enum('男','女') | YES  |     | NULL    |       |
| stubirthday | date           | YES  |     | NULL    |       |
| stuaddress  | varchar(60)    | YES  |     | NULL    |       |
+-------------+----------------+------+-----+---------+-------+
5 rows in set (0.01 sec)

mysql>
```

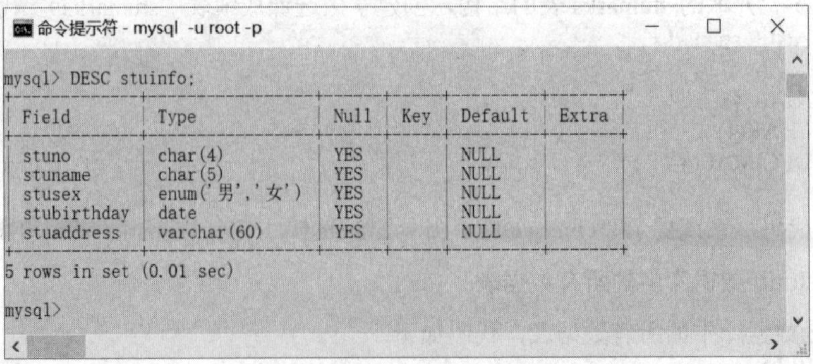

图 5.5　显示 stuinfo 表的结构

任务 5.3   管理数据表

微课视频

【任务描述】

使用 SQL 语句管理"学生成绩管理"数据库（studb）的三张数据表。管理操作包括修改数据表和删除数据表。修改数据表操作包括修改表名，添加、删除字段，修改字段名、字段数据类型及字段排列顺序。

【相关知识】

5.3.1 修改数据表

创建数据表后，可以用 ALTER TABLE 语句进行修改。修改操作包括修改表名，添加、删除字段，修改字段名、字段数据类型及字段排列顺序等。下面详细介绍。

1. 修改表名

修改表名，语法格式如下：

ALTER TABLE 旧表名 RENAME [TO] 新表名;

说明：

- TO 可以省略。
- 修改表名并不修改表结构。

2. 修改表结构

① 添加字段，语法格式如下：

ALTER TABLE 表名 ADD 新字段名 数据类型 [FIRST|AFTER 已存在字段名];

说明：

- FIRST 用于将新添加的字段设置为表的第一个字段。
- AFTER 用于将新添加的字段添加到指定的"已存在字段名"的后面。

② 删除字段，语法格式如下：

ALTER TABLE 表名 DROP 字段名;

③ 修改字段名，语法格式如下：

ALTER TABLE 表名 CHANGE 旧字段名 新字段名 新数据类型;

说明：

- 在修改字段名的同时可以修改字段的数据类型，但是，如果只是修改字段名，则必须写原来的数据类型，不能省略。

④ 修改字段数据类型，语法格式如下：

ALTER TABLE 表名 MODIFY 字段名 新数据类型;

说明：

- 如果表中已有数据，修改字段的数据类型或长度，则有可能损坏数据，也有可能因为已有数据与新的数据类型不匹配，导致修改不成功。

⑤ 改变字段的排列位置，语法格式如下：

ALTER TABLE 表名 MODIFY 字段名1 数据类型 FIRST|AFTER 字段名2;

说明：

- 数据类型指字段1 的数据类型，不能省略。

- FIRST 用于将字段 1 设置为表的第一个字段。
- AFTER 用于将字段 1 移至指定的字段 2 的后面。

5.3.2 删除数据表

如果不需要数据表，则可以用 DROP TABLE 语句将其删除。

注意：删除数据表不仅删除了表的定义（表结构），表中的数据也会被一同删除！

语法格式如下：

```
DROP TABLE [IF EXISTS]   表 1[,表 2,…];
```

说明：

- 一次删除操作可以删除一个或多个没有被关联的数据表，它们之间用逗号隔开。
- IF EXISTS 子句用于删除前判断要删除的表是否存在，如果不存在，会给出一个警告信息。如果没有该子句，则系统会报错。

【任务实施】

1．切换到 studb 数据库

切换到 studb 数据库，代码如下：

```
USE studb
```

2．将 stumarks 表改名为 stu_marks

将 stumarks 表改名为 stu_marks，代码如下：

```
ALTER TABLE stumarks RENAME stu_marks;
```

执行上述代码，然后用 SHOW TABLES 语句查看修改结果，如图 5.6 所示。

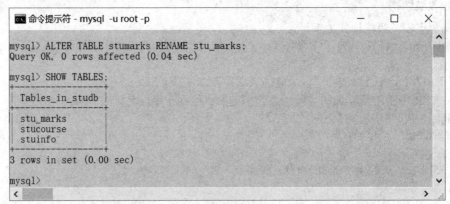

图 5.6　将 stumarks 表改名为 stu_marks

3．给 stuinfo 表增加字段

给 stuinfo 表增加字段身份证号（stuid CHAR(18)），代码如下：

```
ALTER TABLE stuinfo ADD stuid CHAR(18);
```

执行上述代码，然后用 DESC 语句查看修改结果，如图 5.7 所示。

4．删除 stuinfo 表的 stuid 字段

删除 stuinfo 表的 stuid 字段，代码如下：

```
ALTER TABLE stuinfo DROP stuid;
```

执行上述代码，然后用 DESC 语句查看修改结果，如图 5.8 所示。

```
命令提示符 - mysql -u root -p
mysql> ALTER TABLE stuinfo ADD stuid CHAR(18);
Query OK, 0 rows affected (0.09 sec)
Records: 0  Duplicates: 0  Warnings: 0

mysql> DESC stuinfo;
+-------------+-------------------+------+-----+---------+-------+
| Field       | Type              | Null | Key | Default | Extra |
+-------------+-------------------+------+-----+---------+-------+
| stuno       | char(4)           | YES  |     | NULL    |       |
| stuname     | char(5)           | YES  |     | NULL    |       |
| stusex      | enum('男','女')   | YES  |     | NULL    |       |
| stubirthday | date              | YES  |     | NULL    |       |
| stuaddress  | varchar(60)       | YES  |     | NULL    |       |
| stuid       | char(18)          | YES  |     | NULL    |       |
+-------------+-------------------+------+-----+---------+-------+
6 rows in set (0.01 sec)

mysql>
```

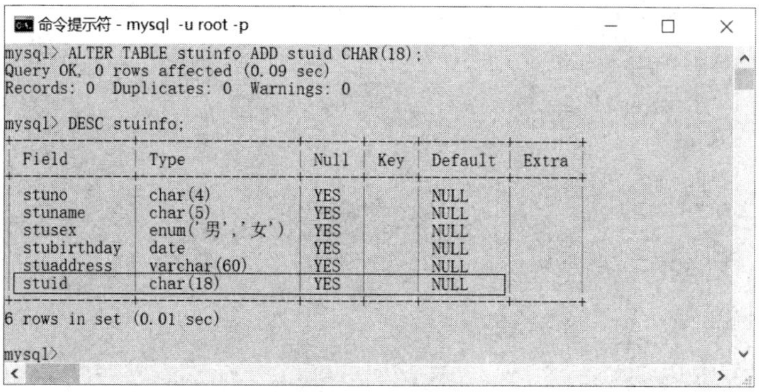

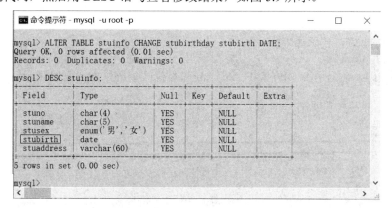

图 5.7　给 stuinfo 表增加 stuid 字段

```
命令提示符 - mysql -u root -p
mysql> ALTER TABLE stuinfo DROP stuid;
Query OK, 0 rows affected (0.11 sec)
Records: 0  Duplicates: 0  Warnings: 0

mysql> DESC stuinfo;
+-------------+-------------------+------+-----+---------+-------+
| Field       | Type              | Null | Key | Default | Extra |
+-------------+-------------------+------+-----+---------+-------+
| stuno       | char(4)           | YES  |     | NULL    |       |
| stuname     | char(5)           | YES  |     | NULL    |       |
| stusex      | enum('男','女')   | YES  |     | NULL    |       |
| stubirthday | date              | YES  |     | NULL    |       |
| stuaddress  | varchar(60)       | YES  |     | NULL    |       |
+-------------+-------------------+------+-----+---------+-------+
5 rows in set (0.00 sec)

mysql>
```

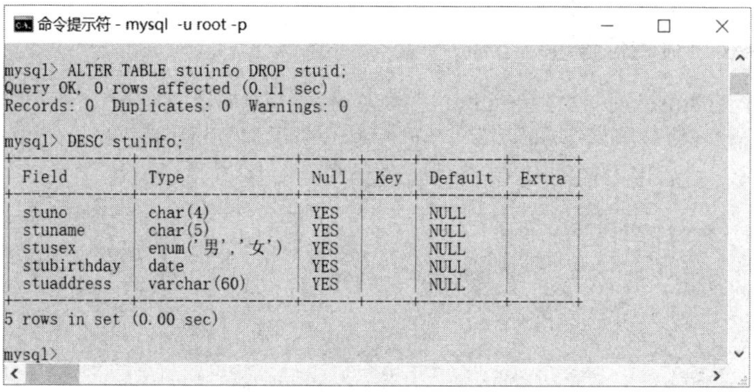

图 5.8　删除 stuinfo 表的 stuid 字段

5．为 stubirthday 字段改名

将 stuinfo 表中的 stubirthday 字段改名为 stubirth，代码如下：

```
ALTER TABLE stuinfo CHANGE stubirthday stubirth DATE;
```

执行上述代码，然后用 DESC 语句查看修改结果，如图 5.9 所示。

```
命令提示符 - mysql -u root -p
mysql> ALTER TABLE stuinfo CHANGE stubirthday stubirth DATE;
Query OK, 0 rows affected (0.01 sec)
Records: 0  Duplicates: 0  Warnings: 0

mysql> DESC stuinfo;
+------------+-------------------+------+-----+---------+-------+
| Field      | Type              | Null | Key | Default | Extra |
+------------+-------------------+------+-----+---------+-------+
| stuno      | char(4)           | YES  |     | NULL    |       |
| stuname    | char(5)           | YES  |     | NULL    |       |
| stusex     | enum('男','女')   | YES  |     | NULL    |       |
| stubirth   | date              | YES  |     | NULL    |       |
| stuaddress | varchar(60)       | YES  |     | NULL    |       |
+------------+-------------------+------+-----+---------+-------+
5 rows in set (0.00 sec)

mysql>
```

图 5.9　将 stuinfo 表中的 stubirthday 字段改名为 stubirth

6．修改 stuname 字段的数据类型

将 stuinfo 表中的 stuname 字段的数据类型修改为 VARCHAR(12)，代码如下：

```
ALTER TABLE stuinfo MODIFY stuname VARCHAR(12);
```

执行上述代码，然后用 DESC 语句查看修改结果，如图 5.10 所示。

```
命令提示符 - mysql -u root -p
mysql> ALTER TABLE stuinfo MODIFY stuname VARCHAR(12);
Query OK, 0 rows affected (0.23 sec)
Records: 0  Duplicates: 0  Warnings: 0

mysql> DESC stuinfo;
+-------------+-----------------+------+-----+---------+-------+
| Field       | Type            | Null | Key | Default | Extra |
+-------------+-----------------+------+-----+---------+-------+
| stuno       | char(4)         | YES  |     | NULL    |       |
| stuname     | varchar(12)     | YES  |     | NULL    |       |
| stusex      | enum('男','女') | YES  |     | NULL    |       |
| stubirth    | date            | YES  |     | NULL    |       |
| stuaddress  | varchar(60)     | YES  |     | NULL    |       |
+-------------+-----------------+------+-----+---------+-------+
5 rows in set (0.00 sec)

mysql>
```

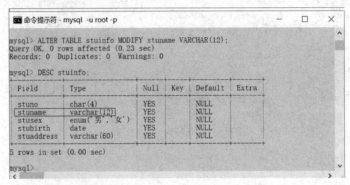

图 5.10　将 stuinfo 表中的 stuname 字段的数据类型修改为 VARCHAR(12)

7．调整 stusex 字段的位置

将 stuinfo 表中的 stusex 字段移至 stuno 字段之后，代码如下：

```
ALTER TABLE stuinfo MODIFY stusex ENUM('男','女') AFTER stuno;
```

执行上述代码，然后用 DESC 语句查看修改结果，如图 5.11 所示。

```
命令提示符 - mysql -u root -p
mysql> ALTER TABLE stuinfo MODIFY stusex ENUM('男','女') AFTER stuno;
Query OK, 0 rows affected (0.12 sec)
Records: 0  Duplicates: 0  Warnings: 0

mysql> DESC stuinfo;
+-------------+-----------------+------+-----+---------+-------+
| Field       | Type            | Null | Key | Default | Extra |
+-------------+-----------------+------+-----+---------+-------+
| stuno       | char(4)         | YES  |     | NULL    |       |
| stusex      | enum('男','女') | YES  |     | NULL    |       |
| stuname     | varchar(12)     | YES  |     | NULL    |       |
| stubirth    | date            | YES  |     | NULL    |       |
| stuaddress  | varchar(60)     | YES  |     | NULL    |       |
+-------------+-----------------+------+-----+---------+-------+
5 rows in set (0.01 sec)

mysql>
```

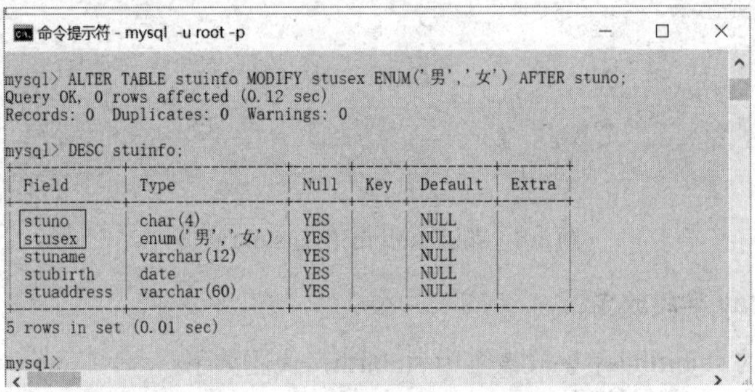

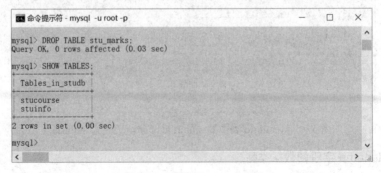

图 5.11　将 stuinfo 表中的 stusex 字段移到 stuno 字段后面

8．删除 stu_marks 表

删除 stu_marks 表，代码如下：

```
DROP TABLE stu_marks;
```

执行上述代码，然后用 SHOW TABLES 语句查看修改结果，如图 5.12 所示。

```
命令提示符 - mysql -u root -p
mysql> DROP TABLE stu_marks;
Query OK, 0 rows affected (0.03 sec)

mysql> SHOW TABLES;
+-----------------+
| Tables_in_studb |
+-----------------+
| stucourse       |
| stuinfo         |
+-----------------+
2 rows in set (0.00 sec)

mysql>
```

图 5.12　删除 stu_marks 表

任务 5.4　实施数据完整性

微课视频

【任务描述】

在任务 5.2 中，我们使用 SQL 语句定义了"学生成绩管理"数据库（studb）三张数据表的结构，包括表名及各字段的字段名、数据类型、长度、精度及小数位数。

在本任务中，要对 studb 数据库的三张数据表实施数据完整性，即在任务 5.2 的基础上根据需要给相关字段定义各种约束条件。要求分别采用两种方法完成：方法一，用 CREATE TABLE 语句实施；方法二，用 ALTER TABLE 语句实施。

studb 数据库的三张数据表（学生基本信息表、课程基本信息表及学生选课成绩表）的字段约束条件分别如表 5-5～表 5-7 所示。

【相关知识】

关系数据完整性控制是关系型数据库管理系统（RDBMS）提供的重要控制功能之一，用于确保数据的准确性和一致性。关系数据完整性规则是 RDBMS 对数据进行完整性检查与控制的依据，关系数据完整性规则分为实体完整性、参照完整性和自定义完整性，规定了数据表中的字段取值要满足的约束条件（详见项目 1 的任务 1.2）。

1．MySQL 提供的约束

为了实施数据完整性，MySQL 提供了以下六种约束。

（1）主键约束（PRIMARY KEY）：定义为主键的字段或字段组合，其取值在表中不能重复，构成主键的字段不能为 NULL。

（2）外键约束（FOREIGN KEY）：定义为外键的字段，其值必须参考被它参照的表的主键的取值，当外键不是构成主键的字段时，可以为 NULL。

（3）唯一约束（UNIQUE）：定义了唯一约束的字段在表中的取值不能重复。

（4）非空约束（NOT NULL）：定义了非空约束的字段取值不能为 NULL。

（5）默认约束（DEFAULT）：定义了默认约束的字段，在没有给它输入数据的情况下取默认值。

（6）检查约束（CHECK）：定义了检查约束的字段，其值必须使 CHECK(表达式)中的表达式的返回值为 TRUE。

说明：

- MySQL 直到 8.0.16 版本才开始支持其他数据库管理系统普遍支持的 CHECK 约束，在之前的版本中，MySQL 虽然已经实现了 CHECK 约束的标准语法，即 CHECK(表达式)，但实际上，CHECK 约束是被忽略的，并没有发挥作用。

2．实施数据完整性

用 SQL 语句给 MySQL 数据表实施数据完整性有两种方法，一种是用 CREATE TABLE 语句在创建表的同时实施数据完整性，另一种是用 ALTER TABLE 语句给已有的表实施数据完整性。

（1）在创建表的同时实施数据完整性。

语法格式如下：

```
CREATE TABLE [IF NOT EXISTS]　表名
```

(字段名 1　数据类型 1 **[列级完整性约束 1]**
[,字段名 2　数据类型 2 **[列级完整性约束 2]][,…]**

[,表级完整性约束 1][,…]

);

各参数的含义与语法说明如下。

- 列级约束和表级约束的区别在于定义的位置不同。
- 非空约束和默认约束只能设置为列级约束，语法格式如下：

NOT NULL|DEFAULT　默认值

- 若主键是多个字段的组合，则只能定义为表级约束，语法格式如下：

PRIMARY KEY(主键)

- 外键约束要定义为表级约束，语法格式如下：

FOREIGN KEY(外键) REFERENCES　父表名(被参照的字段名)

- 当没有合适的列作为表的主键时，可增加一列整数，并将其值设置为自动增加，自增列用关键字 AUTO_INCREMENT 标识，自增列的数据类型必须是整型。

注意：如果表之间有参照关系，要先创建父表，再建子表，删除则反之，先删除子表，再删除父表。

（2）创建表后实施数据完整性。

在任务 5.2 中，我们介绍了使用 ALTER TABLE 语句添加、删除字段的方法，这里要用 ALTER TABLE 语句给已有的表实施数据完整性，具体分为添加约束和删除约束。

① 添加主键约束、外键约束、唯一约束和检查约束，语法格式如下：

ALTER TABLE 表名　ADD [CONSTRAINT　约束名]
PRIMARY KEY(字段名) | FOREIGN KEY(字段名) REFERENCES　父表名(字段名)
| UNIQUE(字段名) | CHECK(表达式) ;

说明：

- 参数"CONSTRAINT　约束名"用于给增加的约束起名，如果省略该项，系统就会按照特定的规则自动给约束起名。约束名可以通过 SHOW CREATE TABLE 语句查看。

② 删除主键约束、外键约束、唯一约束和检查约束。用 ALTER TABLE…DROP 语句可以删除主键约束、外键约束、唯一约束和检查约束。

删除主键约束，语法格式如下：

ALTER TABLE 表名　DROP PRIMARY KEY;

删除外键约束，语法格式如下：

ALTER TABLE 表名　DROP FOREIGN KEY 约束名;

删除唯一约束，语法格式如下：

ALTER TABLE 表名　DROP [INDEX|KEY] 约束名;

删除检查约束，语法格式如下：

ALTER TABLE 表名　DROP CHECK 约束名;

③ 添加和删除非空约束和默认约束。用 ALTER TABLE…MODIFY 语句可以添加或删除非空约束和默认约束，语法格式如下：

ALTER TABLE 表名　MODIFY 字段名　数据类型 [NOT NULL | DEFAULT 默认值];

说明：

- 如果有"NOT NULL"或"DEFAULT 默认值",则表示添加约束;如果没有"NOT NULL"或"DEFAULT 默认值",则表示删除已有约束。

注意:为已有表添加约束时,如果表中已有数据,那么表中的数据必须满足欲添加的约束条件,否则添加约束会报错。

【任务实施】

1. 创建数据表的同时实施数据完整性

创建 studb 数据库的三张数据表,同时实施数据完整性;创建一张带自增列作为主键的数据表 test。

(1)准备工作。

① 使用 USE 语句切换到 studb 数据库,代码如下:

```
USE studb;
```

② 如果要创建的数据表已经存在,则先用 DROP TABLE 语句删除。

(2)创建三张数据表:stuinfo 表、stucourse 表和 stumarks 表。

分析:表之间有参照关系,一定要先建父表,再建子表。因为 stuinfo 表、stucourse 表被 stumarks 表所参照,所以要先创建 stuinfo 表和 stucourse 表。stuinfo 表和 stucourse 表不存在关系,创建这两张表时不分先后。

① 创建 stuinfo 表,代码如下:

```
CREATE TABLE stuinfo(
    stuno CHAR(4) PRIMARY KEY,
    stuname CHAR(5) NOT NULL,
    stusex ENUM('男','女'),
    stubirthday DATE,
    stuaddress VARCHAR(60) DEFAULT '地址不详');
```

执行上述代码,查看 stuinfo 表的结构,显示 stuno 字段的主键约束、stuname 字段的非空约束、stuaddress 字段的默认约束都已在建表的同时定义成功,如图 5.13 所示。

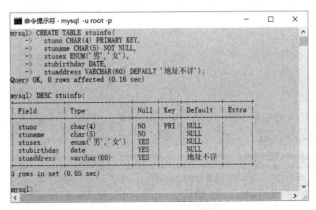

图 5.13 创建 stuinfo 表的同时实施数据完整性

② 创建 stucourse 表,代码如下:

```
CREATE TABLE stucourse(
    cno      CHAR(4) PRIMARY KEY,
```

```
cname    VARCHAR(20) UNIQUE,
credit    DECIMAL(2,1) NOT NULL,
cteacher CHAR(5));
```

执行上述代码，查看 stucourse 表的结构，显示 cno 字段的主键约束、cname 字段的唯一约束、credit 字段的非空约束都已在建表的同时定义成功，如图 5.14 所示。

在上面的代码中，列级的主键约束及唯一约束也可以定义为表级约束，代码如下：

```
CREATE TABLE stucourse(
cno      CHAR(4),
cname     VARCHAR(20) ,
credit    DECIMAL(2,1) NOT NULL,
cteacher CHAR(5),
PRIMARY KEY(cno),
UNIQUE(cname));
```

删除已创建的 stucourse 表，执行上述代码重新建表，查看 stucourse 表结构，得到如图 5.14 所示的结果，可以看出，和前面定义的列级约束相比，两者的执行结果是一样的。

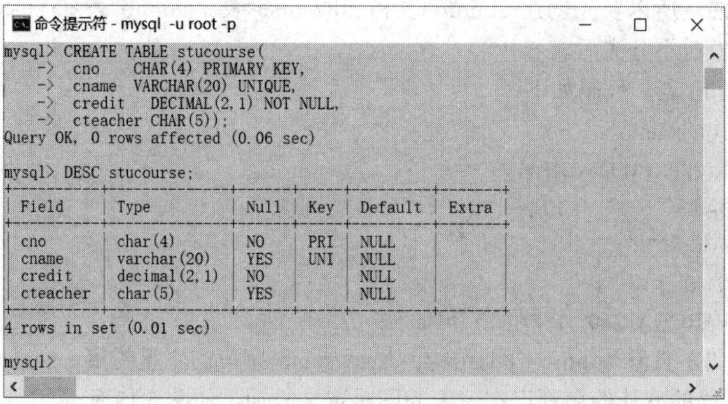

图 5.14　创建 stucourse 表的同时实施数据完整性

③创建 stumarks 表，代码如下：

```
CREATE TABLE stumarks (
    stuno    CHAR(4),
    cno      CHAR(4),
    stuscore DECIMAL(4,1) CHECK(stuscore>=0 and stuscore<=100) ,
    PRIMARY KEY(stuno,cno),
    FOREIGN KEY(stuno) REFERENCES stuinfo(stuno),
    FOREIGN KEY(cno)   REFERENCES stucourse(cno));
```

执行上述代码，查看 stumarks 表的结构，如图 5.15 所示，只能看到主键约束(stuno,cno)。外键约束及检查约束用 DESC 语句无法看到，需要用 SHOW CREATE TABLE 语句查看，如图 5.16 所示。

（3）创建一张带自增列作为主键的表，代码如下：

```
CREATE TABLE test(
```

userid   INT AUTO_INCREMENT PRIMARY KEY,

username VARCHAR(10));

执行上述代码，查看 test 表的结构，结果如图 5.17 所示。

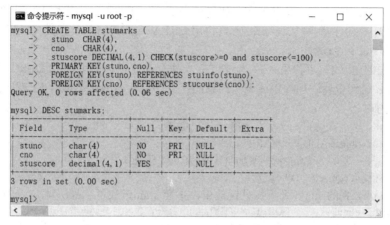

图 5.15 创建 stumarks 表的同时实施数据完整性

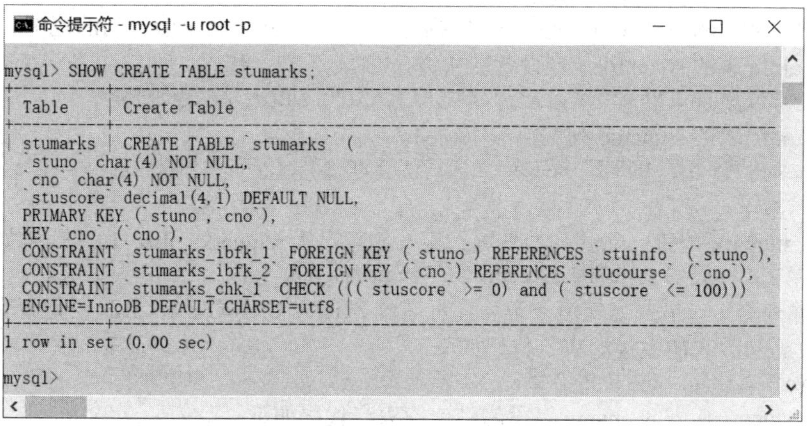

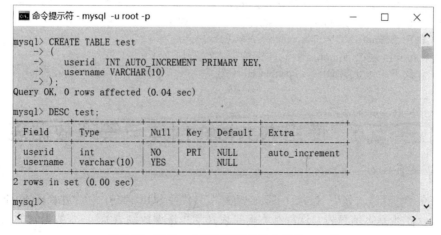

图 5.16 查看 stumarks 表定义的所有约束条件

图 5.17 创建一个带自增列作为主键的 test 表

2. 创建数据表后实施数据完整性

在 studb 数据库中创建三张数据表后实施数据完整性，即在任务 5.2 的基础上实施数据完整性。

（1）准备工作。

使用 USE 语句切换到 studb 数据库，如果已存在要创建的表，则先用 DROP TABLE 语句删除（遵循先删除子表，再删除父表的原则），再用 CREATE TABLE 语句重新创建三张不带约束的表：stuinfo 表、stucourse 表和 stumarks 表。

注：在下面的第（2）步和第（3）步中，每次执行命令后，都可以用 DESC 语句或 SHOW CREATE TABLE 语句查看添加约束或删除约束的执行结果，文中将不再给出查看结果的截图。

（2）添加约束。

① 把 stuinfo 表的 stuno 字段设为主键，代码如下：

ALTER TABLE stuinfo ADD PRIMARY KEY(stuno);

② 给 stucourse 表的 cname 字段添加唯一约束，代码如下：

ALTER TABLE stucourse ADD UNIQUE(cname);

③ 给 stumarks 表的 stuno 列添加外键约束，参照 stuinfo 表的 stuno 列，代码如下：

ALTER TABLE stumarks ADD FOREIGN KEY(stuno) REFERENCES stuinfo(stuno);

④ 给 stumarks 表的 stuscore 列添加检查约束，要求成绩介于 0～100 分之间，代码如下：

ALTER TABLE stumarks ADD CHECK(stuscore BETWEEN 0 AND 100);

说明：BETWEEN…AND 是 SQL 提供的运算符，表示介于两个值之间的范围。

⑤ 给 stuinfo 表的 stuaddress 列设置默认值：'地址不详'，代码如下：

ALTER TABLE stuinfo MODIFY stuaddress VARCHAR(60) DEFAULT '地址不详';

⑥ 给 stuinfo 表的 stuname 列增加非空约束，代码如下：

ALTER TABLE stuinfo MODIFY stuname CHAR(5) NOT NULL;

（3）删除约束。

① 删除 stumarks 表的 stuno 列的外键约束（约束名为 stumarks_ibfk_1），代码如下：

ALTER TABLE stumarks DROP FOREIGN KEY stumarks_ibfk_1;

注：删除外键时，需要先知道外键名，可通过 SHOW CREATE TABLE 语句查看。

② 删除 stuinfo 表的主键约束，代码如下：

ALTER TABLE stuinfo DROP PRIMARY KEY;

③ 删除 stucourse 表的 cname 字段的唯一约束，代码如下：

ALTER TABLE stucourse DROP KEY cname ;

注：创建唯一约束时，约束名默认是列名。

④ 删除 stuinfo 表的 stuaddress 列的默认值，代码如下：

ALTER TABLE stuinfo MODIFY stuaddress VARCHAR(60);

⑤ 删除 stuinfo 表的 stuname 列的非空约束，代码如下：

ALTER TABLE stuinfo MODIFY stuname CHAR(5);

任务 5.5 使用 Navicat 创建与管理数据表

微课视频

【任务描述】

在本任务中，请读者使用 Navicat 图形化管理工具代替 SQL 语句，创建并管理 studb 数据库的三张数据表（学生基本信息表、课程基本信息表及学生选课成绩表），三张数据表的结构分别如表 5-5～表 5-7 所示。

【任务实施】

1. 创建 studb 数据库的数据表

（1）创建 stuinfo 表。

运行 Navicat，在"连接"导航窗格中展开连接的服务器，双击 studb 数据库，使其处于打开状态，右击 studb 数据库节点下面的"表"，在弹出的快捷菜单中选择"新建表"选项，如图 5.18 所示。也可以在右边的窗格中单击工具栏上的"新建表"按钮，打开表结构设计窗口，如图 5.19 所示

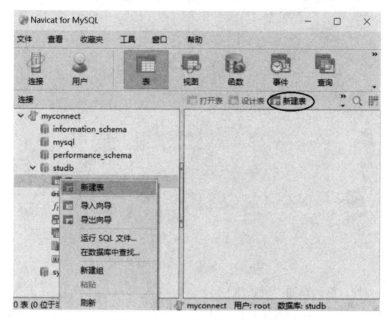

图 5.18 选择"新建表"选项或单击"新建表"按钮

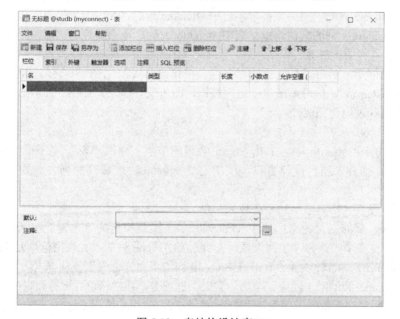

图 5.19 表结构设计窗口

在打开的表结构设计窗口中，依次输入 stuinfo 表中的所有列名，并选择所有列的数据类型。如有必要，还要输入长度、小数位数[①]（每定义完一列，单击工具栏上的"添加栏位"按钮，准备输入下一列）。stusex 列的两个枚举值要通过窗口下半部分的列属性的"值"文本框输入，即单击文本框右边的■按钮，在弹出的小窗口中输入，如图 5.20 所示。

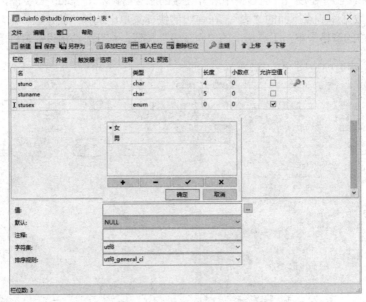

图 5.20　输入 stusex 的两个枚举值（男、女）

实施数据完整性（给列添加约束条件）。

① 设置 stuno 列的主键约束：选中 stuno 列，单击工具栏上的"主键"按钮（或者右击 stuno 列，在弹出的快捷菜单中选择"主键"选项），取消选中 stuno 列的"允许空值"复选框。

② 设置 stuname 列的非空约束：取消选中 stuname 列的"允许空值"复选框。

③ 设置 stuaddress 列的默认约束：选中 stuaddress 列，在列属性的"默认"文本框中输入默认值：地址不详，如图 5.21 所示。

表结构定义好后，单击工具栏上的"保存"按钮或按 CTRL+S 组合键，弹出"表名"对话框，输入表名"stuinfo"，然后单击"确定"按钮，即可保存该表，如图 5.22 所示。

至此，stuinfo 表创建完成。

（2）创建 stucourse 表。

操作方法同创建 stuinfo 表。右击 studb 数据库节点下面的"表"，在弹出快捷菜单中选择"新建表"选项，打开表结构设计窗口，依次定义 stucouse 表每列的列名、数据类型、长度、小数位数。

实施数据完整性（给列添加约束条件）。

① 设置 cno 列的主键约束：选中 cno 列，单击工具栏上的"主键"按钮（或者右击 cno 列，在弹出的快捷菜单中选择"主键"选项），取消选中 cno 列的"允许空值"复选框。

② 设置 credit 列的非空约束：取消选中 credit 列的"允许空值"复选框。

③ 设置 cname 列的唯一约束：单击"索引"选项卡，在"栏位"下拉列表中选择"cname"选项，在"索引类型"下拉列表中选择"Unique"选项。索引名可以不输入，系统会自动用字段名

① 这里的"小数位数"对应表结构设计窗口中的"小数点"选项。

命名索引名（cname），"索引方式"默认为"BTREE"，如图 5.23 所示。

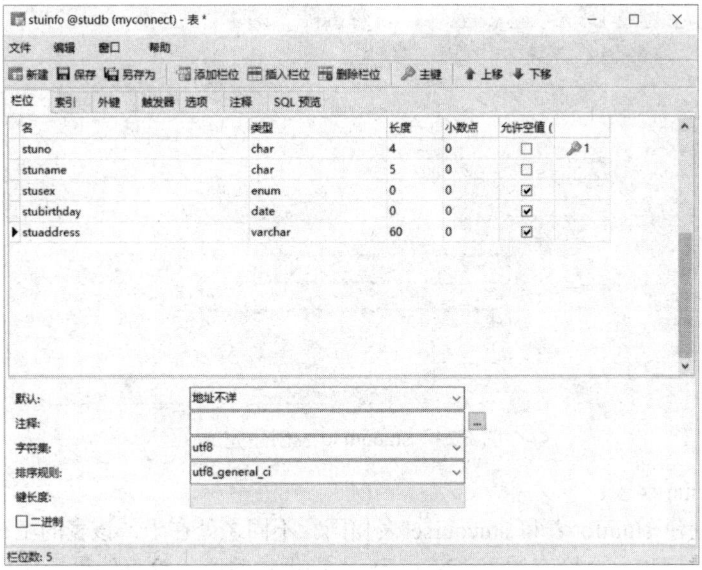

图 5.21 为 stuaddress 列设置默认值

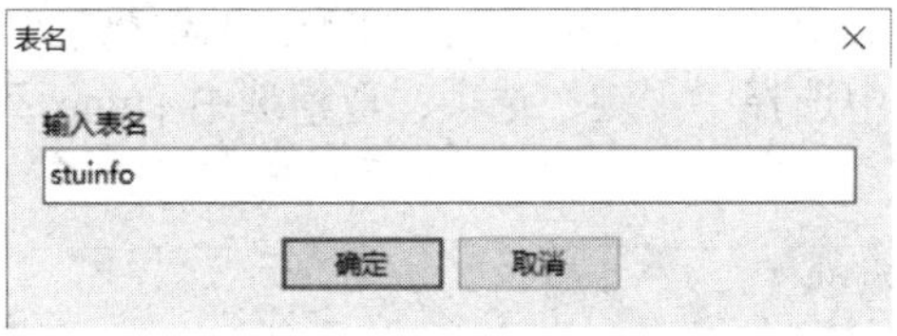

图 5.22 "表名"对话框

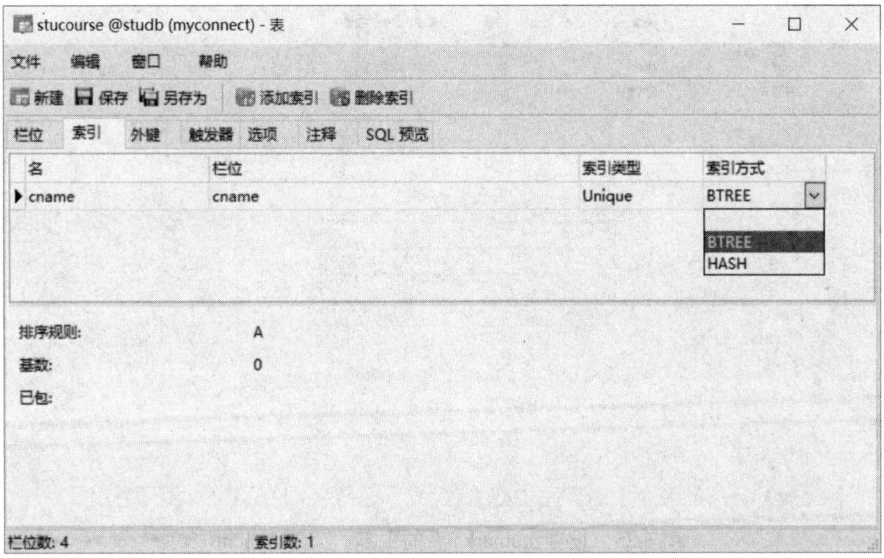

图 5.23 为 cname 列添加唯一约束

至此，stucourse 表创建完成，如图 5.24 所示。

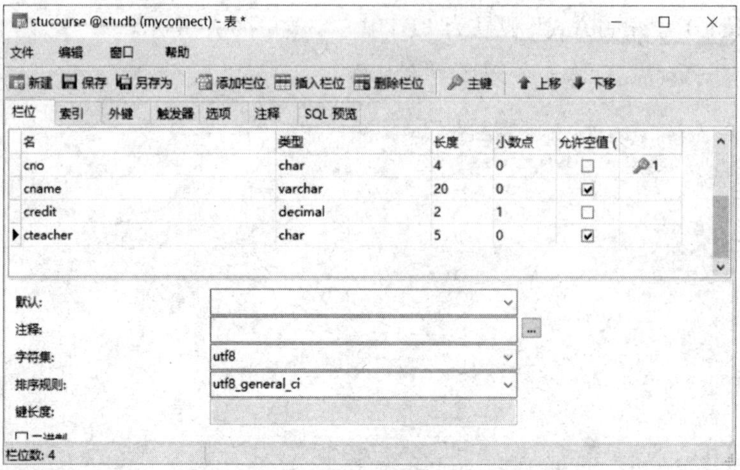

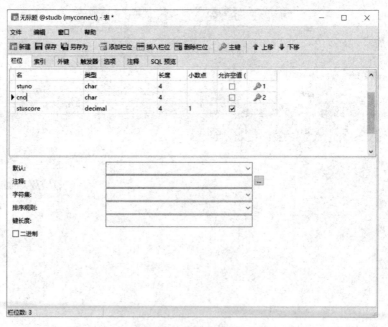

图 5.24　stucourse 表创建完成

（3）创建 stumarks 表。

操作方法与创建 stuinfo 表和 stucourse 表相同。不同之处在于，该表的主键是列的组合，还要添加两个外键约束和一个检查约束，Navicat 不提供对字段的检查约束操作。下面主要介绍使用 Navicat 设置该表的主键及外键约束的操作方法。

① 设置主键约束(stuno,cno)：右击 stuno 列，在弹出的快捷菜单中选择"主键"选项；右击cno 列，在弹出的快捷菜单中选择"主键"选项；取消选中 stuno 列和 cno 列的"允许空值"复选框，如图 5.25 所示。

图 5.25　设置 stumarks 表的主键约束(stuno,cno)

② 设置 stuno 列和 cno 列的外键约束：单击"外键"选项卡，可以输入约束名，也可以不输入约束名（由系统自动命名），在"栏位"下拉列表中选择"stuno"选项，在"参考数据库"下拉列表中选择"studb"选项，在"参考表"下拉列表中选择"stuinfo"选项，在"参考栏位"下

拉列表中选择"stuno"选项；单击工具栏中的"添加外键"按钮，在"栏位"下拉列表中选择"cno"选项，在"参考数据库"下拉列表中选择"studb"选项，在"参考表"下拉列表中选择"stucourse"选项，在"参考栏位"下拉列表中选择"cno"选项，在"删除时"和"更新时"下拉列表中选择"RESTRICT"选项，操作结果如图 5.26 所示。

图 5.26　设置 stumarks 表的外键

"删除时"（或"更新时"）的选项有 4 个，含义如下。

- RESTRICT：删除（或修改）父表记录时，如果子表存在与之对应的记录，那么删除（或修改）操作将失败，该选项使默认选项。
- NO ACTION：与 RESTRICT 的功能相同。
- CASCADE：删除（或修改）父表记录时，系统会自动删除（或修改）子表中与之对应的记录。
- SET NULL：删除（或修改）父表记录时，系统会自动将子表中与之对应的记录的外键值设置为 NULL。

至此，studb 数据库的 stuinfo 表、stucourse 表和 stumarks 表创建完成，如图 5.27 所示。

图 5.27　studb 数据库的三张数据表创建完成

2. 管理数据表

（1）查看或修改 stuinfo 表的结构（含完整性约束条件）。

运行 Navicat，连接服务器。在"连接"导航窗格中依次展开 myconnect 服务器、studb 数据库和表结点，右击 stuinfo 表，在弹出的快捷菜单中选择"设计表"选项，打开表结构设计窗口。也可以在右边窗格里选中 stuinfo 表，然后单击工具栏上的"设计表"按钮，如图 5.28 所示，打开表结构设计窗口。

在打开的表结构设计窗口中，可以查看 stuinfo 表的每个字段的名称、数据类型、长度、小数位数及各种约束条件（是否允许空值，是否为主键、是否有默认值、是否要求值唯一、是否为外键），如图 5.29 所示。查看表结构的同时，可以根据需要修改 stuinfo 表的结构，包括为各字段添加、删除各种约束。

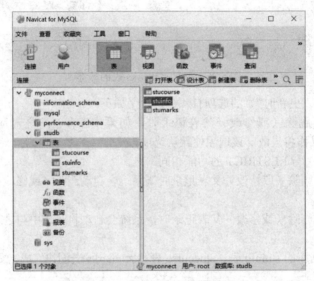

图 5.28 单击"设计表"按钮

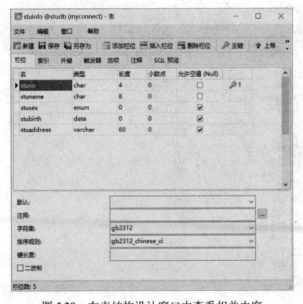

图 5.29 在表结构设计窗口中查看相关内容

（2）修改 stumarks 表名。

右击 stumarks 表，在弹出的快捷菜单中选择"重命名"选项，进入修改表名状态，输入新的表名，或者在右边窗格中选中 stumarks 表，然后单击表名，进入修改状态，输入新的表名。

【知识拓展】MySQL 大数据的常用解决方案——分表和分区

有些大型应用程序的数据增长速度是不可预估的，如果单张数据表的数据量太大，则会带来查询性能下降、I/O 阻塞等问题。MySQL 的分表和分区能有效地解决上述问题。

1. MySQL 分表

MySQL 分表就是将一个大表按照一定的规则分成多个子表，子表的数据和数据结构可能与大表有差别。MySQL 分表分为垂直分表和水平分表。

（1）垂直分表。

垂直分表是按表中的字段划分的，例如，原本分布在同一张表中的 C1、C2、C3、C4 四个字段，垂直划分到两张表中。在第一张表中分布 C1、C3、C4 三个字段，在第二张表中分布 C1、C2 两个字段。拆分后的两张表通过 C1 这个共同的字段关联起来。

（2）水平分表。

水平分表是按表中的记录划分的，将原本分布在同一张表中的记录，水平拆分到多张表中。

2. MySQL 分区

MySQL 分区就是按照一定的规则将数据库中的一张表分解成多个存储区块，而数据结构不变。另外，这些存储区块既可以在同一个磁盘上，也可以在不同的磁盘上，从逻辑上看，只有一张表。

MySQL 从 5.1.3 版本开始支持分区操作，MySQL 支持的分区类型包括 RANGE、LIST、HASH、KEY，其中，RANGE 分区比较常用。

（1）RANGE 分区。

RANGE 分区基于一个给定的连续区间对数据进行划分。例如，可以将一个图书表通过出版年份划分成三个分区，代码如下：

```
CREATE TABLE book
(id INT NOT NULL,
pubdate DATE NOT NULL,
price DECIMAL(5,1)
)
PARTITION BY RANGE(YEAR(pubdate))
(
PARTITION p1 VALUES LESS THAN (1980),
PARTITION p2 VALUES LESS THAN (1990),
PARTITION p3 VALUES LESS THAN maxvalue
);
```

（2）LIST 分区。

LIST 分区与 RANGE 分区很相似，两者的区别在于 LIST 分区是枚举值列表的集合，RANGE 分区是连续的区间值的集合。例如，将学生表按学生户籍所在省份的编号进行分区，代码如下：

```
CREATE TABLE student
(id INT NOT NULL ,
 name VARCHAR(20),
pid INT NOT NULL
```

```
)
PARTITION BY LIST(pid)
(
PARTITION a VALUES IN(1,2,5,10),
PARTITION b VALUES IN(3,4,7,8),
PARTITION c VALUES IN(9,6,11)
);
```

（3）HASH 分区。

HASH 分区主要依据表的某个字段及指定分区的数量，将数据分配到不同的分区。HASH 分区可以将数据均匀地分布到预先定义的各分区中，保证各分区中数据的数量基本一致。例如，将用户表按照用户 ID 分为 4 个分区，代码如下：

```
CREATE TABLE user (
 id INT(20) NOT NULL ,
 role VARCHAR(20) NOT NULL,
 description VARCHAR(50)
)
PARTITION BY HASH(id)
PARTITIONS 4;
```

（4）KEY 分区。

KEY 分区是一种特殊的 HASH 分区，KEY 分区和 HASH 分区很相似，KEY 分区支持除 TEXT 和 BLOB 外的所有数据类型的分区，而 HASH 分区只支持数字分区，KEY 分区不允许使用用户自定义的表达式进行分区，KEY 分区使用系统提供的 HASH 函数进行分区，代码如下：

```
CREATE TABLE role(
id int(20) NOT NULL,
name VARCHAR(20) NOT NULL
)
PARTITION BY KEY(name)
PARTITIONS 4;
```

3. 分表和分区的异同

分表和分区都能提高系统的性能，在高并发状态下都有良好的表现。

分表和分区不矛盾，它们是可以相互配合的，对于访问量较大且表数据较多的表，可以采取分表和分区结合的方式；对于访问量不大但表数据较多的表，可以只采取分区的方式。

分表是真正意义上的分表，一张表分成多张表后，每一张小表都是一张完整的表，而分区不一样，一张大表进行分区后，还是一张表，不会变成两张表，但是，存储数据的区块变多了。分表技术是比较麻烦的，需要手动创建子表，App 服务端读写时需要计算子表名。分区与分表相比，其操作方便，不需要创建子表。

【同步实训】创建"员工管理"数据库的数据表

1. 实训目的

（1）能用 SQL 语句创建和管理数据表并实施数据完整性。

（2）能用 Navicat 创建和管理数据表并实施数据完整性。

2. 实训内容

（1）用 SQL 语句完成以下操作。

① 创建数据表。为"员工管理"数据库（empdb）创建两张数据表（dept、emp），表结构分别如表 5-8 和表 5-9 所示，不需要实施数据完整性（不需要为字段定义约束条件）。

表 5-8　dept（部门表）

字　　段	含　　义	类　　型	约　　束
deptno	部门编号	CHAR(2)	主键
dname	部门名称	VARCHAR(14)	取值唯一
loc	部门地址	VARCHAR(13)	

表 5-9　emp（员工表）

字　　段	含　　义	类　　型	约　　束
empno	员工编号	CHAR(4)	主键
ename	员工姓名	VARCHAR(10)	非空
job	工作职位	VARCHAR(9)	默认值为"CLERK"
mgr	该员工的领导编号	CHAR(4)	
hiredate	入职日期	DATE	
sal	工资	DECIMAL(7,2)	大于 0
comm	奖金	DECIMAL (7,2)	
deptno	所属部门编号	CHAR(2)	外键，与 dept 表关联

② 修改表结构。

a. 为 emp 表增加一列"员工 email"，字段名为 email，数据类型为 VARCHAR(30)。

b. 修改 email 字段的长度为 40。

c. 把 email 字段调到 ename 字段后。

d. 删除 email 字段。

③ 删除数据表。删除部门表（dept）和员工表（emp）。

④ 实施数据完整性。为 empdb 数据库的两张表实施数据完整性，具体约束内容参见表 5-8 和表 5-9。要求用两种方法：方法一，建表的同时实施数据完整性；方法二，建表后实施数据完整性。

（2）使用 Navicat 完成第（1）题的内容。

习　题　五

一、单选题

1. 下列选项中，（　　）是修改字段名的基本语法格式。

　　A．ALTER TABLE 表名 MODIFY 旧字段名 新字段名 新数据类型;

　　B．ALTER TABLE 表名 CHANGE 旧字段名 新字段名;

　　C．ALTER TABLE 表名 CHANGE 旧字段名 新字段名 新数据类型;

　　D．ALTER TABLE 表名 MODIFY 旧字段名 TO 新字段名 新数据类型;

2. 下列选项中，（　　）可以删除 test 数据表。

　　A．DELETE FROM test ;　　　　　　B．DROP TABLE test;

　　C．DELETE test;　　　　　　　　　D．ALTER TABLE test DROP test;

3. 下列选项中，（　　）是删除字段的基本语法格式。

  A．DELETE FROM TABLE 表名 DROP 字段名;

  B．DELETE TABLE 表名 DROP 字段名;

  C．ALTER TABLE 表名 DROP 字段名;

  D．DELETE TABLE 表名 字段名;

4．下列选项中，（　　）是用于删除表结构的关键字。

  A．DELETE   B．DROP

  C．ALTER   D．CREATE

5．下列选项中，（　　）可以正确地将表名 stu_info 修改为 stuinfo。

  A．ALTER TABLE stuinfo RENAME TO stu_info;

  B．ALTER TABLE stu_info RENAME TO stuinfo;

  C．ALTER TABLE stuinfo RENAME stuinfo;

  D．SHOW CREATE TABLE stuinfo

6．下列选项中，（　　）是用于创建数据表的关键字。

  A．ALTER   B．CREATE

  C．UPDATE   D．INSERT 语句

7．下列选项中，（　　）是添加字段的基本语法格式。

  A．ALTER TABLE 表名 INSERT 新字段名 新数据类型;

  B．ALTER TABLE 表名 MODIFY 字段名 数据类型;

  C．ALTER TABLE 表名 ADD 新字段名 数据类型;

  D．ALTER TABLE 表名 ADD 旧字段名 TO 新字段名 新数据类型;

8．下列选项中，（　　）是修改字段排列位置的基本语法格式。

  A．ALTER TABLE 表名 MODIFY 字段名 1 FIRST|AFTER 字段名 2;

  B．ALTER TABLE 表名 MODIFY 字段名 1 数据类型 FIRST|AFTER 字段名 2;

  C．ALTER TABLE 表名 CHANGE 字段名 1 数据类型 FIRST|AFTER 字段名 2;

  D．ALTER TABLE 表名 CHANGE 字段名 1 FIRST|AFTER 字段名 2;

9．下列选项中，（　　）可以将 user 表中 name 字段改为 username，但数据类型 VARCHAR(20)保持不变。

  A．ALTER TABLE user CHANGE name username;

  B．ALTER TABLE user CHANGE name username VARCHAR(20);

  C．ALTER TABLE user MODIFY name username VARCHAR(20);

  D．ALTER TABLE user CHANGE name TO username;

10．下列关于表的创建的描述，错误的是（　　）。

  A．创建表之前，应该先指定需要进行操作的数据库

  B．创建表时，必须指定表名、字段名和字段对应的数据类型

  C．创建表时，必须指定字段的完整性约束条件

  D．CREATE TABLE 语句用于创建表

11．下面选项中，（　　）表示创建 book 表并添加 id 字段和 title 字段。

  A．create table book{ id varchar(32), title varchar(50) };

  B．create table book(id varchar(), title varchar(),);

  C．create table book(id varchar(32), title varchar(50));

  D．create table book[id varchar(32), title varchar(50)];

12. 下列选项中，（　　）是修改字段数据类型的基本语法格式。

    A．ALTER TABLE　表名　MODIFY　字段名　旧数据类型　新数据类型；

    B．ALTER TABLE　表名　MODIFY　字段名　新数据类型；

    C．ALTER TABLE　表名　CHANGE　字段名　旧数据类型　新数据类型；

    D．ALTER TABLE　表名　CHANGE　字段名　新数据类型；

13. 下列选项中，（　　）是可以正确查看某张数据表的创建信息的语法格式。

    A．SHOW TABLE　表名；

    B．SHOW ALTER TABLE　表名；

    C．SHOW CREATE TABLE　表名；

    D．CREATE TABLE　表名；

14. 下列选项中，（　　）能够正确地创建 student 数据表，并将 stu_id 和 course_id 两个字段共同作为主键。

    A．student(stu_id INT,course_id INT, PRIMARY KEY(stu_id, course_id));

    B．student(stu_id INT,course_id INT PRIMARY KEY(stu_id, course_id));

    C．student(stu_id INT,course_id INT, PRIMARY KEY(stu_id course_id));

    D．student(stu_id INT PRIMARY KEY,course_id INT PRIMARY KEY);

15. 下列选项中，（　　）能够设置字段 uid 的值为自动增加。

    A．uid CHAR(4)　AUTO_INCREMENT PRIMARY KEY；

    B．uid VARCHAR(3) AUTO_INCREMENT PRIMARY KEY；

    C．uid INT AUTO_INCREMENT PRIMARY KEY；

    D．uid DATE AUTO_INCREMENT PRIMARY KEY；

16. 下列选项中，（　　）能够正确地创建数据表 student，并将 id 字段作为主键。

    A．student(id INT PRIMARY KEY ;name VARCHAR(20));

    B．student(id PRIMARY KEY INT,name VARCHAR(20));

    C．student(id PRIMARY KEY INT ;name VARCHAR(20));

    D．student(id INT PRIMARY KEY ,name VARCHAR(20));

17. 下列选项中，（　　）是定义单字段主键的语法格式。

    A．字段名　PRIMARY KEY　数据类型；

    B．字段名　数据类型　FOREIGN KEY；

    C．字段名　数据类型　PRIMARY KEY；

    D．字段名　数据类型　UNIQUE；

18. 下列选项中，（　　）是定义字段非空约束的基本语法格式。

    A．字段名　数据类型　IS NULL；

    B．字段名　数据类型　NOT NULL；

    C．字段名　数据类型　IS NOT NULL；

    D．字段名　NOT NULL 数据类型；

19. 下列选项中，可以用于设置表字段值自动增加的数据类型是（　　）。

    A．FLOAT　　　　　　　　　　B．DOUBLE

    C．CHAR　　　　　　　　　　D．SMALLINT

20. 下列选项中，（　　）是定义唯一约束的基本语法格式。

    A．字段名　数据类型　UNION；

　　　B．字段名　数据类型　IS UNIQUE；

　　　C．字段名　数据类型　UNIQUE；

　　　D．字段名　UNIQUE　数据类型；

21．默认情况下，使用 AUTO_INCREMENT 约束的字段值是从（　　）开始自增的。

　　　A．0　　　　　　　　　　　　　　B．1

　　　C．2　　　　　　　　　　　　　　D．3

22．下列选项中，用于设置外键的关键字是（　　）。

　　　A．FOREIGN KEY　　　　　　　　B．PRIMARY KEY

　　　C．NOT NULL　　　　　　　　　　D．UNIQUE

23．下列关于主键的说法中，正确的是（　　）。

　　　A．主键取值不可以重复，但允许为 NULL

　　　B．主键可以允许有重复值

　　　C．主键必须来自另一张表中的值

　　　D．主键具有非空性和唯一性

24．下列选项中，（　　）是定义默认值的基本语法格式。

　　　A．字段名　数据类型　UNION　默认值；

　　　B．字段名　数据类型　DEFAULT (默认值)；

　　　C．字段名　数据类型　DEFAULT =默认值；

　　　D．字段名　数据类型　DEFAULT　默认值；

25．下列选项中，（　　）是关于外键的正确语法格式。

　　　A．FOREIGN KEY(字段名) REFERENCE　　被参照的表名(字段名)；

　　　B．FOREIGN KEY(字段名) REFERENCES　被参照的表名(字段名)；

　　　C．FOREIGN KEY　字段名　REFERENCES　被参照的表名　字段名；

　　　D．FOREIGN KEY　字段名　REFERENCE　　被参照的表名　字段名；

二、判断题

1．在 MySQL 中，每张表只能定义一个 UNIQUE 约束。　　　　　　　　　　　　（　　）

2．一张数据表可以有多个主键约束。　　　　　　　　　　　　　　　　　　　（　　）

3．在 MySQL 中，默认约束用于给数据表中的字段指定默认值，插入记录时，如果这个字段没有给定值，将使用默认值。　　　　　　　　　　　　　　　　　　　　　　　　（　　）

4．在同一张数据表中可以定义多个非空字段。　　　　　　　　　　　　　　　（　　）

5．使用 AUTO_INCREMENT 约束可以设置表字段值为自动增加，该约束对于任何数据类型都有效。　　　　　　　　　　　　　　　　　　　　　　　　　　　　　　　　　　（　　）

6．多字段主键的语法格式为：

　　PRIMARY KEY (字段名 1,字段名 2,…,字段名 *n*)，

其中，"字段名 1,字段名 2,…,字段名 *n*"指构成主键的多个字段的名称。　　　　　　（　　）

7．唯一约束用于保证数据表中字段的唯一性，它和主键约束的作用是一样的。　（　　）

8．表字段使用 AUTO_INCREMENT 约束，可以为插入表中的新记录自动生成唯一的 ID。

　　　　　　　　　　　　　　　　　　　　　　　　　　　　　　　　　　　（　　）

9．给表中的字段定义约束条件只能在建表时同步进行。　　　　　　　　　　　（　　）

10．在 MySQL 中，主键约束分为两种：一种是单字段主键，另一种是多字段主键。　（　　）

11．可以给已有的表添加约束，不管表中是否有数据，都一定能成功。　　　　　　（　　）

12．可以通过主键约束实现在表中唯一标识每条记录。主键约束又是通过 PRIMARY KEY 定义的。　　　　　　　　　　　　　　　　　　　　　　　　　　　　　　　　（　　）

13．外键的取值必须参考被它参照的表的主键的取值，或者取空值，当外键是主属性时不能取空值。　　　　　　　　　　　　　　　　　　　　　　　　　　　　　　　　（　　）

14．如果表之间存在联系，要先创建子表，再创建父表。　　　　　　　　　　　　（　　）

15．如果表之间存在联系，要先删除子表，再删除父表。　　　　　　　　　　　　（　　）

项目 6 ·······

数据更新

项目描述

数据表包括表结构和表数据，我们在项目 5 中已经学习了创建与管理数据表的相关知识。不过，这仅仅完成了表结构的定义与维护，而数据表中还没有数据。

在本项目中，请读者使用 SQL 语句对"学生成绩管理"数据库（studb）的数据表进行数据更新操作。数据更新操作包括插入记录、修改记录和删除记录。数据更新操作必须满足表中定义的完整性约束条件。

学习目标

（1）识记 INSERT、UPDATE、DELETE 语句的语法。

（2）能用 INSERT 语句插入记录。

（3）能用 UPDATE 语句修改记录。

（4）能用 DELETE 语句删除记录。

任务 6.1　插入记录

微课视频

【任务描述】

使用 INSERT 语句给"学生成绩管理"数据库（studb）的数据表插入记录（三张数据表的结构分别如表 5-5～表 5-7 所示）。

【相关知识】

给数据表插入记录用 INSERT 语句，可以一次插入一条记录，也可以一次插入多条记录。

1. 单行插入

（1）第一种方式，语法格式如下：

INSERT INTO 表名 [(字段列表)] VALUES(值列表);

（2）第二种方式，语法格式如下：

INSERT INTO 表名 SET 字段名 1＝值 1[,字段名 2＝值 2…];

说明：

- 字段列表中字段之间的分隔符，以及值列表中值之间的分隔符均为英文逗号。
- VALUES 子句提供的值列表要与字段列表一一对应，表示给新记录的相关字段赋值。
- (字段列表)是可选项，如果省略，则 VALUES 子句要按顺序给每个字段提供值。
- 数值列表中字符、日期型的数据要加单引号或双引号。

- 自动增长列写成 NULL 或 DEFAULT 均可。
- 默认列可以写成 DEFAULT。
- 记录要整条插入，没有提供值的字段不是默认值就是 NULL。
- 插入的数据必须满足表中定义的完整性约束条件！
  - ◇ 主键值不能重复，主属性不能为空值。
  - ◇ 先插入父表记录，再插入子表的相关记录，子表外键的取值必须参考父表主键的取值，当外键不是主属性时，可以取空值。
  - ◇ 有唯一约束的列，其取值不能重复。
  - ◇ 有非空约束的列，其取值不能为空值。

2．多行插入

MySQL 支持一条插入语句插入多行数据，可以在 INSERT 语句的 VALUES 子句后面跟多个值列表，它们之间用逗号隔开。

语法格式如下：

```
INSERT INTO  表名  [(字段列表)]
VALUES(值列表 1)，…，(值列表 n);
```

【任务实施】

1．准备工作

创建 studb 数据库及三张空表，即 stuinfo 表、stumarks 表和 stucourse 表，表结构分别如表 5-5～表 5-7 所示。

2．给 stuinfo 表插入多条记录

给 stuinfo 表插入多条记录，每次插入一条记录，并试着插入一条违反完整性约束条件的记录。

第一次给表插入数据，通常先用 DESC 或 SHOW CREATE TABLE 语句查看 stuinfo 表的结构（字段名、数据类型、约束条件），如图 6.1 所示。

同理，查看 stucourse 表的结构和 stumarks 表的结构，此处不再赘述。

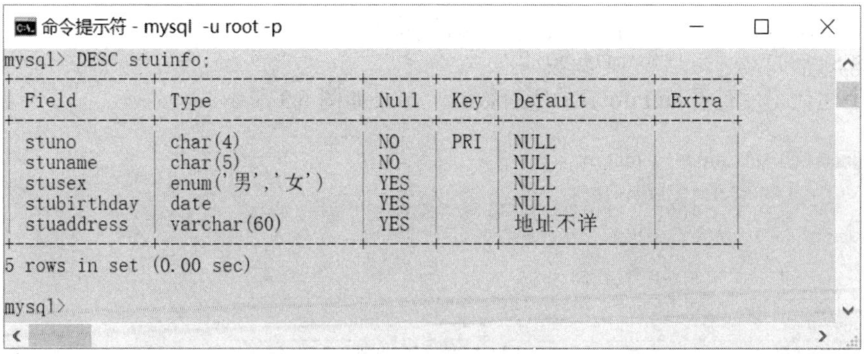

```
命令提示符 - mysql  -u root -p                          —    □    ×
mysql> DESC stuinfo;
+-------------+---------------+------+-----+---------+-------+
| Field       | Type          | Null | Key | Default | Extra |
+-------------+---------------+------+-----+---------+-------+
| stuno       | char(4)       | NO   | PRI | NULL    |       |
| stuname     | char(5)       | NO   |     | NULL    |       |
| stusex      | enum('男','女')| YES  |     | NULL    |       |
| stubirthday | date          | YES  |     | NULL    |       |
| stuaddress  | varchar(60)   | YES  |     | 地址不详 |       |
+-------------+---------------+------+-----+---------+-------+
5 rows in set (0.00 sec)

mysql>
```

图 6.1　查看 stuinfo 表的结构

（1）插入第一条记录：('S001','刘卫平','男','1994-10-16', '衡山市东风路 78 号')。

代码如下：

```
INSERT INTO stuinfo(stuno,stuname,stusex,stubirthday,stuaddress)
VALUES('S001','刘卫平','男','1994-10-16', '衡山市东风路 78 号');
```

执行上述代码，系统显示"Query OK, 1 row affected (0.01 sec)"，表示语句执行成功，插入一条记录。

查看 stuinfo 表所有的数据，代码如下：

```
SELECT * FROM stuinfo
```

查看 stuinfo 表的所有数据，可以看到在 stuinfo 表中确实插入了('S001','刘卫平','男','1994-10-16', '衡山市东风路78号')这条记录，如图 6.2 所示。

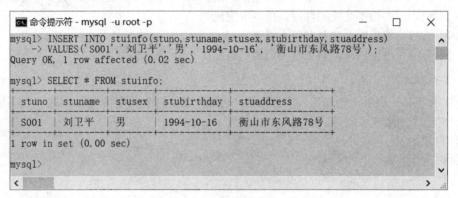

图 6.2　给 stuinfo 表插入第一条记录

在上面的插入代码中，值列表提供了每个字段的值，而且顺序与表结构中字段的顺序完全对应，因此，字段列表可以省略，代码如下：

```
INSERT INTO stuinfo
VALUES('S001','刘卫平','男','1994-10-16', '衡山市东风路78 号');
```

（2）插入第二条记录：('S002','张卫民','男','1995-08-11', '地址不详')。

分析：在这条记录中，"家庭地址"的值是默认值，在值列表中可以用 **default** 表示插入默认值，也可以在字段列表中直接去掉"家庭地址"。

代码如下：

```
INSERT INTO stuinfo
VALUES ('S002','张卫民','男','1995-08-11',default);
```

或

```
INSERT INTO stuinfo(stuno,stuname,stusex,stubirthday)
VALUES ('S002','张卫民','男','1995-08-11')
```

执行上述代码，查看 stuinfo 表的所有数据，结果如图 6.3 所示。

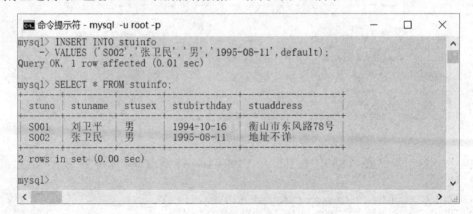

图 6.3　给 stuinfo 表插入第二条记录

（3）插入第三条记录："学号"为"S003"，"姓名"为"马东"。

分析：这条记录只提供了"学号"和"姓名"的值，因为"性别"和"出生日期"允许出现空值，"家庭地址"有默认值，因此，插入数据不会违反完整性约束条件。

代码如下：

```
INSERT INTO stuinfo(stuno,stuname) VALUES('S003', '马东');
```

或

```
INSERT INTO stuinfo SET stuno='S003',stuname= '马东';
```

执行上述代码，查看 stuinfo 表的所有数据，结果如图 6.4 所示。

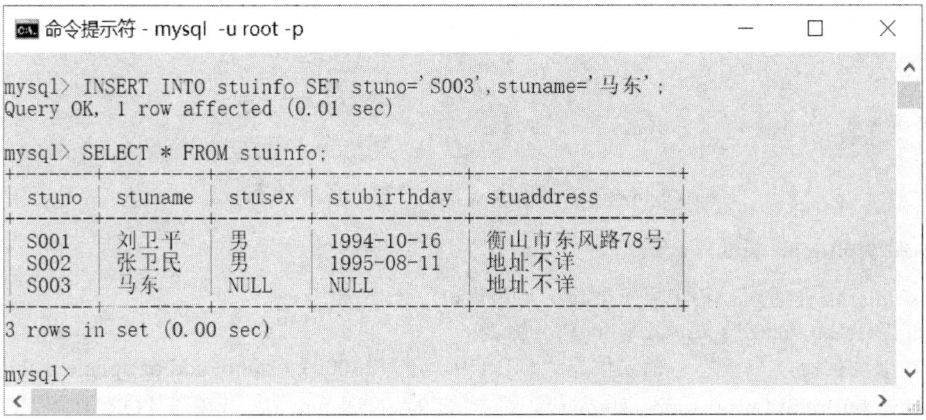

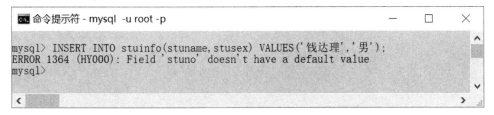

图 6.4　给 stuinfo 表插入第三条记录

（4）插入第四条记录："姓名"为"钱达理"，"性别"为"男"。

分析：这条记录没有提供主键"学号"的值，违反了实体完整性规则，插入记录时会报错。

代码如下：

```
INSERT INTO stuinfo(stuname,stusex) VALUES('钱达理','男');
```

执行上述代码，结果如图 6.5 所示，系统显示错误信息，提示 stuno（学号）没有默认值，没有默认值意味着插入的"学号"只能为空值，违反了主键约束。

图 6.5　插入记录时违反了主键约束（主键不能取空值）

3．给 stucourse 表插入多条记录

给 stucourse 表一次插入多条记录。代码如下：

```
INSERT INTO stucourse(cno,cname,credit)
VALUES('0001','大学计算机基础',2),
    ('0002','C 语言程序设计',3),
    ('0003','SQL Server 数据库及其应用',3);
```

执行上述代码，查看 stucourse 表的所有数据，结果如图 6.6 所示。

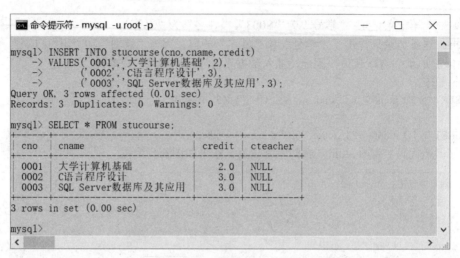

图 6.6　给 stucourse 表一次插入多条记录

4．给 stumarks 表插入一条记录

给 stumarks 表插入一条记录：('S001','0004',80)。代码如下：

```
INSERT INTO stumarks VALUES('S001','0004',80);
```

执行上述代码，系统显示错误信息"ERROR 1452 (23000): Cannot add or update a child row: a foreign key constraint fails ('studb'. 'stumarks', CONSTRAINT 'stumarks_ibfk_2' FOREIGN KEY ('cno') REFERENCES 'stucourse' ('cno'))"，如图 6.7 所示，表示这条插入语句违反了外键约束，其原因是"0004"这门课程在父表（stucourse）中还没有记录。如果把"0004"改为"0001"，则提示插入成功。

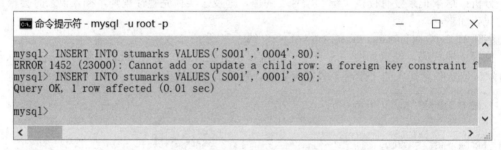

图 6.7　插入记录违反了外键约束

任务 6.2　修改记录

微课视频

【任务描述】

使用 UPDATE 语句修改"学生成绩管理"数据库（studb）中数据表的记录，具体内容如下。
（1）把 stuinfo 表中学号为"S005"的学生其性别（stusex）改为"女"。
（2）把 stucourse 表中所有课程的学分（credit）加 1。
（3）把"0001"这门课程的所有成绩（stuscore）都加 5 分。

【相关知识】

若想修改数据表中已有记录的字段值，则可以使用 UPDATE 语句。

语法格式如下：

UPDATE 表名
SET 字段名＝表达式 1[, 字段名 2＝表达式 2···]
[WHERE 条件];

说明：

- 把表中指定字段的值修改为表达式的值，一次可以修改多个字段的值，用逗号隔开。
- WHERE 子句用于选择要修改的记录，若没有 WHERE 子句，则表示修改所有记录。

【任务实施】

1. 准备工作

给 studb 数据库的三张数据表插入记录，三张表的插入结果分别如图 6.8、图 6.10 和图 6.12 所示。

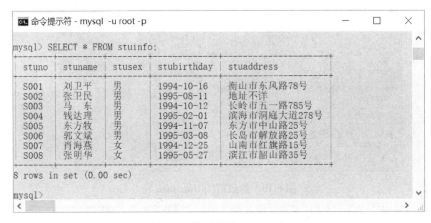

图 6.8 修改前的 stuinfo 表

2. 修改 stuinfo 表

把 stuinfo 表中学号为"S005"的学生其性别（stusex）改为"女"，修改前，先查看 stuinfo 表，如图 6.8 所示。

分析：要修改的记录应满足学号为"S005"这个条件，可以用 WHERE 子句指定。

修改 stuinfo 表的代码如下：

```
UPDATE stuinfo
SET stusex='女'
WHERE stuno='S005';
```

执行上述代码，查看修改后的 stuinfo 表，如图 6.9 所示，修改结果符合预期。

3. 修改 stucourse 表

把 stucourse 表中所有课程的学分（credit）加 1。修改前，先查看 stucourse 表，如图 6.10 所示。

修改 stucourse 表的代码如下：

```
UPDATE stucourse
SET credit=credit+1;
```

执行上述代码，查看修改后的 stucourse 表，如图 6.11 所示，修改结果符合预期。

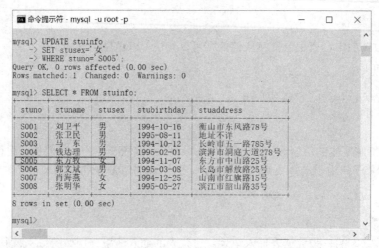

图 6.9　修改后的 stuinfo 表

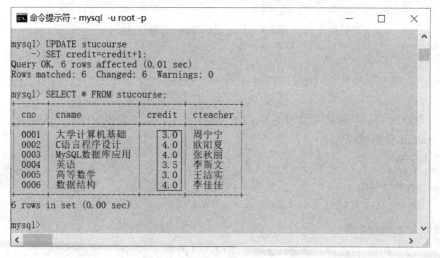

图 6.10　修改前的 stucourse 表

```
命令提示符 - mysql -u root -p                    —    □    ×
mysql> UPDATE stucourse
    -> SET credit=credit+1;
Query OK, 6 rows affected (0.01 sec)
Rows matched: 6  Changed: 6  Warnings: 0

mysql> SELECT * FROM stucourse;
+------+--------------------+--------+----------+
| cno  | cname              | credit | cteacher |
+------+--------------------+--------+----------+
| 0001 | 大学计算机基础     | 3.0    | 周宁宁   |
| 0002 | C语言程序设计       | 4.0    | 欧阳夏   |
| 0003 | MySQL数据库应用     | 4.0    | 张秋丽   |
| 0004 | 英语               | 3.5    | 李斯文   |
| 0005 | 高等数学           | 3.0    | 王洁实   |
| 0006 | 数据结构           | 4.0    | 李佳佳   |
+------+--------------------+--------+----------+
6 rows in set (0.00 sec)

mysql>
```

图 6.11　修改后的 stucourse 表

4．修改 stumarks 表

把"0001"这门课程的所有成绩（stuscore）都加 5 分，修改前，先查看 stumarks 表，如图 6.12 所示。

```
mysql> SELECT * FROM stumarks;
+-------+------+----------+
| stuno | cno  | stuscore |
+-------+------+----------+
| S001  | 0001 |     80.0 |
| S001  | 0002 |     90.0 |
| S001  | 0003 |     87.0 |
| S001  | 0004 |     NULL |
| S001  | 0005 |     78.0 |
| S002  | 0001 |     76.0 |
| S002  | 0002 |     73.0 |
| S002  | 0003 |     67.0 |
| S002  | 0004 |     NULL |
| S002  | 0005 |     89.0 |
| S003  | 0001 |     83.0 |
| S003  | 0002 |     73.0 |
| S003  | 0003 |     84.0 |
| S003  | 0004 |     NULL |
| S003  | 0005 |     65.0 |
| S004  | 0006 |     80.0 |
+-------+------+----------+
16 rows in set (0.01 sec)
```

图 6.12 修改前的 stumarks 表

分析：要修改的记录应满足课程号为“0001”这个条件。

修改 stumarks 表的代码如下：

```
UPDATE stumarks
SET stuscore=stuscore+5
WHERE cno='0001';
```

执行上述代码，查看修改后的 stumarks 表，如图 6.13 所示，修改结果符合预期。

```
mysql> UPDATE stumarks
    -> SET stuscore=stuscore+5
    -> WHERE cno='0001';
Query OK, 3 rows affected (0.01 sec)
Rows matched: 3  Changed: 3  Warnings: 0

mysql> SELECT * FROM stumarks;
+-------+------+----------+
| stuno | cno  | stuscore |
+-------+------+----------+
| S001  | 0001 |     85.0 |
| S001  | 0002 |     90.0 |
| S001  | 0003 |     87.0 |
| S001  | 0004 |     NULL |
| S001  | 0005 |     78.0 |
| S002  | 0001 |     81.0 |
| S002  | 0002 |     73.0 |
| S002  | 0003 |     67.0 |
| S002  | 0004 |     NULL |
| S002  | 0005 |     89.0 |
| S003  | 0001 |     88.0 |
| S003  | 0002 |     73.0 |
| S003  | 0003 |     84.0 |
| S003  | 0004 |     NULL |
| S003  | 0005 |     65.0 |
| S004  | 0006 |     80.0 |
+-------+------+----------+
16 rows in set (0.00 sec)

mysql>
```

图 6.13 修改后的 stumarks 表

任务 6.3 删除记录

微课视频

【任务描述】

使用 DELETE 语句和 TRUNCATE 语句删除“学生成绩管理”数据库（studb）中数据表的记录，具体内容如下。

（1）删除 stumarks 表中学号为“S003”的学生的选课记录。

（2）删除 stucourse 表中课程号为"0006"的记录。

（3）删除 stumarks 表中的所有记录。

（4）新建一个带自增列的数据表 test，并插入多条记录，分别用 DELETE 语句和 TRUNCATE 语句删除所有记录后，再重新插入记录，观察自增列的值有什么不同。

【相关知识】

要删除数据表中的记录，可以使用 DELETE 语句和 TRUNCATE 语句。

1. DELETE 语句

语法格式如下：

```
DELETE FROM  表名  [WHERE  条件];
```

说明：

- WHERE 子句用于选择要删除的记录，若没有 WHERE 子句，则删除所有记录。
- 先删除子表中的相关记录，再删除父表中的记录。

2. TRUNCATE 语句

语法格式如下：

```
TRUNCATE [TABLE]  表名;
```

说明：

- 此语句可以删除表中的所有记录。
- 不管子表是否为空表，父表中的记录都不能用 TRUNCATE 语句删除。

3. DELETE 语句与 TRUNCATE 语句的区别

（1）DELETE 语句后面可以跟 WHERE 子句，通过指定 WHERE 子句中的条件表达式，只删除满足条件的部分记录，而 TRUNCATE 语句只能用于删除表中的所有记录

（2）TRUNCATE 语句的执行效率比 DELETE 语句高，然而，用 TRUNCATE 语句删除的数据无法恢复。

（3）使用 TRUNCATE 语句删除表中的所有记录，并且再向数据表插入记录时，自动增加字段的值重新开始计算，默认的初始值为 1；使用 DELETE 语句删除表中的所有记录，并且再向数据表插入记录时，自动增加字段的值为删除记录时该字段的最大值加 1。

【任务实施】

1. 删除 stumarks 表中的记录

删除 stumarks 表中学号为"S003"的学生其选课记录，删除前，先查看 stumarks 表，如图 6.14 所示。

删除记录的代码如下：

```
DELETE FROM stumarks WHERE stuno='S003';
```

执行上述代码，查看 stumarks 表，如图 6.15 所示，结果符合预期。

2. 删除 stucourse 表中的记录

删除 stucourse 表中课程号为"0006"的记录。

分析：要删除父表（stucourse）中课程号为"0006"的记录在子表（stumarks）中有对应记录，则父表中的这条记录不能被删除。

删除记录的代码如下：

```
DELETE FROM stucourse WHERE cno='0006';
```

执行上述代码，系统显示错误信息"Cannot delete or update a parent row: a foreign key constraint fails ('studb'.'stumarks', CONSTRAINT 'stumarks_ibfk_2' FOREIGN KEY ('cno') REFERENCES 'stucourse' ('cno'))"，如图 6.16 所示。

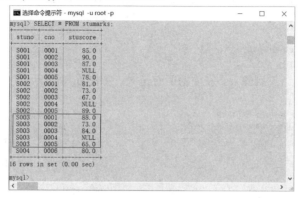

图 6.14　删除记录前的 stumarks 表

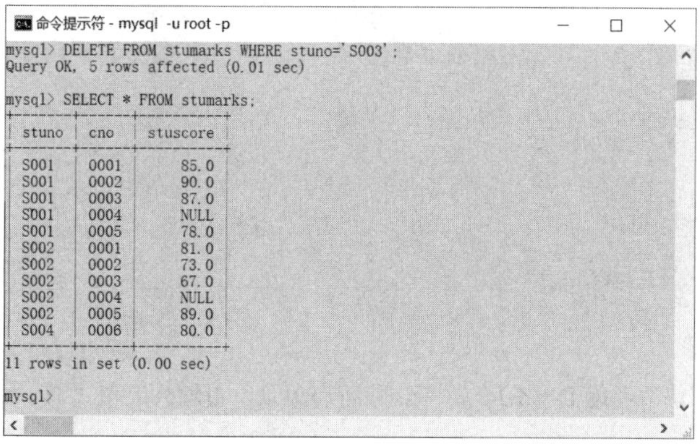

图 6.15　删除记录后的 stumarks 表

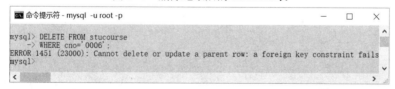

图 6.16　要删除父表中课程号为"0006"的记录在子表中有对应的记录

3．删除 stumarks 表中的所有记录

删除 stumarks 表中的所有记录，代码如下：

```
DELETE FROM stumarks;
```

执行上述代码，查看 stumarks 表，如图 6.17 所示，"Empty set"表示表中没有记录。

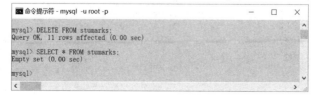

图 6.17　删除 stumarks 表中的所有记录

4．比较 DELETE 语句和 TRUNCATE 语句

新建一个带自增列的数据表 test，并插入多条记录，分别用 DELETE 语句和 TRUNCATE 语句删除所有记录后，再重新插入记录，观察自增列的值有什么不同。

创建 test 表的代码如下：

```
CREATE TABLE test
( userid    int auto_increment primary key,
    username varchar(10));
```

（1）使用 DELETE 语句删除 test 表中的所有记录，如图 6.18 所示。

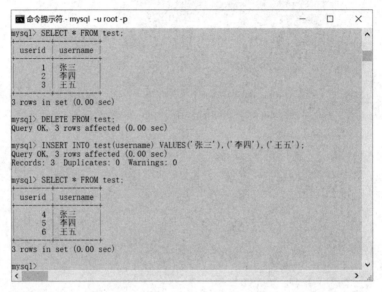

图 6.18　使用 DELETE 语句删除所有记录，自增列的值"有记忆"

（2）使用 TRUNCATE TABLE 语句删除 test 表中的所有记录，如图 6.19 所示。

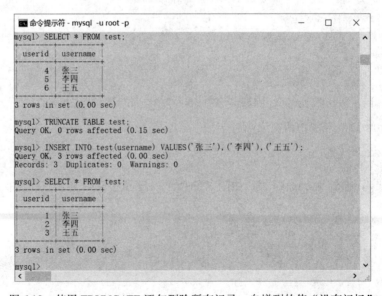

图 6.19　使用 TRUNCATE 语句删除所有记录，自增列的值"没有记忆"

【知识拓展】在 MySQL 中快速删除大量数据

因业务需要，MySQL 中的一张数据表可能有上百万条、上千万条，甚至上亿条记录。如果删除表中的所有记录，则用一条 TRUNCATE 语句即可解决问题。然而，在实际应用中，我们通常只需删除数据表中部分过期的记录。使用 DELETE 语句可以删除少量数据，但删除大量数据（上百万条记录或上千万条记录）非常慢。下面介绍几种快速删除大量数据的方法。

（1）批量删除。每次限定一定数量，进行循环删除，直到全部数据删除完毕。

（2）表分区。直接删除过期数据所在的分区。

（3）将需要的数据复制到新建的数据表中，然后删除原数据表，再用原数据表的名称重命名新建的数据表。

下面详细介绍第（3）种方法的操作流程，假设要删除的数据在 test 表中，步骤如下。

① 创建一个结构相同的新数据表，代码如下：

```
CREATE TABLE test_new LIKE test;
```

执行上述代码，创建一个与 test 表的结构完全一样的空表 test_new。

② 给新数据表插入要保留的数据。

如果是上千万条数据，则一定分批插入记录，一次插入数十万条记录比较合适，其原因是 MySQL 的数据处理能力有限。插入记录的代码如下：

```
INSERT INTO test_new SELECT * FROM test WHERE 条件;
```

其中，"SELECT * FROM test WHERE 条件"是通过查询语句指定的，表示要保留的数据，读者学完数据查询的相关内容后，就可以理解这条插入语句。

③ 使用 DROP 语句，剔除旧数据表，代码如下：

```
DROP TABLE test;
```

④ 使用原数据表的名称重命名新建的数据表，代码如下：

```
ALTER TABLE test_new RENAME TO test;
```

【同步实训】"员工管理"数据库的数据更新

1. 实训目的

（1）能用 INSERT 语句插入记录。

（2）能用 UPDATE 语句修改记录。

（3）能用 DELETE 语句删除记录。

2. 实训内容

使用 SQL 语句完成以下操作。

（1）插入记录。

给项目 5【同步实训】中的"员工管理"数据库（empdb）的两张数据表（dept、emp）插入记录，内容如图 6.20 所示。

注意：两张表有父子关系，要先插入父表记录！

说明：后续项目的【同步实训】经常用到如图 6.20 所示的数据，建议读者最好编辑一个包含创建数据库（empdb）、数据表（dept、emp），以及给两张表插入数据的 SQL 脚本文件，以备数据损坏后使用 source 命令快速恢复。

```
命令提示符 - mysql -u root -p
mysql> SELECT * FROM dept;
+--------+------------+----------+
| deptno | dname      | loc      |
+--------+------------+----------+
| 10     | ACCOUNTING | NEW YORK |
| 20     | RESEARCH   | DALLAS   |
| 30     | SALES      | CHICAGO  |
| 40     | OPERATIONS | BOSTON   |
+--------+------------+----------+
4 rows in set (0.00 sec)

mysql> SELECT * FROM emp;
+-------+--------+-----------+------+------------+---------+---------+--------+
| empno | ename  | job       | mgr  | hiredate   | sal     | comm    | deptno |
+-------+--------+-----------+------+------------+---------+---------+--------+
| 7369  | SMITH  | CLERK     | 7902 | 1980-12-17 |  800.00 |    NULL | 20     |
| 7499  | ALLEN  | SALESMAN  | 7698 | 1981-02-20 | 1600.00 |  300.00 | 30     |
| 7521  | WARD   | SALESMAN  | 7698 | 1981-02-22 | 1250.00 |  500.00 | 30     |
| 7566  | JONES  | MANAGER   | 7839 | 1981-04-02 | 2975.00 |    NULL | 20     |
| 7654  | MARTIN | SALESMAN  | 7698 | 1981-09-28 | 1250.00 | 1400.00 | 30     |
| 7698  | BLAKE  | MANAGER   | 7839 | 1981-05-01 | 2850.00 |    NULL | 30     |
| 7782  | CLARK  | MANAGER   | 7839 | 1981-06-09 | 2450.00 |    NULL | 10     |
| 7788  | SCOTT  | ANALYST   | 7566 | 1987-04-19 | 3000.00 |    NULL | 20     |
| 7839  | KING   | PRESIDENT | NULL | 1981-11-17 | 5000.00 |    NULL | 10     |
| 7844  | TURNER | SALESMAN  | 7698 | 1981-09-08 | 1500.00 |    0.00 | 30     |
| 7876  | ADAMS  | CLERK     | 7788 | 1987-05-23 | 1100.00 |    NULL | 20     |
| 7900  | JAMES  | CLERK     | 7698 | 1981-12-03 |  950.00 |    NULL | 30     |
| 7902  | FORD   | ANALYST   | 7566 | 1981-12-03 | 3000.00 |    NULL | 20     |
| 7934  | MILLER | CLERK     | 7782 | 1982-01-23 | 1300.00 |    NULL | 10     |
+-------+--------+-----------+------+------------+---------+---------+--------+
14 rows in set (0.00 sec)

mysql>
```

图 6.20 dept 表与 emp 表

（2）修改记录。

① 给所有员工的“工资”加 500（单位是“元”，此处省略）。

② 把工号为“7566”的员工其“工资”加 200（单位是“元”，此处省略），“奖金”改为 2000（单位是“元”，此处省略）。

（3）删除记录。

① 删除所属部门编号为“20”的部门的信息及该部门的所有员工信息。

② 删除 emp 表及 dept 表的所有记录。

习 题 六

单选题

1．下列选项中，给数据表插入记录的关键字是（ ）。

A．ALTER　　B．CREATE

C．UPDATE　　D．INSERT

2．下列选项中，采用指定表的所有字段名的方式给 test 表插入“id”为“1”，“name”为“小王”的记录，正确语句是（ ）。

A．INSERT INTO test("id", "name") VALUES(1, "小王");

B．INSERT INTO test VALUE(1, "小王");

C．INSERT INTO test VALUES(1, '小王');

D．INSERT INTO test(id,name) VALUES(1, '小王');

3．下列选项中，采用不指定表的字段名的方式给 test 表插入"id"为"1"，"name"为"小王"的记录，正确语句是（   ）。

    A．INSERT INTO test("id", "name") VALUES(1, "小王");

    B．INSERT INTO test VALUE(1, "小王");

    C．INSERT INTO test VALUES(1, '小王');

    D．INSERT INTO test(id,name) VALUES(1, '小王');

4．下列选项中，能够一次给 user 表插入三条记录的 SQL 语句是（   ）。

    A．INSERT INTO user VALUES(5, '张三');(6, '李四');(7, '王五');

    B．INSERT INTO user VALUES(5, '张三') (6, '李四') (7, '王五');

    C．INSERT INTO user VALUES(5, '张三'), (6, '李四'), (7, '王五');

    D．INSERT INTO test VALUES (5, '张三') VALUES (6, '李四') VALUES (7, '王五');

5．下列选项中，与"INSERT INTO student SET id=5,name='boya',grade=99;"语句功能相同的 SQL 语句是（   ）。

    A．INSERT INTO student(id,name, grade)VALUES(5, 'boya', 99);

    B．INSERT INTO student VALUES('youjun',5,99);

    C．INSERT INTO student(id, 'grade', 'name')VALUES(5, 'boya',99);

    D．INSERT INTO student(id,grade, 'name')VALUES(5,99, "boya");

6．下列关于给表插入记录时不指定字段名的说法中，正确的是（   ）。

    A．值的顺序可以任意指定

    B．值的顺序可以调整

    C．值的顺序必须与字段在表中的顺序保持一致

    D．以上说法都不对

7．当给表中的指定字段插入值时，如果字段已经设置了默认值，那么给这些字段插入的将是（   ）。

    A．NULL   B．默认值

    C．添加失败，语法有误   D．""

8．插入记录时，如果出现错误信息"Field 'name' doesn't have a default value"，则原因是（   ）。

    A．INSERT 语句出现了语法问题

    B．name 字段没有指定默认值，并且添加了 NOT NULL 或主键约束

    C．name 字段指定了默认值

    D．name 字段指定了默认值，并且添加了 NOT NULL 约束

9．用如下的 SQL 语句创建了一张数据表（SC）：

```
CREATE TABLE SC
(s# CHAR(6) NOT NULL,
 c# CHAR(3) NOT NULL,
 score INT,
 note CHAR(20)
);
```

下列选项中，能给 SC 表插入的记录是（   ）。

    A．('201009','111',60,必修)   B．('200823','101',NULL,NULL)

    C．(NULL,'103',80,'选修')   D．('201132',NULL,86,'')

10．下列选项中，用于修改表中记录的关键字是（　　）。

　　A．ALTER　　　　　　　　　　　B．CREATE

　　C．UPDATE　　　　　　　　　　 D．DROP

11．下列关于 UPDATE 语句的描述，正确的是（　　）。

　　A．UPDATE 只能修改表中的部分记录

　　B．UPDATE 只能修改表中的全部记录

　　C．使用 UPDATE 语句修改数据时，可以有条件地修改记录

　　D．以上说法都不对

12．下列 UPDATE 语句中，正确的是（　　）。

　　A．update user set id = u001;

　　B．update user(id,username) values('u001','jack');

　　C．update user set id='u001',username='jack';

　　D．update into user set id = 'u001', username='jack';

13．下列选项中，用于将 student 表中"grade"字段的值修改为"80"的 SQL 语句是（　　）。

　　A．ALTER TABLE student set grade=80;

　　B．ALTER student　 set grade=80;

　　C．UPDATE student set grade=80 where grade<80;

　　D．UPDATE student set grade=80;

14．下列选项中，能够修改 student 表中"grade"字段的值，使其在原来的基础上加 20 分但不能超出 100 分的限制，正确的语句是（　　）。

　　A．ALTER TABLE student set grade=grade+20;

　　B．UPDATE student set grade=grade+20 where grade<=80; UPDATE student set grade=100;

　　C．UPDATE student set grade=grade+20 ; UPDATE student set grade=100 where grade>100;

　　D．UPDATE student set grade=grade+20; UPDATE student set grade=100;

15．下列选项中，能够修改 student 表中"id=1"的记录，将"name"字段的值修改"youjun"，"grade"字段的值修改为"98.5"，正确的语句是（　　）。

　　A．UPDATE student set name='youjun' grade=98.5 where id=1;

　　B．UPDATE student set name='youjun', grade=98.5 where id=1;

　　C．UPDATE FROM student set name='youjun' ,grade=98.5 where id=1;

　　D．UPDATE student Values name='youjun' grade=98.5 where id=1;

16．执行"UPDATE student set name='youjun', grade=98.5;"语句的运行结果是（　　）。

　　A．修改 student 表中第一条记录　　　　B．出现语法错误

　　C．修改 student 表中最后一条记录　　　D．修改 student 表中每一条记录

17．假设在关系数据库中有一张数据表 S，其结构为 S(SN，CN，grade)，其中，SN 表示学生名，CN 表示课程名，两者均为字符型；grade 表示成绩，为数值型，取值范围是 0～100 分。若要将"王二"的"化学"成绩修改为 85 分，则应该使用的语句是（　　）。

　　A．

　　UPDATE S SET grade=85;

　　WHERE SN='王二'AND CN='化学';

B.

UPDATE S SET grade='85';

WHERE SN='王二'AND CN='化学';

C.

UPDATE grade=85;

WHERE SN='王二'AND CN='化学';

D.

UPDATE grade=='85';

WHERE SN='王二' AND CN='化学';

18．下列选项中，用于删除表中记录的关键字是（　　）。

    A．ALTER   B．DROP

    C．UPDATE   D．DELETE

19．下列关于删除表中记录的语法格式，正确的是（　　）。

    A．DELETE 表名 [WHERE 条件表达式];

    B．DELETE FROM 表名 [WHERE 条件表达式];

    C．DROP 表名 [WHERE 条件表达式];

    D．DELETE INTO 表名 [WHERE 条件表达式];

20．下列关于 DELETE 语句的描述，正确的是（　　）。

    A．只能删除部分记录   B．只能删除全部记录

    C．可以有条件地删除部分或全部记录   D．以上说法都不对

21．下列关于删除表中记录的 SQL 语句，正确的是（　　）。

    A．DELETE student ,where id=11;

    B．DELETE FROM student where id=11;

    C．DELETE INTO student where id=11;

    D．DELETE student where id=11;

22．下列选项中，能够删除 user 表中"id"大于 5 的记录，正确的语句是（　　）。

    A．DELETE FROM user where id>5;

    B．DELETE FROM user set id>5;

    C．DELETE user where id>5;

    D．DELETE user set id>5;

23．下列关于"DELETE FROM student where name='张宁'"语句的作用的描述，正确的是（　　）。

    A．只能删除 name='张宁'的一条记录

    B．删除 name='张宁'的全部记录

    C．只能删除 name='张宁'的最后一条记录

    D．以上说法都不对

24．下列关于"truncate table user"语句的描述，正确的是（　　）。

    A．查询 user 表中的所有数据

    B．与"delete from user;"语句一样，删除表中的所有数据

    C．删除 user 表，并再次创建 user 表

    D．删除 user 表

25. 下列关于 DELETE 语句与 TRUNCATE 语句的描述，正确的是（　　）。

　　A．DELETE 语句比 TRUNCATE 语句效率更高

　　B．TRUNCATE 语句比 DELETE 语句效率更高

　　C．DELETE 语句只能删除表中的部分记录

　　D．DELETE 语句只能删除表中的全部记录

简单数据查询

项目描述

数据表创建成功并导入数据后，接下来就可以进行数据查询了。数据查询是用户对数据库实施频率最高的操作，通过查询，用户可以从数据库中获取需要的数据，以及统计结果。

在本项目中，请读者对"学生成绩管理"数据库（studb）的数据表进行简单的数据查询，这里的"简单"表示单表查询，即查询的数据项在一张表中，即使要筛选行，筛选的条件也在同一张表中。

本项目分为三个任务：单表无条件查询、单表有条件查询和单表统计查询。

说明：在本项目中，所有任务都基于 studb 数据库的三张表，数据详见项目 6 的图 6.8、图 6.10和图 6.12。

学习目标

（1）识记 SELECT 语句的七个子句的语法及用途。

（2）能对单表进行无条件查询、有条件查询及统计查询。

（3）能对查询结果进行排序，限制查询返回行的数量。

任务 7.1 单表无条件查询

微课视频

【任务描述】

使用 SELECT 语句对"学生成绩管理"数据库（studb）的数据表进行单表无条件查询。每次查询只涉及一张表的数据项，并且不筛选行，既可以对查询结果进行排序，也可以限制查询所返回的行的数量。

具体任务如下。

（1）查询所有学生的基本信息。

（2）查询所有学生的学号和姓名。

（3）查询至少选修了一门课程的学生的学号（要求去掉查询结果中的重复行）。

（4）查询选课成绩表中所有的学号，以及成绩加 5 分后的结果，要求查询结果的列名用中文别名（分别为学号、成绩）显示。

（5）查询所有学生的选课记录，要求先按课程号升序排序，课程号相同的再按成绩降序排序。

（6）查询年龄最小的两名学生的学号、姓名及出生日期。

【相关知识】

SELECT 语句可以由多个子句构成，本节的单表无条件查询会用到 SELECT 语句的四个子句，语法格式如下：

SELECT [ALL|DISTINCT]　表达式列表

FROM　表名

[ORDER BY 表达式列表[ASC|DESC]]

[LIMIT [起始记录,]返回的行数]

从上述语法中可以看出，查询语句必须有 SELECT 及 FROM 子句，其他子句都是可选的，下面对每个子句的作用及语法进行详细介绍。

1. SELECT 子句

SELECT 子句用于选择要查找的数据项（表达式）。语法格式如下：

SELECT [ALL|DISTINCT]　表达式列表

说明：

- 多个表达式之间用逗号隔开。表达式可以是常量、字段、函数，或者是常量、字段、函数与运算符共同构成的式子。
- 如果查找表中的所有字段，则表达式列表可以用"*"表示。
- 表达式可以用别名，定义别名有以下两种方式。

（1）第一种方式，语法格式如下：

表达式　别名

（2）第二种方式，语法格式如下：

表达式 AS　别名

别名可以使用引号定界，也可以不定界。当别名中含有空格等特殊字符时，必须定界。

- ALL 是默认选项，表示输出查询结果中的所有行，包括重复行。
- DISTINCT 表示要去掉查询结果中的重复行。

2. FROM 子句

FROM 子句用于选择查询的数据表，语法格式如下：

FROM　表名

3. ORDER BY 子句

ORDER BY 子句用于对查询结果排序，语法格式如下：

[ORDER BY　表达式列表[ASC|DESC]]

说明：

- ASC 表示升序，DESC 表示降序，ASC 是默认选项。
- 升序排序时，空值排在前面；降序排序时，空值排在后面。

4. LIMIT 子句

LIMIT 子句用于限制返回行的数量，语法格式如下：

[LIMIT [起始记录,]返回的行数]

说明：

- 该子句后面可以跟两个参数，第一个参数表示起始记录，如果省略此参数，则表示从第一行开始返回（行号从 0 开始计数），第二个参数表示返回的行数。

注意：每个子句的顺序均不能随意交换！

【任务实施】

1. 查询所有学生的基本信息

查询所有学生的基本信息。

分析：此任务不要求筛选字段，可以用"*"表示所有字段。

代码如下：

```
SELECT *
FROM stuinfo;
```

执行上述代码，查询结果如图 7.1 所示。

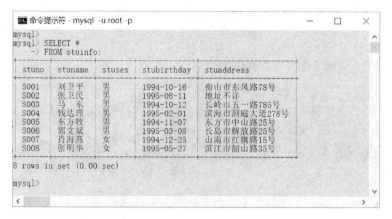

图 7.1   查询所有学生的基本信息

2. 查询所有学生的学号和姓名

查询所有学生的学号和姓名。

分析：此任务要用 SELECT 子句选择学号和姓名两个字段。

代码如下：

```
SELECT stuno,stuname
FROM stuinfo;
```

执行上述代码，查询结果如图 7.2 所示。

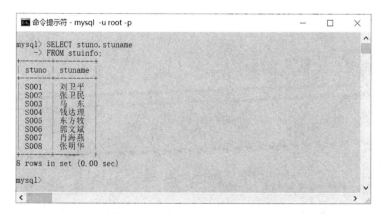

图 7.2   查询所有学生的学号和姓名

3．查询至少选修了一门课程的学生的学号

查询至少选修了一门课程的学生的学号（要求去掉查询结果中的重复行）。

分析：学生选课信息在学生选课成绩表（stumarks）中，该表的数据如图 6.12 所示。查询至少选修了一门课程的学生的学号，即查询在 stumarks 表中出现的学号。

代码如下：

```
SELECT stuno
FROM stumarks;
```

执行上述代码，结果如图 7.3 所示，可以看到有很多重复的学号（重复行），其原因是一个学生可以选修多门课程，因此一个学号可能在该表中出现 *N* 次，即表示该学生选修了 *N* 门课程。很明显，此任务要查询的是所有唯一的学号。

在 SELECT 关键字后面使用 DISTINCT 关键字，可以去掉重复行。代码如下：

```
SELECT DISTINCT stuno
FROM stumarks;
```

执行上述代码，查询结果如图 7.4 所示。

```
命令提示符 - mysql -u root -p
mysql> SELECT stuno
    -> FROM stumarks;
+-------+
| stuno |
+-------+
| S001  |
| S002  |
| S003  |
| S001  |
| S002  |
| S003  |
| S001  |
| S002  |
| S003  |
| S001  |
| S002  |
| S003  |
| S001  |
| S002  |
| S003  |
| S004  |
+-------+
16 rows in set (0.00 sec)

mysql>
```

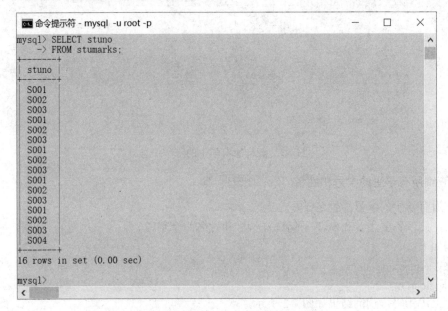

图 7.3 查询 stumarks 表中的所有学号

```
命令提示符 - mysql -u root -p
mysql> SELECT DISTINCT stuno
    -> FROM stumarks;
+-------+
| stuno |
+-------+
| S001  |
| S002  |
| S003  |
| S004  |
+-------+
4 rows in set (0.00 sec)

mysql>
```

图 7.4 查询 stumarks 表中的所有学号（去掉重复行）

4．查询选课成绩表中所有的学号及成绩加 5 分后的结果，列名用中文别名

查询选课成绩表中所有的学号，以及成绩加 5 分后的结果，要求查询结果的列名用中文别名（分别为学号、成绩）显示。

分析：此任务要求给列定义别名，下面给出了定义别名的两种方式。

代码如下：

```
SELECT stuno '学号' ,stuscore+5 AS '成绩'
FROM stumarks;
```

执行上述代码，查询结果如图 7.5 所示。

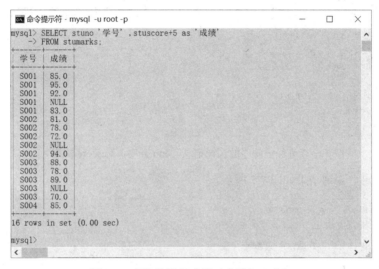

图 7.5　查询学号和成绩（成绩加 5 分）

注意：对表的任何查询操作不会改变表中数据。此任务仅把表中的成绩取出后加 5 分显示而已，事实上，没有给表中的任何成绩增加 5 分。

5．查询所有学生的选课信息，先按课程号升序排序，课程号相同的按成绩降序排序

查询所有学生的选课记录，要求先按课程号升序排序，课程号相同的再按成绩降序排序。

分析：排序用 ORDER BY 子句，多个排序表达式之间用逗号分隔，降序关键字为 DESC。

代码如下：

```
SELECT *
FROM stumarks
ORDER BY cno,stuscore DESC;
```

执行上述代码，查询结果如图 7.6 所示。

6．查询年龄最小的两名学生的学号、姓名及出生日期

查询年龄最小的两名学生的学号、姓名及出生日期。

分析：学生的年龄越小，其出生日期越大，因此要把查询结果按出生日期降序排序，先把年龄最小的两个学生排在前面，再用 LIMIT 子句限制返回前两行。

代码如下：

```
SELECT stuno,stuname,stubirthday
FROM stuinfo
ORDER BY stubirthday DESC
LIMIT 2;
```

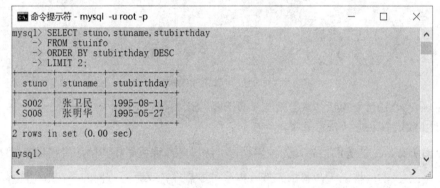

图 7.6　查询经过排序的选课记录（cno 升序，stuscore 降序）

执行上述代码，查询结果如图 7.7 所示。

图 7.7　查询年龄最小的两名学生的信息

任务 7.2　单表有条件查询

微课视频

【任务描述】

在实际应用中，查询不仅需要筛选数据表的列，还需要对行（记录）进行筛选，如查询所有女生的信息。

在本任务中，请读者使用 SELECT 语句对"学生成绩管理"数据库（studb）的数据表进行单表有条件查询，即在单表无条件查询的基础上增加对数据表记录的有条件筛选操作。

具体任务如下。

（1）查询成绩在 80～90 分之间的所有选课记录。

（2）查询学号为"S001""S003""S005"的学生的基本信息。

（3）查询所有姓"张"的学生的基本信息。

（4）查询姓名中包括"东"字的所有学生的学号及姓名。

（5）查询成绩为空值的选课记录，将结果按学号升序排序。

（6）查询学号为"S001"和"S003"的学生，选修课程号为"0002"的课程的选课记录。

【相关知识】

本任务的单表有条件查询要用到查询的五个子句，语法格式如下：

SELECT [ALL|DISTINCT]表达式列表
FROM <基本表名>
[WHERE <查询条件>]
[ORDER BY[ASC|DESC]]
[LIMIT [起始记录,]显示的行数]

除 WHERE 子句外，其他四个子句已在任务 7.1 中有过详细讲解，此处不再赘述。

SELECT 子句用于筛选列，WHERE 子句用于筛选行，即把满足查询条件的记录筛选出来，实现对表的有条件查询。WHERE 子句常用的运算符如表 7.1 所示。

表 7.1　WHERE 子句常用的运算符

查 询 条 件	运 算 符
关系运算符	=、>、>=、<、<=、<>（或!=）
范围运算符	[NOT] BETWEEN…AND
列表运算符	[NOT] IN
模糊匹配运算符	[NOT] LIKE
空值判断	IS [NOT] NULL
逻辑运算符	NOT、AND、OR

1．关系运算符

关系运算符又被称为比较运算符，用于比较表达式的值。使用关系运算符可以限定查询条件，语法格式如下：

WHERE 表达式1 关系运算符 表达式2

2．范围运算符

在 WHERE 子句中可以使用 BETWEEN…AND 查询在某个范围内的数据，还可以在前面加 NOT 关键字，表示查找不在某个范围内的数据，语法格式如下：

WHERE 表达式 [NOT]BETWEEN 初始值 AND 终止值

该子句等价于：

WHERE　[NOT](表达式>=初始值 AND 表达式<=终止值)

3．列表运算符

在 WHERE 子句中可以使用 IN 关键字指定一个值表，在值表中列出所有可能的值，当要判断的表达式与值表中的任意值匹配时，结果返回 TRUE，否则返回 FALSE。可以在 IN 前面加 NOT 关键字，表示当要判断的表达式不与值表中的任意值匹配时，结果返回 TRUE，否则返回 FALSE。语法格式如下：

WHERE 表达式 [NOT] IN(值1,值2,…,值 *n*)

4．模糊匹配运算符

在 WHERE 子句中，使用运算符 LIKE 或 NOT LIKE 可以对字符串进行模糊查找，语法格式如下：

> WHERE 字段名 [NOT] LIKE '字符串' [ESCAPE '转义字符']

其中，'字符串'表示要进行比较的字符串，在 WHERE 子句中，使用通配符实现对字符串的模糊匹配，各通配符及其含义如表 7.2 所示。

表 7.2　各通配符及其含义

通 配 符	含 义	举 例
%	代表 0 个或多个任意字符	W%：表示查找以 W 开头的任意字符串。 %W：表示查找以 W 结尾的任意字符串。 %W%：表示查找包含了字符 W 的任意字符串
_（下画线）	代表 1 个任意字符	_M：表示查找以任意字符开头，以 M 结尾的字符串。 M_：表示查找以 M 开头，以任意字符结尾的字符串

ESCAPE '转义字符'的作用是当用户要查询的字符串本身含有通配符时，可以使用该选项对通配符进行转义。

5．空值判断

在 WHERE 子句中，当要判断某个字段的值是否为空值时，应使用 IS NULL 或 IS NOT NULL 关键字，语法格式如下：

> WHERE 字段名 IS [NOT] NULL

初学者很容易把判断字段是否为空值写成"字段名=NULL"。需要强调，这是错误的表达方式，只有在 UPDATE 语句中把字段值更新为 NULL 时才这样写。还应注意，不要把"IS NOT NULL"写成 "NOT IS NULL"。

6．逻辑运算符

逻辑运算符可以将多个查询条件连接起来组成更复杂的查询条件。WHERE 子句可以使用的逻辑运算符有 NOT、AND 和 OR，语法格式如下：

> WHERE NOT 逻辑表达式 | 逻辑表达式 1 {AND|OR} 逻辑表达式 2

注意：逻辑运算符的运算对象是逻辑表达式！

【任务实施】

1．查询成绩在 80～90 分之间的所有选课记录

查询成绩在 80～90 分之间的所有选课记录。

分析：此任务要求筛选出成绩在 80～90 分之间的选课记录，可以用 BETWEEN…AND 范围运算符。

代码如下：

```
SELECT *
FROM stumarks
WHERE stuscore BETWEEN 80 AND 90;
```

上述 WHERE 子句中的条件表达式等价于 "stuscore>=80 AND stuscore<=90"。

执行上述代码，查询结果如图 7.8 所示。

2．查询学号为"S001""S003""S005"的学生的基本信息

查询学号为"S001""S003""S005"的学生的基本信息。

分析：此任务的筛选条件是只要学号等于"S001""S003""S005"其中之一即可，可以使用逻辑运算符 OR，也可以使用列表运算符 IN（这种方式最简单）。

```
命令提示符 - mysql -u root -p
mysql> SELECT *
    -> FROM stumarks
    -> WHERE stuscore BETWEEN 80 AND 90;
+-------+------+----------+
| stuno | cno  | stuscore |
+-------+------+----------+
| S001  | 0001 |     80.0 |
| S001  | 0002 |     90.0 |
| S001  | 0003 |     87.0 |
| S002  | 0005 |     89.0 |
| S003  | 0001 |     83.0 |
| S003  | 0003 |     84.0 |
| S004  | 0006 |     80.0 |
+-------+------+----------+
7 rows in set (0.00 sec)

mysql>
```

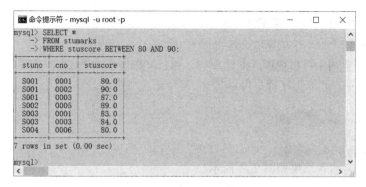

图 7.8 查询成绩在 80～90 分之间的所有选课记录

代码如下：

```
SELECT *
FROM stuinfo
WHERE stuno IN('S001','S003','S005');
```

执行上述代码，查询结果如图 7.9 所示。

```
命令提示符 - mysql -u root -p
mysql> SELECT *
    -> FROM stuinfo
    -> WHERE stuno IN('S001','S003','S005');
+-------+---------+--------+-------------+-----------------+
| stuno | stuname | stusex | stubirthday | stuaddress      |
+-------+---------+--------+-------------+-----------------+
| S001  | 刘卫平  | 男     | 1994-10-16  | 衡山市东风路78号 |
| S003  | 马  东  | 男     | 1994-10-12  | 长岭市五一路785号 |
| S005  | 东方牧  | 男     | 1994-11-07  | 东方市中山路25号 |
+-------+---------+--------+-------------+-----------------+
3 rows in set (0.00 sec)

mysql>
```

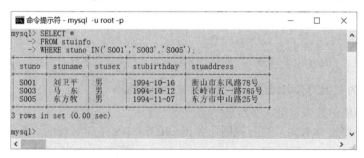

图 7.9 查询学号为“S001”“S003”“S005”的学生的基本信息

3．查询所有姓“张”的学生的基本信息

查询所有姓“张”的学生的基本信息。

分析：此任务要用字符串模糊匹配运算符 LIKE，查询所有姓“张”的学生，即在学生的姓名构成中，姓氏“张”在前面，名可以是 0～*N* 个任意字符。

代码如下：

```
SELECT *
FROM stuinfo
WHERE stuname LIKE '张%';
```

执行上述代码，查询结果如图 7.10 所示。

```
命令提示符 - mysql -u root -p
mysql> SELECT *
    -> FROM stuinfo
    -> WHERE stuname LIKE '张%';
+-------+---------+--------+-------------+-----------------+
| stuno | stuname | stusex | stubirthday | stuaddress      |
+-------+---------+--------+-------------+-----------------+
| S002  | 张卫民  | 男     | 1995-08-11  | 地址不详        |
| S008  | 张明华  | 女     | 1995-05-27  | 滨江市韶山路35号 |
+-------+---------+--------+-------------+-----------------+
2 rows in set (0.00 sec)

mysql>
```

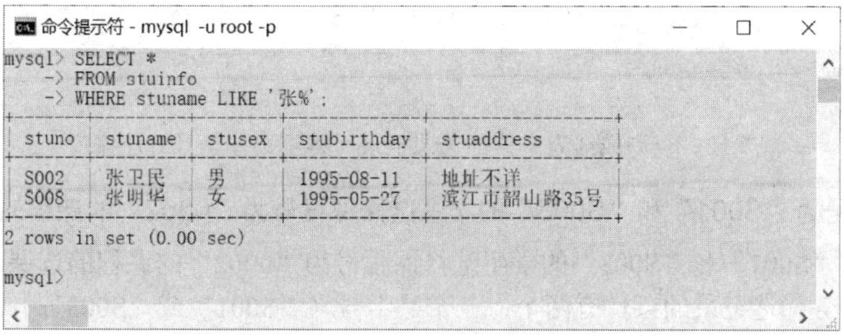

图 7.10 查询所有姓“张”的学生的基本信息

4．查询姓名中包括"东"字的所有学生的学号及姓名

查询姓名中包括"东"字的所有学生的学号及姓名。

分析：此任务要用字符串模糊匹配运算符 LIKE，查询姓名中包括"东"字的所有学生，即在学生的姓名构成中，"东"字前后可以是 0～N 个任意字符。

代码如下：

```
SELECT stuno,stuname
FROM stuinfo
WHERE stuname LIKE '%东%';
```

执行上述代码，查询结果如图 7.11 所示。

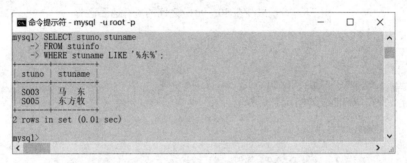

图 7.11　查询姓名中包括"东"字的所有学生的学号及姓名

5．查询成绩为空值的选课记录，将结果按学号升序排序

查询成绩为空值的选课记录，将结果按学号升序排序。

分析：此任务要用 IS NULL 进行判断，并用 ORDER BY 子句对查询结果进行排序。

代码如下：

```
SELECT *
FROM stumarks
WHERE stuscore IS NULL
ORDER BY stuno;
```

执行上述代码，查询结果如图 7.12 所示。

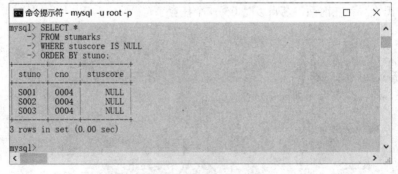

图 7.12　查询成绩为空值的选课记录，将结果按学号升序排序

6．查询学号为"S001"和"S003"的学生选修课程号为"0002"的课程的选课记录

查询学号为"S001"和"S003"的学生选修课程号为"0002"的课程的选课记录。

分析：此任务筛选记录的条件有两个：一个是学号（"S001"或"S003"），一个是课程号（"0002"），这两个条件要同时满足，因此要用逻辑运算符 AND，为了提高代码的可读性，最

好把每个条件用括号括起来。

注意：初学者很容易把"'S001'和'S003'"这个条件中的"和"直接翻译为代码"AND"，这个逻辑是不对的，此处明显是两个学号都可以的意思，不是指学号既等于"S001"又等于"S003"。

代码如下：

```
SELECT *
FROM stumarks
WHERE (stuno IN('S001','S003'))AND(cno='0002');
```

执行上述代码，查询结果如图 7.13 所示。

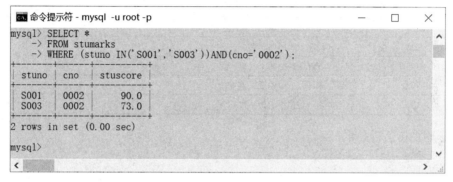

图 7.13　查询学号为"S001"和"S003"的学生，选修课程号为"0002"的课程的选课记录

任务 7.3　单表统计查询

微课视频

【任务描述】

在实际应用中，查询数据时不仅需要筛选数据表的行或列，还需要通过查询得到一些统计结果，比如统计共有多少个学生，每个学生的平均成绩等。

在本任务中，使用 SELECT 语句对"学生成绩管理"数据库（studb）的数据表进行单表统计查询，具体任务如下。

（1）查询学生的总人数。

（2）查询选修了课程的人数（注：一个学生可能选了多门课程，只能按一人统计）。

（3）查询学号为"S001"的学生的总分及平均分。

（4）查询选修了课程的每个学生的最高分及最低分。

（5）查询至少选修了两门课程的每个学生的选课数量及平均分，查询结果按平均分降序排序。

【相关知识】

通过学习任务 7.1 和任务 7.2，读者已经掌握了查询的 SELECT、FROM、WHERE、ORDER BY 和 LIMIT 五个子句。

在本任务中，我们进一步学习统计查询常用的聚合函数及两个子句（GROUP BY 子句和 HAVING 子句）。语法格式如下：

```
SELECT [ALL|DISTINCT]表达式列表
FROM <基本表名>
```

```
[WHERE <行筛选条件>]
[GROUP BY 分组列名表
[HAVING 组筛选条件] ]
[ORDER BY <排序列名表> [ASC|DESC]];
[LIMIT [起始记录,]显示的行数]
```

1. 常用的聚合函数

常用的统计查询包括计数、求和、求平均值、求最大值、求最小值等。MySQL 提供了常用的统计函数（也被称为聚合函数），其含义如表 7.3 所示。

表 7.3　MySQL 常用的聚合函数

函 数 名	具 体 含 义
COUNT	统计元组个数或一列中值的个数
SUM	计算一列值的总和
AVG	计算一列值的平均值
MAX	求一列值中的最大值
MIN	求一列值中的最小值

聚合函数的语法格式如下：

函数名（[ALL|DISTINCT]列名表达式|*）

说明：

- ALL 是默认选项，表示取列名表达式所有的值进行统计；DISTINCT 表示统计时去掉列名表达式的重复值；*表示记录，比如 COUNT(*)表示统计有多少行。
- 数据项为 NULL 时，该数据项是不纳入统计的。

2. GROUP BY 子句

GROUP BY 子句的作用相当于 EXCEL 的分类汇总。根据某列或多列的值对数据表的行进行分组统计。在这些列中，对应值都相同的行被分在同一组中。

说明：

- GROUP BY 子句用于分组统计数据。在 SELECT 语句的输出列中，只能包含两种目标列表达式，要么是聚合函数，要么是出现在 GROUP BY 子句中的分组字段。
- 如果分组字段的值有 NULL，则 NULL 不会被忽略，而会进行单独分组。

3. HAVING 子句

HAVING 子句用于筛选分组。查询时，只有用 GROUP BY 子句进行分组，才有可能用 HAVING 子句把满足条件的组筛选出来。

【任务实施】

1. 查询学生的总人数

查询学生的总人数。

分析：查询学生的总人数就是统计学生基本信息表（stuinfo）有多少条记录，或者统计有多少个学号。

代码如下：

```
SELECT COUNT(*) 学生人数
FROM stuinfo;
```

执行上述代码，查询结果如图7.14所示。

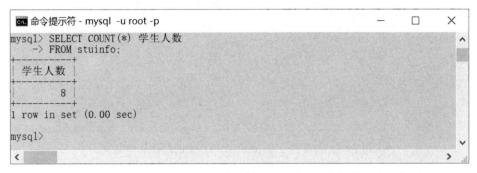

图7.14　查询学生的总人数

2．查询选修了课程的人数

查询选修了课程的人数（注：一个学生可能选了多门课程，只能按一人统计）。

分析：查询选修了课程的人数，即对 stumarks 表中的学号进行计数（相同学号不重复计数），计数应使用 COUNT 函数。因为一个学生可能选了多门课程，学号会重复，所以在计数前要先用 DISTINCT 关键字去掉重复的学号。

代码如下：

```
SELECT COUNT(DISTINCT stuno) AS 选课人数
FROM stumarks;
```

执行上述代码，查询结果如图7.15所示。

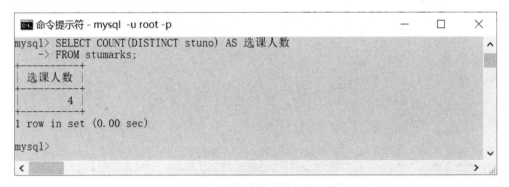

图7.15　查询选修了课程的人数

3．查询学号为"S001"的学生的总分及平均分

查询学号为"S001"的学生的总分及平均分。

分析：统计总分要用 SUM 函数，统计平均分要用 AVG 函数，只统计学号为"S001"的学生的成绩，用 WHERE 子句筛选记录。

代码如下：

```
SELECT SUM(stuscore) AS 总分,AVG(stuscore) AS 平均分
FROM stumarks
WHERE stuno='S001';
```

执行上述代码，查询结果如图7.16所示。

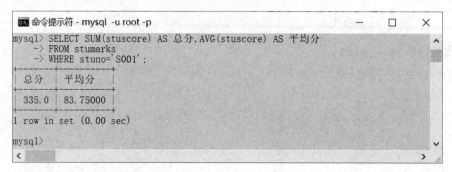

图 7.16 查询学号为 "S001" 的学生的总分及平均分

4．查询选修了课程的每个学生的最高分及最低分

查询选修了课程的每个学生的最高分及最低分。

分析：此任务需要用 GROUP BY 子句将记录按学号进行分组（不同的学生通过学号区分，把学号相同的记录分在一组），这样，SELECT 子句中的聚合函数就会按小组统计最高分及最低分。

代码如下：

```
SELECT stuno,MAX(stuscore) AS 最高分,MIN(stuscore) AS 最低分
FROM stumarks
GROUP BY stuno;
```

执行上述代码，查询结果如图 7.17 所示。

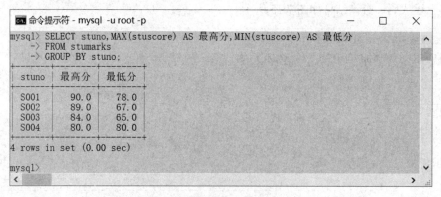

图 7.17 查询选修了课程的每个学生的最高分及最低分

5．查询至少选修了两门课程的每个学生的选课数量及平均分，查询结果按平均分降序排序

查询至少选修了两门课程的每个学生的选课数量及平均分，查询结果按平均分降序排序。

分析：先用 GROUP BY 子句按学号分组，再用 HAVING 子句筛选出满足条件"至少选修了两门课程"的小组，最后，查询结果用 ORDER BY 子句排序。ORDER BY 子句后面的表达式可以用别名。

代码如下：

```
SELECT stuno,COUNT(cno) AS 选课门数,AVG(stuscore) AS 平均分
FROM stumarks
GROUP BY stuno
HAVING COUNT(cno)>=2
ORDER BY 平均分 DESC;
```

上述 ORDER BY 子句后面的"平均分"还可以用"3"代替，表示 SELECT 子句后面的第 3

个表达式。

执行上述代码，查询结果如图 7.18 所示。

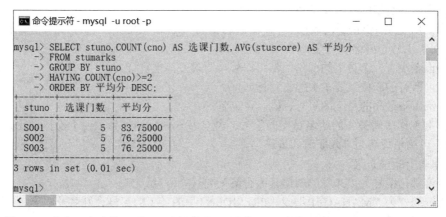

图 7.18　查询至少选修了两门课程的每个学生的选课数量及平均分（平均分降序排序）

【知识拓展】查询语句的执行顺序

一条查询语句可能包含多个子句，各子句的书写顺序是有严格的语法规定的，不可以随意交换。然而，各子句的书写顺序不代表执行顺序，当一条查询语句包含所有子句时，它们的执行顺序如下（按数字序号执行）：

(5)　SELECT [ALL|DISTINCT]表达式列表
(1)　FROM <基本表名>
(2)　WHERE <行筛选条件>
(3)　GROUP BY 分组列名表
(4)　HAVING 组筛选条件
(6)　ORDER BY <排序列表> [ASC|DESC]
(7)　LIMIT [起始记录,]显示的行数

上述执行顺序的含义：选择数据表→在表中筛选行→对筛选出来的行进行分组→筛选组→指定结果集中的数据项（分组统计）→对结果集排序→限制查询返回的行。

因为 SELECT 子句在 WHERE、GROUP BY 和 HAVING 子句后执行，所以多数 DBMS 不允许 WHERE、GROUP BY 和 HAVING 子句使用 SELECT 子句中的别名。然而，MySQL 是个例外，只有 WHERE 子句不能使用 SELECT 子句中的别名。这里建议读者尽量遵守各数据库之间的通用规则，以便代码在各平台之间进行迁移。

【同步实训】"员工管理"数据库的简单数据查询

1. 实训目的

（1）能对单表进行无条件查询、有条件查询及统计查询。
（2）能对查询结果进行排序。
（3）能限制查询返回的行的数量。

2. 实训内容

请上机操作，基于"员工管理"数据库（empdb）的两张数据表（dept 表和 emp 表），进行简单查询。

（1）单表无条件查询。

① 查询所有部门的基本信息。

② 查询所有员工的姓名及工资。

③ 查询所有员工的工号和姓名，并输出员工的 1.2 倍工资（工资×1.2），要求使用中文别名（分别为工号、姓名、工资）。

④ 查询至少有一个员工的部门的部门编号（要求去掉重复行）。

⑤ 查询所有的职位（要求去掉重复行）。

⑥ 查询工资最高的员工的工号、姓名及工资。

⑦ 查询工作时间最长的两名员工的工号、姓名及入职日期（为了便于操作，此处的"工作时间最长"可简单理解为"入职时间最早"）。

（2）单表有条件查询。

① 查询部门编号为"30"的部门其所有员工的基本信息。

② 查询职位为"MANAGER"或"PRESIDENT"的员工的工号、姓名及职位。

③ 查询每个员工的工号及其奖金和工资总和（若奖金为空值，则按 0 计算）。

说明：此题会用到 IFNULL 函数。

语法格式如下：

IFNULL(expr1,expr2)

功能：假如 expr1 不为 NULL，则 IFNULL()的返回值为 expr1；否则其返回值为 expr2。

④ 查询工资在 1500~2500 元之间的所有员工的工号、姓名及工资。

⑤ 查询部门编号为"10"的部门的经理（MANAGER），以及部门编号为"20"的部门的普通员工（CLERK）。

⑥ 查询在部门编号为"10"的部门中，既不是经理也不是普通员工，并且工资大于等于 2000 元的员工的基本信息。

⑦ 查询奖金为空值的员工的工号、职位、工资及奖金，结果按工资升序排序。

⑧ 查询没有奖金或奖金低于 500 元的员工的基本信息（"没有奖金"指奖金为空值或等于 0，可用 IFNULL 函数简化表达式）。

（3）单表统计查询。

① 查询员工的数量。

② 查询至少有一个员工的部门的部门数量。

③ 查询所有员工的最高工资和最低工资。

④ 查询在部门编号为"20"的部门中，员工的最高工资和最低工资。

⑤ 查询各部门的员工的工资总和及平均工资。

⑥ 查询员工的平均工资大于 2000 元的部门其员工的平均工资，结果按平均工资降序排序。

⑦ 查询员工的平均工资最高的部门其部门编号，以及该部门的员工的平均工资。

⑧ 查询各职位的最低工资及最高工资。

习 题 七

一、单选题

说明：1~17 题考察单表无条件查询，18~41 题考察单表有条件查询，42~52 题考察单表统计查询。

1. 下列选项中，能够查询表中记录的关键字是（   ）。
   A．DROP   B．SELECT
   C．UPDATE   D．DELETE

2. 在 SELECT 语句中指定查询字段时，字段与字段之间的分隔符是（   ）。
   A．分号   B．逗号
   C．空格   D．回车

3. LIMIT 关键字的第一个参数的默认值是（   ）。
   A．0   B．1
   C．NULL   D．多条

4. 在 SELECT 语句中，用于限制查询结果返回行数的关键字是（   ）。
   A．SELECT   B．GROUP BY
   C．LIMIT   D．ORDER BY

5. 在 SELECT 语句中，用于将查询结果进行排序的关键字是（   ）。
   A．HAVING   B．GROUP BY
   C．WHERE   D．ORDER BY

6. 下列选项中，用于过滤查询结果中重复行的关键字是（   ）。
   A．DISTINCT   B．HAVING
   C．ORDER BY   D．LIMIT

7. 下列关于 SQL 语句 "SELECT * FROM book LIMIT 5,10" 的描述中，正确的是（   ）。
   A．查询第 6 条到第 10 条记录   B．查询第 5 条到第 10 条记录
   C．查询第 6 条到第 15 条记录   D．查询第 5 条到第 15 条记录

8. 下列关于 SQL 语句 "SELECT * FROM student LIMIT 4;" 语句的描述中，正确的是（   ）。
   A．查询第 4 条到最后一条记录
   B．查询从 0 开始到第 4 条记录
   C．查询前 4 条记录
   D．查询最后 4 条记录

9. 当 ORDER BY 子句后面有多个表达式时，它们之间的分隔符是（   ）。
   A．分号   B．逗号   C．空格   D．回车

10. 当对有 NULL 值的字段进行排序时，下列说法中正确的是（   ）。
    A．升序时，NULL 值所对应的记录排在前面
    B．升序时，NULL 值所对应的记录排在后面
    C．升序时，NULL 值所对应的记录排在中间
    D．升序时，NULL 值所对应的记录其位置是不固定的

11. 下列选项中，用于分页的关键字是（   ）。
    A．DISTINCT   B．GROUP BY   C．LIMIT   D．WHERE

12. 已知 user 表中的字段 age 和 ct，数据类型都是 int，数据见下表:

id	age	ct
u001	18	60

则执行 "SELECT age + ct FROM users WHERE id = 'u001';" 语句的输出结果是（   ）。

    A. 1860   B. 78

    C. 18+60   D. 运行时将报错

13. 当对字段进行排序时，默认采用的排序方式是（   ）。

    A. ASC   B. DESC

    C. ESC   D. DSC

14. 若想分页（每页显示 10 条）显示 test 表中的数据，则获取第 2 页数据的 SQL 语句是（   ）。

    A. SELECT * FROM test LIMIT 10,10;

    B. SELECT * FROM test LIMIT 11,10;

    C. SELECT * FROM test LIMIT 10,20;

    D. SELECT * FROM test LIMIT 11,20;

15. 下列选项中，能够按照 score 由高到低显示 student 表中记录的 SQL 语句是（   ）。

    A. SELECT * FROM student ORDER BY score;

    B. SELECT * FROM student ORDER BY score ASC;

    C. SELECT * FROM student ORDER BY score DESC;

    D. SELECT * FROM student GROUP BY score DESC;

16. 在 SELECT 语句中，用于指定表名的关键字是（   ）。

    A. SELECT   B. FROM

    C. ORDER BY   D. HAVING

17. 在 SELECT 语句中，用于代表所有字段的通配符是（   ）。

    A. *   B. ?   C. +   D. %

18. 在 SELECT 语句中，用于筛选行的关键字是（   ）。

    A. WHILE   B. GROUP BY

    C. WHERE   D. HAVING

19. 若想查询 student 表中 name 为空值的记录，则正确的 SQL 语句是（   ）。

    A. SELECT * FROM student WHERE name = NULL;

    B. SELECT * FROM student WHERE name LIKE NULL;

    C. SELECT * FROM student WHERE name = 'NULL';

    D. SELECT * FROM student WHERE name IS NULL;

20. 下列关于 WHERE 子句"WHERE gender='女' OR gender='男' AND score=100;"的描述中，正确的是（   ）。

    A. 返回结果为 gender='男'且 score=100 的数据，以及 gender='女'的数据

    B. 返回结果为 gender='男'或 gender='女' 的数据中 score=100 的数据

    C. 返回结果为 gender='男'的数据，以及 score=100 且 gender='女'的数据

    D. 以上都不对

21. 下列关于 WHERE 子句"WHERE class NOT BETWEEN 3 AND 5"的描述中（class 为整型），正确的是（   ）。

    A. 查询结果包括 class 等于 3、4、5 的数据

    B. 查询结果包括 class 不等于 3、4、5 的数据

    C. 查询结果包括 class 等于 3 的数据

    D. 查询结果包括 class 等于 5 的数据

22．使用 LIKE 关键字实现模糊查询时，常用的通配符包括（　　）。

    A．%与*
              B．*与?

    C．%与_
              D．_与*

23．有时为了让查询结果更精确，可以使用多个查询条件，下列选项中，用于连接多个查询条件的关键字是（　　）。

    A．AND
              B．OR

    C．NOT
              D．以上都不对

24．下列关于 SQL 语句"SELECT * FROM user WHERE firstname=张;"的描述中，正确的是（　　）。

    A．查询姓"张"的用户的一条记录的所有信息

    B．查询姓"张"的用户的所有记录的所有信息

    C．执行 SQL 语句时出现错误

    D．以上说法不正确

25．IS NULL 关键字用于判断字段的值是否为空值，该关键字通常放在（　　）子句之后。

    A．ORDER BY
           B．WHERE

    C．SELECT
              D．LIMIT

26．已知用户表 user 有字段 age，若想查询年龄为 18 或 20 的用户，则应使用的 SQL 语句是（　　）。

    A．SELECT * FROM user WHERE age = 18 OR age = 20;

    B．SELECT * FROM user WHERE age = 18 && age= 20;

    C．SELECT * FROM user WHERE age = 18 AND age = 20;

    D．SELECT * FROM user WHERE age = (18,20);

27．下列选项中，代表匹配任意长度字符串的通配符是（　　）。

    A．%
                B．*

    C．_
               D．?

28．下列选项中，用于查询 student 表中 id 值在 1,2,3 范围内的记录的 SQL 语句是（　　）。

    A．SELECT * FROM student WHERE id=1,2,3;

    B．SELECT * FROM student WHERE (id=1,id=2,id=3);

    C．SELECT * FROM student WHERE id in (1,2,3);

    D．SELECT * FROM student WHERE id in 1,2,3;

29．已知 student 表有姓名字段 name。若想查询所有姓"王"的学生，并且姓名由三个字符组成，则应使用的 SQL 语句是（　　）。

    A．SELECT * FROM student WHERE name LIKE '王__';

    B．SELECT * FROM student WHERE name LIKE '王%_';

    C．SELECT * FROM student WHERE name LIKE '王%';

    D．SELECT * FROM student WHERE name= '王__';

30．下列选项中，用于判断某个字段的值是否在指定集合中的关键字是（　　）。

    A．OR
             B．LIKE

    C．IN
              D．AND

31．下列选项中，能够查询 student 表中 id 值不在 2 和 5 之间的学生的 SQL 语句是（ ）。

    A．SELECT * FROM student WHERE id!=2,3,4,5;

    B．SELECT * FROM student WHERE id NOT BETWEEN 5 AND 2;

    C．SELECT * FROM student WHERE id NOT BETWEEN 2 AND 5;

    D．SELECT * FROM student WHERE id NOT in 2,3,4,5;

32．使用 SELECT 语句查询数据时，将多个条件组合在一起，其中只要有一个条件符合要求，这条记录就会被查出，此时使用的连接关键字是（ ）。

    A．AND   B．OR

    C．NOT   D．以上都不对

33．查询 student 表中 id 值在 2 和 7 之间的学生姓名，应该使用的关键字是（ ）。

    A．BETWEEN…AND   B．IN

    C．LIKE   D．OR

34．查询 student 表中 id 字段值小于 5，并且 gender 字段值为"女"的学生姓名的 SQL 语句是（ ）。

    A．SELECT name FROM student WHERE id<5 OR gender='女';

    B．SELECT name FROM student WHERE id<5 AND gender='女';

    C．SELECT name FROM student WHERE id<5 ,gender='女';

    D．SELECT name FROM student WHERE id<5 AND WHERE gender='女';

35．已知用户表 user 有字段 ct，若想查询 ct 字段值为 NULL 的用户，则应使用的 SQL 语句是（ ）。

    A．SELECT * FROM user WHERE ct = NULL;

    B．SELECT * FROM user WHERE ct link NULL;

    C．SELECT * FROM user WHERE ct = 'NULL';

    D．SELECT * FROM user WHERE ct IS NULL;

36．已知 student 表有姓名字段 name，并且存在 name 为"sun%er"的记录。下列选项中，可以匹配"sun%er"字段值的 SQL 语句是（ ）。

    A．SELECT * FROM student WHERE name LIKE 'sun%er';

    B．SELECT * FROM student WHERE name LIKE ' %%%';

    C．SELECT * FROM student WHERE name LIKE ' %\%%';

    D．SELECT * FROM student WHERE name=' sun%er';

37．下列选项中，代表匹配单个字符的通配符是（ ）。

    A．%   B．*

    C．_   D．?

38．下列选项中，与"SELECT * FROM student WHERE id not between 2 and 5;"等效的 SQL 语句是（ ）。注：id 的数据类型是整型。

    A．SELECT * FROM student WHERE id!=2,3,4,5;

    B．SELECT * FROM student WHERE id NOT BETWEEN 5 and 2;

    C．SELECT * FROM student WHERE id NOT in (2,3,4,5);

    D．SELECT * FROM student WHERE id NOT in 2,3,4,5;

39．已知某数据表有姓名字段，如果查找姓"王"且姓名是两个字的用户，则应该使用（ ）。

    A．LIKE "王%"　　　　　　　　　　B．LIKE "王_"

    C．LIKE "王__"　　　　　　　　　　D．LIKE "%王%"

40．下列选项中，能够判断某个字段的值不在指定集合中的关键字是（ ）。

    A．OR　　　　　　　　　　　　　　B．NO IN

    C．IN　　　　　　　　　　　　　　D．NOT IN

41．已知用户表 user 有一个姓名字段 username，若想查询姓名字段包含"海"的用户，则应使用的 SQL 语句是（ ）。

    A．SELECT * FROM user WHERE username = '海';

    B．SELECT * FROM user WHERE username LIKE '%海%';

    C．SELECT * FROM user WHERE username LIKE '_海_';

    D．SELECT * FROM user WHERE username LIKE '海';

42．在 SELECT 语句中，用于分组的关键字是（ ）。

    A．HAVING　　　　　　　　　　　B．GROUP BY

    C．WHERE　　　　　　　　　　　　D．ORDER BY

43．下列选项中，用于将 student 表按照 gender 字段进行分组查询，并且查询 score 字段值之和小于 300 的分组的 SQL 语句是（ ）。

    A．SELECT gender,SUM(score) FROM student GROUP BY gender HAVING SUM(score)<300;

    B．SELECT gender,SUM(score) FROM student GROUP BY gender WHERE SUM(score)<300;

    C．SELECT gender,SUM(score) FROM student WHERE SUM(score)<300 GROUP BY gender;

    D．以上语句都不对

44．下列选项中，用于统计 test 表的总记录数量的 SQL 语句是（ ）。

    A．SELECT SUM(*) FROM test;

    B．SELECT MAX(*) FROM test;

    C．SELECT AVG(*) FROM test;

    D．SELECT COUNT(*) FROM test;

45．下列选项中，用于求某个字段所有值的平均值的函数是（ ）。

    A．AVG()　　　　　　　　　　　　B．LENGTH()

    C．COUNT()　　　　　　　　　　　D．TOTAL ()

46．已知 student 表有字段 score，score 代表分数，若想依次统计 score 字段的最大值、最小值和平均值，则应使用的 SQL 语句是（ ）。

    A．SELECT MAX(score),MIN(score),AVERAGE(score) FROM student;

    B．SELECT MAX(score),MIN(score),AVG(score) FROM student;

    C．SELECT MIN(score),average(score),MAX(score) FROM student;

    D．SELECT MIN(score),AVG(score),MAX(score) FROM student;

47．已知用户表 user 有多列，其中字段 id 没有 NULL 值，字段 username 有 NULL 值。下列选项中，不能获得 user 表的总记录数量的 SQL 语句是（ ）。

    A．SELECT COUNT(*) FROM user;

    B．SELECT COUNT(id) FROM user;

    C．SELECT COUNT(username) FROM user;

    D．SELECT COUNT(id) FROM user WHERE 1=1;

48. 下列选项中，用于求表中某个字段所有值的总和的函数是（　　）。
 A．AVG()　　　　　　　　　　　B．SUM()
 C．COUNT()　　　　　　　　　　D．TOTAL()
49. 下列选项中，用于求某个字段的最大值的函数是（　　）。
 A．AVG()　　　　　　　　　　　B．MAX()
 C．MIN()　　　　　　　　　　　D．TOTAL()
50. 下列选项中，用于将 student 表按照 gender 字段值进行分组查询，并且计算每个分组各有多少个学生的 SQL 语句是（　　）。
 A．SELECT gender,TOTAL(*) FROM student GROUP BY gender;
 B．SELECT gender,COUNT(*) FROM student GROUP BY gender;
 C．SELECT gender,TOTAL(*) FROM student ORDER BY gender;
 D．SELECT gender,COUNT(*) FROM student ORDER BY gender;
51. 分组统计时，如果分组字段的值有 NULL 值，则出现的结果是（　　）。
 A．NULL 值将会被忽略，不会进行单独的分组
 B．NULL 值将不会被忽略，会进行单独的分组
 C．NULL 值将会被忽略，提示找不到结果
 D．MySQL 提示查询结果有误
52. 下列选项中，用于求某个字段的最小值的函数是（　　）。
 A．AVG()　　　　　　　　　　　B．MAX()
 C．MIN()　　　　　　　　　　　D．TOTAL()

二、SQL 语句题

写出以下基于 studb 数据库的三张数据表（stuinfo、stucourse、stumarks）的查询语句。

1. 单表无条件查询。
（1）查询所有课程的基本信息。
（2）查询所有课程的课程号和课程名。
（3）查询至少有一个学生选修的课程号（要求去掉重复行）。
（4）查询选课表中所有的课程号及成绩加 10 分后的结果，要求列名使用中文别名（分别为课程号与成绩）。
（5）查询所有的选课记录，要求先按学号升序排序，学号相同的按成绩降序排序。
（6）查询学分最高的两门课程的课程号及学分。
（7）将学生按年龄从大到小进行排序，查询年龄排第三位的学生的基本信息。

2. 单表有条件查询。
（1）查询成绩小于 60 分或大于 90 分的所有选课信息。
（2）查询课程号为"0001"、"0003"和"0005"的课程的基本信息。
（3）查询除课程号为"0001"和"0002"的课程外的所有课程的课程号和课程名。
（4）查询所有任课老师姓"李"的课程的基本信息。
（5）查询课程名包括"数据库"这个词的课程的课程号及课程名。
（6）查询成绩不为空值的所有选课记录，要求先按课程号升序排序，课程号相同的按成绩降序排序。
（7）查询年龄为 22 岁的男生的基本信息。

注：计算学生年龄的表达式为"year(curdate())-year(stubirthday)"，其中，curdate()函数返回系统当前日期，year(curdate())返回系统当前年份。

3．单表统计查询。

（1）查询所有课程的数量。

（2）查询有学生选修的课程的数量（注：1门课可以被多个学生选修，只能按1统计）。

（3）查询所有学生中出生日期的最大值和最小值。

（4）查询课程号为"0002"的课程的平均分。

（5）查询每门课程的最高分及最低分。

（6）查询平均分最高的两门课程的课程号及平均分。

（7）查询平均分达到75分以上的每门课程的选课人数及平均分，要求按平均分升序排序。

項目 8

高级数据查询

项目描述

简单查询是单表查询，要求查询的数据和筛选条件都在同一张表中。如果想查询的数据来自多张表，或者查询的数据和筛选条件不在同一张表中，就要用到高级查询，此外，高级查询还可以解决一些复杂的单表查询问题。

在本项目中，请读者对"学生成绩管理"数据库（studb）的数据表进行高级查询。高级查询涉及连接查询、子查询和集合查询。连接查询分为交叉连接、内连接、外连接和自连接，连接查询将在任务 8.1 和任务 8.2 中介绍。子查询可以嵌套在查询语句中使用，也可以在更新语句中使用，以实现更强大的数据更新功能，子查询将在任务 8.3 和任务 8.4 中介绍。

通过学习本项目，我们会发现，一个查询任务可能有多种查询方案，例如，查询选修了课程的学生，可以通过内连接实现，也可以通过 IN 子查询或 EXISTS 子查询实现。在实际应用中，读者可以结合数据表中数据量的情况，灵活选择查询方法，提高查询效率。

说明：本项目的任务均基于 studb 数据库的三张表，数据如图 6.8、图 6.10 和图 6.12 所示。

学习目标

（1）识记连接查询、子查询、集合查询相关语句的语法。

（2）能用连接查询解决多表查询或复杂的单表查询。

（3）能灵活应用子查询解决多表查询或复杂的单表查询。

（4）能用集合查询处理一些查询问题。

任务 8.1　交叉连接与内连接

微课视频

【任务描述】

使用交叉连接或内连接完成对"学生成绩管理"数据库（studb）的多表查询。具体任务如下。

（1）把 stuinfo 表和 stumarks 表进行交叉连接。

（2）查询所有学生的学号、姓名、课程号及成绩。

（3）查询所有学生的学号、姓名、课程名及成绩。

（4）查询选修了"李斯文"老师讲授的课程的学生的学号及姓名。

【相关知识】

如果想查询的数据来自多张表，或者查询的数据和查询条件不在同一张表中，那么可以把这些表合并为一张表，即把多表查询转换成之前所学的单表查询。连接查询指把多张表连接成一张表进行查询，连接查询分为交叉连接、内连接、外连接和自连接。本任务主要介绍交叉连接与内连接。

1．交叉连接

交叉连接又被称为笛卡儿连接。

对表 1（m 行）和表 2（n 行）进行交叉连接，就是把表 1 的每行分别与表 2 的每行进行连接，结果集是两张表所有记录的任意组合，共有 $m×n$ 行。交叉连接的应用场合虽然不多，但可以帮助读者更好地理解内连接的语法格式。

交叉连接的语法格式有两种，分别如下。

（1）语法格式 1：

```
SELECT …
FROM  表 1,表 2;
```

（2）语法格式 2：

```
SELECT …
FROM  表 1 CROSS JOIN  表 2;
```

2．内连接

内连接用于把两张表中满足条件的记录组合在一起。内连接相当于交叉连接的子集。最常见的内连接方式为等值连接，即在两张表有相同字段的前提下，把两张表中该字段值相等的行进行连接，下面给出等值连接的语法格式。

（1）语法格式 1：

```
SELECT …
FROM  表 1,表 2
WHERE  表 1.列名=表 2.列名;
```

（2）语法格式 2：

```
SELECT …
FROM  表 1 [INNER] JOIN  表 2 ON  表 1.列名=表 2.列名;
```

说明：

- 将 n 张表连接成一张表，需要进行 $n-1$ 次的两两连接操作。对于语法格式 1，在 WHERE 子句中给出连接条件，n 张表有 $n-1$ 个连接条件，所有连接条件要用 AND 运算符连接起来；对于语法格式 2，在 FROM 子句后面指定连接条件，在 JOIN 后面指定表名，在 ON 后面写一个连接条件。
- 如果引用的字段被多张表所共有，则引用该字段时必须指定其属于哪张表，引用的语法格式为"表名.字段名"。
- 为了简化连接条件，可以给表起别名。使用别名后，在该查询语句中要统一使用别名代替表名。
- 如果进行连接的两张表没有共同字段，则需要找和这两张表均有共同字段的第三张表，从而间接地完成连接操作。

【任务实施】

1．把 stuinfo 表和 stumarks 表进行交叉连接

把 stuinfo 表和 stumarks 表进行交叉连接。

采用语法格式 1，代码如下：

```
SELECT *
FROM stuinfo,stumarks;
```

采用语法格式 2，代码如下：

```
SELECT *
FROM stuinfo CROSS JOIN stumarks;
```

说明：对这两张表进行交叉连接毫无意义，交叉连接在实际应用中也不常见，这里主要为了让读者更好地理解交叉连接的结果集。

执行上述代码，查询结果共有 128 条记录，因篇幅限制，下面只给出前面的 8 条和后面的 8 条记录，分别如图 8.1 和图 8.2 所示。从图中可以看出，前面的 8 条记录是 stuinfo 表的每条记录分别和 stumarks 表的第一条记录连接的结果，后面的 8 条记录表是 stuinfo 表的每条记录分别和 stumarks 表的最后一条记录连接的结果。

```
命令提示符 - mysql -u root -p
mysql> SELECT *
    -> FROM stuinfo CROSS JOIN stumarks;
+-------+--------+--------+-------------+------------------+-------+------+----------+
| stuno | stuname | stusex | stubirthday | stuaddress       | stuno | cno  | stuscore |
+-------+--------+--------+-------------+------------------+-------+------+----------+
| S001  | 刘卫平 | 男     | 1994-10-16  | 衡山市东风路78号 | S001  | 0001 |     80.0 |
| S002  | 张卫民 | 男     | 1995-08-11  | 地址不详         | S001  | 0001 |     80.0 |
| S003  | 马  东 | 男     | 1994-10-12  | 长岭市五一路785号 | S001  | 0001 |     80.0 |
| S004  | 钱达理 | 男     | 1995-02-01  | 滨海市洞庭大道278号 | S001  | 0001 |     80.0 |
| S005  | 东方牧 | 男     | 1994-11-07  | 东方市中山路25号 | S001  | 0001 |     80.0 |
| S006  | 郭文斌 | 男     | 1995-03-08  | 长岛市解放路25号 | S001  | 0001 |     80.0 |
| S007  | 肖海燕 | 女     | 1994-12-25  | 山南市红旗路15号 | S001  | 0001 |     80.0 |
| S008  | 张明华 | 女     | 1995-05-27  | 滨江市韶山路35号 | S001  | 0001 |     80.0 |
```

图 8.1 stuinfo 表和 stumarks 表交叉连接的结果（前面的 8 条记录）

```
命令提示符 - mysql -u root -p
| S001  | 刘卫平 | 男     | 1994-10-16  | 衡山市东风路78号 | S004  | 0006 |     80.0 |
| S002  | 张卫民 | 男     | 1995-08-11  | 地址不详         | S004  | 0006 |     80.0 |
| S003  | 马  东 | 男     | 1994-10-12  | 长岭市五一路785号 | S004  | 0006 |     80.0 |
| S004  | 钱达理 | 男     | 1995-02-01  | 滨海市洞庭大道278号 | S004  | 0006 |     80.0 |
| S005  | 东方牧 | 男     | 1994-11-07  | 东方市中山路25号 | S004  | 0006 |     80.0 |
| S006  | 郭文斌 | 男     | 1995-03-08  | 长岛市解放路25号 | S004  | 0006 |     80.0 |
| S007  | 肖海燕 | 女     | 1994-12-25  | 山南市红旗路15号 | S004  | 0006 |     80.0 |
| S008  | 张明华 | 女     | 1995-05-27  | 滨江市韶山路35号 | S004  | 0006 |     80.0 |
+-------+--------+--------+-------------+------------------+-------+------+----------+
128 rows in set (0.00 sec)

mysql>
```

图 8.2 stuinfo 表和 stumarks 表交叉连接的结果（后面的 8 条记录）

2. 查询所有学生的学号、姓名、课程号及成绩

查询所有学生的学号、姓名、课程号及成绩。

分析：要查询的数据分别在 stuinfo 表和 stumarks 表中，先把两张表进行内连接，转变为一张表，把学生的基本信息与其选课记录连接起来，连接条件是学号相同。因为学号在两张表中都存在，故引用该字段时必须指定其属于哪张表，否则进行查询时会报错。

采用语法格式 1，代码如下：

```
SELECT stuinfo.stuno,stuname,cno,stuscore
FROM stuinfo ,stumarks
WHERE stuinfo.stuno=stumarks.stuno;
```

采用语法格式 2，代码如下：

```
SELECT stuinfo.stuno,stuname,cno,stuscore
FROM stuinfo JOIN stumarks ON stuinfo.stuno=stumarks.stuno;
```

执行上述代码，查询结果如图 8.3 所示。

3. 查询所有学生的学号、姓名、课程名及成绩

查询所有学生的学号、姓名、课程名及成绩。

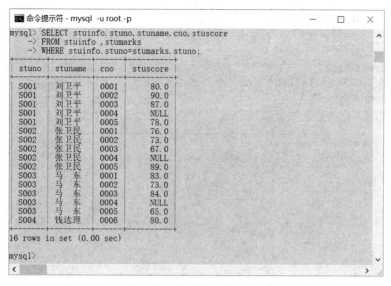

图 8.3　查询所有学生的学号、姓名、课程号及成绩

分析：要查询的数据分别在 stuinfo 表、stumarks 表和 stucourse 表中，应把三张表连接成一张表。

采用语法格式 1，代码如下：

```
SELECT stuinfo.stuno,stuname,cname,stuscore
FROM stuinfo,stumarks,stucourse
WHERE stuinfo.stuno=stumarks.stuno AND
    stumarks.cno=stucourse.cno;
```

注意：三张表连接时，有两个连接条件，要用 AND 运算符连接起来。

采用语法格式 2，代码如下：

```
SELECT stuinfo.stuno,stuname,cname,stuscore
FROM stuinfo JOIN stumarks ON stuinfo.stuno=stumarks.stuno
JOIN stucourse ON stumarks.cno=stucourse.cno;
```

分析：参与连接的表越多，连接条件越多，代码可能比较长，建议读者使用表的别名简化代码。上述代码经简化后，内容如下。

采用语法格式 1，代码如下：

```
SELECT i.stuno,stuname,cname,stuscore
FROM stuinfo i,stumarks m,stucourse c
WHERE i.stuno=m.stuno AND m.cno=c.cno;
```

采用语法格式 2，代码如下：

```
SELECT i.stuno,stuname,cname,stuscore
FROM stuinfo i JOIN stumarks m ON i.stuno=m.stuno JOIN stucourse c ON m.cno=c.cno;
```

采用语法格式 1 和语法格式 2，得到的查询结果是一样的，如图 8.4 所示。

4. 查询选修了"李斯文"老师讲授的课程的学生的学号及姓名

查询选修了"李斯文"老师讲授的课程的学生的学号及姓名。

分析：老师姓名在 stucourse 表中，学生的学号和姓名在 stuinfo 表中，这两张表没有共同字段，无法直接内连接，需要找和这两张表均有共同字段的第三张表 stumarks，从而间接地完成连接操作。

采用语法格式 1，代码如下：

```
SELECT i.stuno,stuname
```

```
FROM stuinfo i,stumarks m,stucourse c
WHERE (i.stuno=m.stuno AND m.cno=c.cno) AND (cteacher='李斯文');
```

采用语法格式2，代码如下：

```
SELECT i.stuno,stuname
FROM stuinfo i JOIN stumarks m ON i.stuno=m.stuno JOIN stucourse c ON m.cno=c.cno
WHERE cteacher='李斯文';
```

执行上述代码，查询结果如图8.5所示。

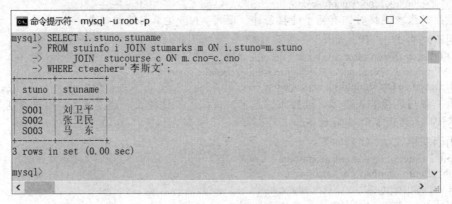

图8.4　查询所有学生的学号、姓名、课程名及成绩（使用表的别名）

图8.5　查询选修了"李斯文"老师讲授的课程的学生的学号及姓名

任务 8.2　外连接与自连接

微课视频

【任务描述】

　　有时候，涉及多表数据的查询操作不能用内连接完成，还有一些查询虽然涉及的数据在一张表中，但是无法用简单查询完成。这时就需要使用外连接。

　　外连接用于解决一些不能用内连接完成的多表查询。例如，查询没有选修课程的学生，学生的基本信息在学生基本信息表（stuinfo）中，学生的选课信息在学生选课成绩表（stumarks）中，如果对这两张表进行内连接，就把没有选修课程的学生的基本信息剔除了。

有些查询虽然看似单表查询，查询数据和筛选条件都在同一张表中，但是无法通过简单查询完成。例如，列出入职日期早于其上级领导入职日期的所有员工。处理该问题时，可以使用自连接。

在本任务中，请读者使用外连接或自连接对"学生成绩管理"数据库（studb）进行多表查询或复杂的单表查询。

具体任务如下。

（1）查询没有选修课程的学生的基本信息。

（2）查询同一门课程成绩相同的选课记录。

【相关知识】

1. 外连接

外连接分为左外连接、右外连接和全外连接，MySQL 目前支持左外连接和右外连接。我们先介绍左表和右表的概念：对两张表进行连接，关键字 JOIN 左边的表叫左表，JOIN 右边的表叫右表。

（1）左外连接。

左外连接的结果集包括两张表内连接的结果集和在左表中没有参加内连接的记录，如果左表中的某个记录在右表中没有匹配的记录，则右表中对应的列值在结果集中为空值。

与内连接相似，两张表进行外连接时，通常对两张表的相应字段进行比较。

语法格式如下：

```
SELECT …
FROM  表 1 LEFT [OUTER] JOIN 表 2 ON 表 1.列名=表 2.列名;
```

（2）右外连接。

右外连接的结果集包括两张表内连接的结果集和在右表中没有参加内连接的记录，如果右表中的某个记录在左表中没有匹配的记录，则左表中对应的列值在结果集中为空值。

语法格式如下：

```
SELECT …
FROM  表 1 RIGHT [OUTER]  JOIN  表 2 ON  表 1.列名=表 2.列名;
```

读者很容易发现，左外连接完全可以和右外连接相互替代，只要把表 1 和表 2 交换位置，并把 LEFT 替换为 RIGHT（或者把 RIGHT 替换为 LEFT）即可。

2. 自连接

自连接是一种特殊的内连接，即连接的两张表是完全相同的。我们也可以将自连接理解为一张表的两个副本的连接，为了区分这两个副本，需要给它们分别起别名。

内连接有两种语法格式，同样，自连接也有两种语法格式。

（1）语法格式 1：

```
SELECT …
FROM  表名  别名 1, 表名  别名 2
WHERE  别名 1.列名 =别名 2.列名;
```

（2）语法格式 2：

```
SELECT …
FROM  表名  别名 1 JOIN  表名  别名 2 ON  别名 1.列名=别名 2.列名;
```

【任务实施】

1. 查询没有选修课程的学生的基本信息

查询没有选修课程的学生的基本信息。

分析：此任务用内连接显然无解，其原因是内连接后没有选修课程的学生的基本信息就被剔除了，可以使用外连接把没有选课的学生基本信息保留下来。

（1）先查看 stuinfo 表与 stumarks 表进行左外连接的结果集。代码如下：

```
SELECT *
FROM stuinfo LEFT JOIN stumarks ON stuinfo.stuno=stumarks.stuno;
```

执行上述代码，结果如图 8.6 所示。

（2）在结果集中，没有选修课程的学生所在的行对应 stumarks 表中的相关字段的值全为 NULL。该特征可以用于判断哪些学生没有选修课程，根据实体完整性规则，stumarks 表中的参与内连接的那些行，其主属性（构成主键的字段）不可能为 NULL，此处涉及两个主属性（stuno 和 cno），通过判断它们其中的任意一个是否为空值就可以筛选出没有选修课程的学生。

代码如下：

```
SELECT stuinfo.*
FROM stuinfo LEFT JOIN stumarks ON stuinfo.stuno=stumarks.stuno
WHERE stumarks.stuno IS NULL;
```

执行上述代码，结果如图 8.7 所示。

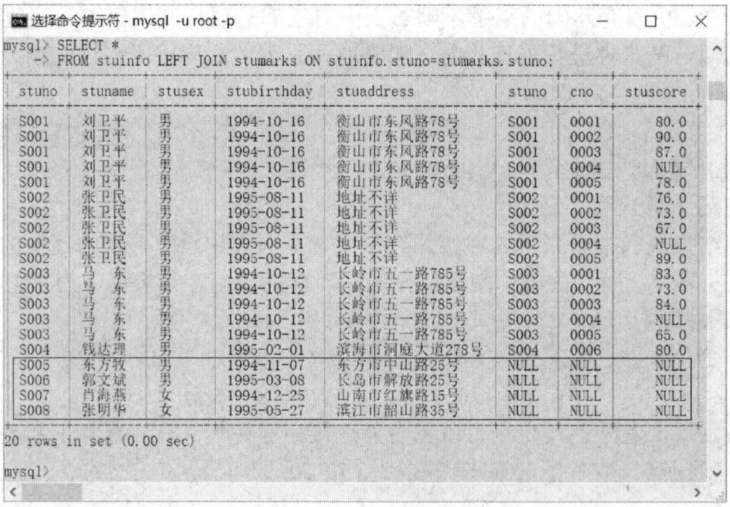

```
选择命令提示符 - mysql -u root -p
mysql> SELECT *
    -> FROM stuinfo LEFT JOIN stumarks ON stuinfo.stuno=stumarks.stuno;
+-------+---------+--------+-------------+------------------+-------+------+----------+
| stuno | stuname | stusex | stubirthday | stuaddress       | stuno | cno  | stuscore |
+-------+---------+--------+-------------+------------------+-------+------+----------+
| S001  | 刘卫平  | 男     | 1994-10-16  | 衡山市东风路78号 | S001  | 0001 |     80.0 |
| S001  | 刘卫平  | 男     | 1994-10-16  | 衡山市东风路78号 | S001  | 0002 |     90.0 |
| S001  | 刘卫平  | 男     | 1994-10-16  | 衡山市东风路78号 | S001  | 0003 |     87.0 |
| S001  | 刘卫平  | 男     | 1994-10-16  | 衡山市东风路78号 | S001  | 0004 |     NULL |
| S001  | 刘卫平  | 男     | 1994-10-16  | 衡山市东风路78号 | S001  | 0005 |     78.0 |
| S002  | 张卫民  | 男     | 1995-08-11  | 地址不详         | S002  | 0001 |     76.0 |
| S002  | 张卫民  | 男     | 1995-08-11  | 地址不详         | S002  | 0002 |     73.0 |
| S002  | 张卫民  | 男     | 1995-08-11  | 地址不详         | S002  | 0003 |     67.0 |
| S002  | 张卫民  | 男     | 1995-08-11  | 地址不详         | S002  | 0004 |     NULL |
| S002  | 张卫民  | 男     | 1995-08-11  | 地址不详         | S002  | 0005 |     89.0 |
| S003  | 马  东  | 男     | 1994-10-12  | 长岭市五一路785号 | S003 | 0001 |     83.0 |
| S003  | 马  东  | 男     | 1994-10-12  | 长岭市五一路785号 | S003 | 0002 |     73.0 |
| S003  | 马  东  | 男     | 1994-10-12  | 长岭市五一路785号 | S003 | 0003 |     84.0 |
| S003  | 马  东  | 男     | 1994-10-12  | 长岭市五一路785号 | S003 | 0004 |     NULL |
| S003  | 马  东  | 男     | 1994-10-12  | 长岭市五一路785号 | S003 | 0005 |     65.0 |
| S004  | 钱达理  | 男     | 1995-02-01  | 滨海市洞庭大道278号 | S004 | 0006 |   80.0 |
| S005  | 东方牧  | 男     | 1994-11-07  | 东方市中山路25号 | NULL  | NULL |     NULL |
| S006  | 郭文斌  | 男     | 1995-03-08  | 长岛市解放路25号 | NULL  | NULL |     NULL |
| S007  | 肖海燕  | 女     | 1994-12-25  | 山南市红旗路15号 | NULL  | NULL |     NULL |
| S008  | 张明华  | 女     | 1995-05-27  | 滨江市韶山路35号 | NULL  | NULL |     NULL |
+-------+---------+--------+-------------+------------------+-------+------+----------+
20 rows in set (0.00 sec)

mysql>
```

图 8.6 stuinfo 表与 stumarks 表进行左外连接的结果集

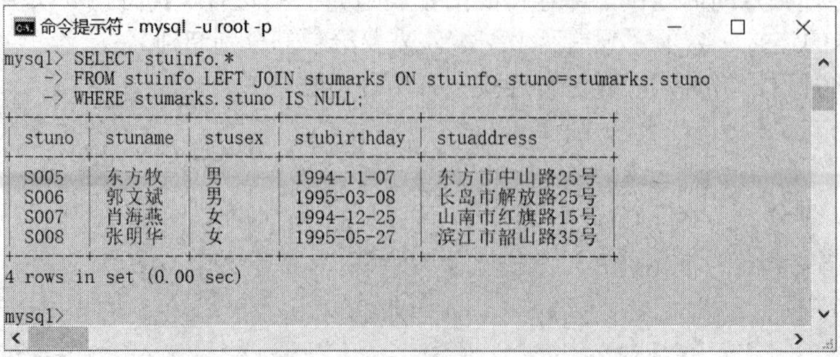

```
命令提示符 - mysql -u root -p
mysql> SELECT stuinfo.*
    -> FROM stuinfo LEFT JOIN stumarks ON stuinfo.stuno=stumarks.stuno
    -> WHERE stumarks.stuno IS NULL;
+-------+---------+--------+-------------+------------------+
| stuno | stuname | stusex | stubirthday | stuaddress       |
+-------+---------+--------+-------------+------------------+
| S005  | 东方牧  | 男     | 1994-11-07  | 东方市中山路25号 |
| S006  | 郭文斌  | 男     | 1995-03-08  | 长岛市解放路25号 |
| S007  | 肖海燕  | 女     | 1994-12-25  | 山南市红旗路15号 |
| S008  | 张明华  | 女     | 1995-05-27  | 滨江市韶山路35号 |
+-------+---------+--------+-------------+------------------+
4 rows in set (0.00 sec)

mysql>
```

图 8.7 查询没有选修课程的学生的基本信息

2．查询同一门课程成绩相同的选课记录

查询同一门课程成绩相同的选课记录。

分析：此任务虽然看似单表查询问题，但是，使用简单查询是无法解决的。其原因是比较的数据不在同一行中。我们可以通过自连接把学号不同、课程号相同、成绩相同的记录连接成一条记录，这样就能得到需要的查询结果了。

代码如下：

```
SELECT a.stuno,b.stuno,a.cno,a.stuscore
FROM stumarks a,stumarks b
WHERE a.stuscore=b.stuscore AND a.stuno<>b.stuno AND a.cno=b.cno;
```

执行上述代码，结果如图 8.8 所示。

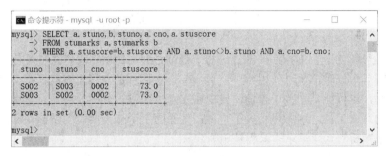

图 8.8 查询同一门课程成绩相同的选课记录

任务 8.3 子查询

微课视频

【任务描述】

在本任务中，请读者使用子查询对"学生成绩管理"数据库（studb）进行多表查询或复杂的单表查询。本任务涉及的多表查询有一项特点，即查询的数据在同一张表中，而筛选记录需要使用其他数据表中的数据。

具体任务如下。

（1）查询选修了课程的学生的基本信息。

（2）查询没有选修课程的学生的基本信息。

（3）查询选修了"高等数学"课程的学生的基本信息。

（4）查询所有课程中最高成绩对应的选课记录。

说明：第（1）项任务和第（2）项任务要求用 IN 子查询、EXISTS 子查询分别完成。

【相关知识】

子查询指将一个查询块嵌套在 SELECT、INSERT、UPDATE、DELETE 等语句内的 WHERE 子句或其他子句中进行查询。SQL 允许多层嵌套查询，即在一个子查询中还可以嵌套其他子查询。

本任务将介绍比较常见的嵌套在 SELECT 语句内的 WHERE 子句中的子查询。需要注意，子查询要用括号括起来。嵌套在更新语句中的子查询将在任务 8.4 中详细介绍。

根据子查询的执行是否依赖外部查询，可将子查询分为两类，即相关子查询与不相关子查询。不相关子查询指不依赖外部查询的子查询，相关子查询指依赖外部查询的子查询。

不相关子查询先于外部查询执行，子查询得到的结果集不会显示，而是传给外部查询使用，不相关子查询总共执行一次。

相关子查询的执行依赖外部查询，即需要外部查询为其传递值，与外部查询正在判断的记录有关，外部查询执行一行，相关子查询就执行一次。

子查询返回的值要被外部查询的[NOT]IN、[NOT]EXISTS、比较运算符、ANY（SOME）、ALL 等操作符使用，根据操作符的不同，子查询可以分为以下几种。

1．IN 子查询

在嵌套查询中，子查询的结果往往是一个集合，用关键字 IN 判断某列值是否在集合中。在 IN 前面加 NOT 表示查询不在集合中的某列值。IN 子查询通常是不相关子查询，也是一种最常用的子查询。

2．比较子查询

带有比较运算符的子查询指在外部查询与子查询之间用比较运算符进行连接。当用户确切地知道子查询返回单个值时，可以使用>、<、=、>=、<=、!=或<>等比较运算符。比较子查询可能是不相关子查询，也可能是相关子查询，要根据实际情况进行分析。例如，查询成绩比该门课程的平均成绩高的选课记录，这属于相关子查询，其原因是子查询要查的是该课程的平均成绩，它与外部查询正在判断的选课记录的课程号相关。

3．EXISTS 子查询

使用 EXISTS 判断子查询是否返回任何记录，当子查询的结果不为空集（即存在匹配的行）时，返回逻辑真值。在 EXISTS 前面可以加 NOT 用来判断是否不存在匹配的行。EXISTS 子查询是相关子查询。

除上面讲的子查询外，还有 ANY（SOME）子查询、ALL 子查询，由于它们可以转化成 IN 子查询或比较子查询，此处不再赘述。

【任务实施】

1．查询选修了课程的学生的基本信息

查询选修了课程的学生的基本信息。

（1）使用 IN 子查询。

分析：先通过 stumarks 表查询所有选修了课程的学生的学号，再通过 stuinfo 表把这些学号对应的学生的基本信息找出来。

第一步，查询所有选修了课程的学生的学号，代码如下：

```
SELECT DISTINCT stuno
FROM stumarks
```

第二步，根据第一步得到的学号集合查询这些学生的基本信息，代码如下：

```
SELECT *
FROM stuinfo
WHERE stuno IN(SELECT DISTINCT stuno
              FROM stumarks);
```

（2）使用 EXISTS 子查询。

分析：根据该学生的学号，在 stumarks 表中查询该学生的所有选课记录，如果有返回记录，则查询该学生的基本信息。代码如下：

```
SELECT *
FROM stuinfo
```

```
WHERE EXISTS(SELECT *
                    FROM stumarks
                    WHERE stuno=stuinfo.stuno);
```

上述子查询的查询条件依赖外部查询传递的值 stuinfo.stuno（该学生的学号）。

使用 IN 子查询和使用 EXISTS 子查询得到的最终结果是一样的，如图 8.9 所示。

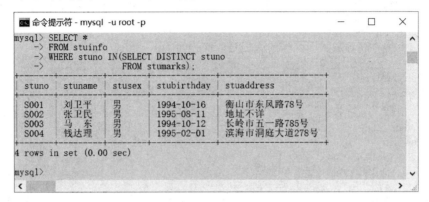

图 8.9 选修了课程的学生的基本信息

2．查询没有选修课程的学生的基本信息

查询没有选修课程的学生的基本信息。

分析：此任务与任务实施一的解题思路完全类似，只要在关键字前面加 NOT 即可。

（1）使用 IN 子查询，代码如下：

```
SELECT *
FROM stuinfo
WHERE stuno NOT IN(SELECT DISTINCT stuno
                    FROM stumarks);
```

（2）使用 EXISTS 子查询，代码如下：

```
SELECT *
FROM stuinfo
WHERE NOT EXISTS(SELECT *
                    FROM stumarks
                    WHERE stuno=stuinfo.stuno);
```

使用 IN 子查询和使用 EXISTS 子查询得到的最终结果是一样的，如图 8.10 所示。

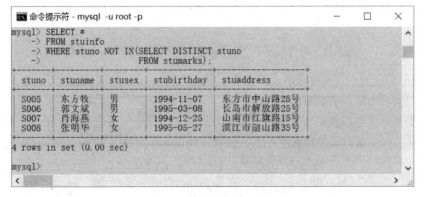

图 8.10 查询没有选修课程的学生的基本信息

3. 查询选修了"高等数学"课程的学生的基本信息

查询选修了"高等数学"课程的学生的基本信息。

分析：学生的选课情况在学生选课成绩表（stumarks）中，然而，stumarks 表没有课程名只有课程号，因此要先从课程基本信息表（stucourse）中找出"高等数学"的课程号，再根据"高等数学"的课程号查询选修了该课程的学生的学号，最后根据学号从 stuinfo 表中查询学生的基本信息。

第一步，查询"高等数学"课程的课程号，代码如下：

```
SELECT cno
FROM stucourse
WHERE cname='高等数学';
```

第二步，根据"高等数学"课程的课程号查询选修了该课程的学生的学号，代码如下：

```
SELECT stuno
FROM stumarks
WHERE cno=(SELECT cno
           FROM stucourse
           WHERE cname='高等数学');
```

第三步，根据学号查询学生的基本信息，代码如下：

```
SELECT *
FROM stuinfo
WHERE stuno IN(SELECT stuno
               FROM stumarks
               WHERE cno =(SELECT   cno
                           FROM stucourse
                           WHERE cname='高等数学'));
```

最终的查询结果如图 8.11 所示。

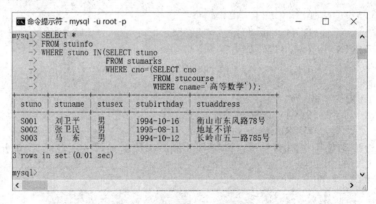

图 8.11　查询选修了"高等数学"课程的学生的基本信息

4. 查询所有课程中最高成绩对应的选课记录

查询所有课程中最高成绩对应的选课记录。

分析：虽然本任务涉及单表查询，但是因为最高成绩并不能事先得知，所以这里无法使用简单查询。可以使用子查询先得到最高成绩，再查询符合条件的选课记录。

第一步，查询学生选课表中的最高成绩，代码如下：

```
SELECT MAX(stuscore)
FROM stumarks;
```

第二步，查询成绩等于最高成绩的选课记录，代码如下：

```
SELECT *
```

```
FROM stumarks
WHERE stuscore=(SELECT max(stuscore)
                    FROM stumarks);
```

最终的查询结果如图 8.12 所示。

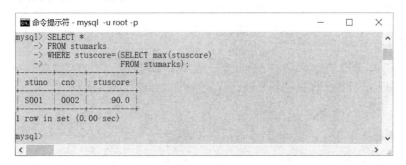

图 8.12 查询所有课程中最高成绩对应的选课记录

任务 8.4 子查询在更新语句中的应用

微课视频

【任务描述】

在本任务中，请读者使用子查询对"学生成绩管理"数据库（studb）进行数据更新，可以实现比项目 6 更强大的数据更新功能，具体任务如下。

（1）创建一张空表 stuinfo_2（stuno,stuname,avg_stuscore），要求用 INSERT 语句把 stuinfo 表中的 stuno 字段和 stuname 字段的数据导入 stuinfo_2 表的相应字段中。

（2）修改 stuinfo_2 表中学号为"S001"的学生的平均成绩（avg_stuscore）。

（3）把"高等数学"课程的所有成绩加 5 分。

（4）删除学生"刘卫平"的所有选课记录（假设"刘卫平"没有同名）。

【相关知识】

把子查询应用在更新语句（INSERT、UPDATE、DELETE）中，可以进一步加强更新语句的功能。子查询在更新语句中的应用，主要有以下几种场景。

1. 从一张表向另一张表导入数据

利用子查询，可以把查询结果（一行或多行数据）插入表中，实现从一张表向另一张表导入数据的功能。

语法格式如下：

INSERT INTO 表名[(字段列表)] SELECT 语句;

说明：

- 字段列表中字段的个数、数据类型必须和 SELECT 语句中查询的数据项的个数及数据类型一一对应。

2. 嵌套修改

利用子查询返回的单个值，修改表中某个字段的值。

语法格式如下：

UPDATE 表名

```
SET 字段名=(返回单个值的子查询)
[WHERE 条件];
```

3．在 UPDATE 和 DELETE 语句的条件子句中使用子查询

有时候，使用 UPDATE、DELETE 语句修改、删除数据时的筛选条件比较复杂，甚至需要通过另一张表的数据来判断，如果在 UPDATE、DELETE 语句的条件子句中使用子查询，则基本可以满足这种筛选要求。

在 UPDATE 和 DELETE 语句的条件子句中使用子查询的方法与在 SELECT 语句的条件子句中使用子查询的方法一样（详见任务 8.3）。

【任务实施】

1．创建 stuinfo_2 表，并从 stuinfo 表中导入数据

创建一张空表 stuinfo_2（stuno,stuname,avg_stuscore），要求用 INSERT 语句把 stuinfo 表中的 stuno 字段和 stuname 字段的数据导入 stuinfo_2 表的相应字段中。

（1）创建空表 stuinfo_2，代码如下：

```
CREATE TABLE stuinfo_2
(stuno CHAR(4) PRIMARY KEY,
stuname CHAR(5),
avg_stuscore DECIMAL(4,1));
```

执行上述代码，创建一张空表 stuinfo_2。

（2）将 stuinfo 表中的 stuno 字段和 stuname 字段的数据导入 stuinfo_2 表的相应字段中。

分析：使用子查询得到 stuinfo 表中的 stuno 字段和 stuname 字段的数据，再将这些数据插入 stuinfo_2 表中。

代码如下：

```
INSERT INTO stuinfo_2(stuno,stuname) SELECT stuno,stuname FROM stuinfo;
```

执行上述代码，查询 stuinfo_2 表，结果如图 8.13 所示。

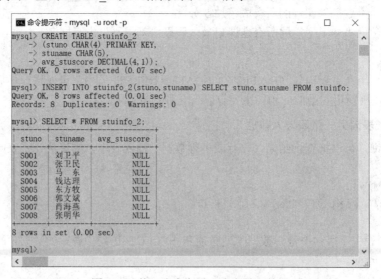

图 8.13　从一张表向另一张表导入数据

2．修改 stuinfo_2 表中学号为"S001"的学生的平均成绩

修改 stuinfo_2 表中学号为"S001"的学生的平均成绩（avg_stuscore）。

提示：可以查询 stumarks 表得到该生的平均成绩。

分析：通过查询 stumarks 表可以得到学号为"S001"的学生的平均成绩，并且返回的结果是单个数值，我们可以使用这个返回值修改 stuinfo_2 表中该学生的平均成绩。

代码如下：

```
UPDATE stuinfo_2
SET avg_stuscore=(SELECT AVG(stuscore) FROM stumarks WHERE stuno='S001')
WHERE stuno='S001';
```

执行上述代码，查询 stuinfo_2 表，结果如图 8.14 所示。

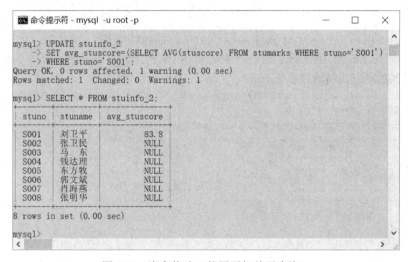

图 8.14 嵌套修改（使用不相关子查询）

思考：如果想一次修改所有学生的平均成绩，则应该怎么改进上面的代码？

分析：可以使用相关子查询，把正在更新记录的学号传给子查询的 WHERE 子句。

代码如下：

```
UPDATE stuinfo_2
SET avg_stuscore=(SELECT AVG(stuscore) FROM stumarks WHERE stuno=stuinfo_2.stuno);
```

执行上述代码，查询 stuinfo_2 表，结果如图 8.15 所示。

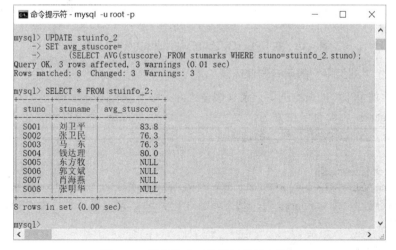

图 8.15 嵌套修改（使用相关子查询）

说明：因为 stumarks 表中没有"S005""S006""S007""S008"这 4 个学生的记录，所以他们的平均成绩依然为空值。

3．把"高等数学"课程的所有成绩加 5 分

把"高等数学"课程的所有成绩加 5 分。

分析：stumarks 表没有课程名，要先用子查询得到"高等数学"课程的课程号，再将其传给外部的修改语句作为筛选条件。

代码如下：

```
UPDATE stumarks
SET stuscore=stuscore+5
WHERE cno=(SELECT cno FROM stucourse WHERE cname='高等数学');
```

执行上述代码，查询 stumarks 表，结果如图 8.16 所示。可以看到，高等数学（课程号为"0005"）这门课的所有成绩增加了 5 分。

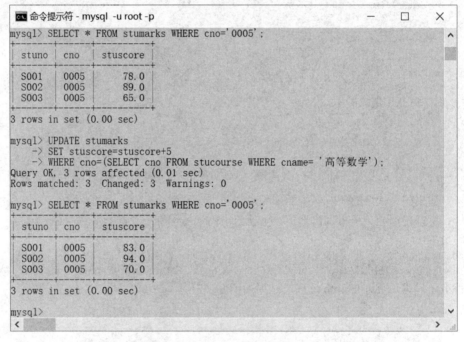

图 8.16　在 UPDATE 语句的条件子句中使用子查询

4．删除学生"刘卫平"的所有选课记录

删除学生"刘卫平"的所有选课记录（假设"刘卫平"没有同名）。

分析：stumarks 表没有学生姓名，要先用子查询从 stuinfo 表中得到学生"刘卫平"的学号，再将其传给外部的删除语句作为筛选条件。

代码如下：

```
DELETE FROM stumarks
WHERE stuno=(SELECT stuno FROM stuinfo WHERE stuname='刘卫平');
```

执行上述代码，查询 stumarks 表，结果如图 8.17 所示。刘卫平（学号为"S001"）的所有选课记录已被删除。

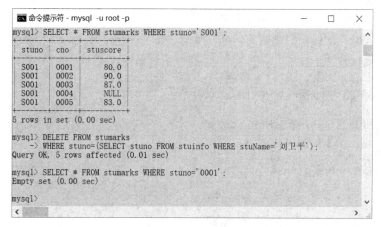

图 8.17　在 DELETE 语句的条件子句中使用子查询

任务 8.5　集合查询

微课视频

【任务描述】

在本任务中，请读者对"学生成绩管理"数据库（studb）进行集合查询，具体任务如下。

（1）查询选修了课程号为"0001"的课程或课程号为"0003"的课程的学生的学号，查询结果保留重复行。

（2）查询选修了课程号为"0001"的课程或课程号为"0003"的课程的学生的学号，查询结果去掉重复行。

说明：本任务基于完成任务 8.4 后的 studb 数据库的数据。

【相关知识】

面向集合的操作方式是 SQL 的特点之一，关系型数据库的每张表就是一个集合，一条记录可以看作集合的一个元素。SQL 提供了并、交、差运算，利用并、交、差运算可以把一些复杂的查询问题简单化。

MySQL 目前只支持并运算，并运算也就是合并查询，即将多个查询结果合并到一起。

语法格式如下：

```
查询1
UNION | UNION ALL
查询2;
```

说明：

- 查询 1 和查询 2 的结果集的字段个数和数据类型要一一对应。
- UNION ALL 是简单合并，重复行保留；UNION 也是简单合并，但会去掉重复行。
- UNION 和 JOIN 的区别：它们都是合并操作，但方向不同，前者是行，后者是列。

【任务实施】

1. 查询选修了"0001"或"0003"号课程的学生学号，结果保留重复行

查询选修了课程号为"0001"的课程或课程号为"0003"的课程的学生的学号，查询结果保留重复行。

分析：该任务完全可以用简单查询实现，不过，我们还是使用集合查询的并运算。先查询选修了课程号为"0001"的课程的学生的学号，以及选修了课程号为"0003"课程的学生的学号，再把两个结果集进行合并。

代码如下：

```
SELECT stuno FROM stumarks WHERE cno='0001'
UNION ALL
SELECT stuno FROM stumarks WHERE cno='0003';
```

执行上述代码，结果如图 8.18 所示。

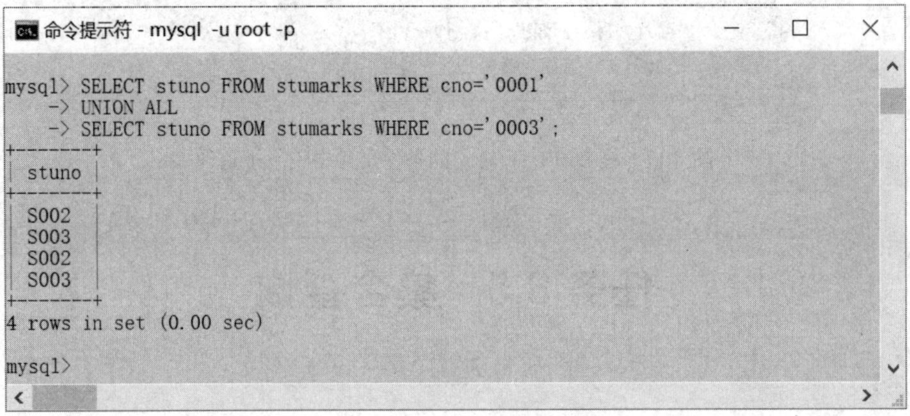

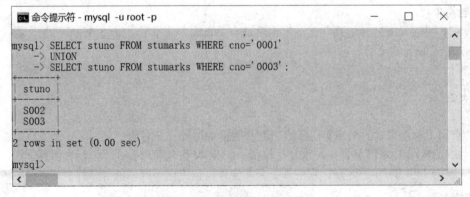

图 8.18　UNION ALL 合并结果

2. 查询选修了"0001"或"0003"号课程的学生学号，结果去掉重复行

查询选修了课程号为"0001"的课程或课程号为"0003"的课程的学生的学号，查询结果去掉重复行。

代码如下：

```
SELECT stuno FROM stumarks WHERE cno='0001'
UNION
SELECT stuno FROM stumarks WHERE cno='0003';
```

执行上述代码，如图 8.19 所示。

图 8.19　UNION 合并结果

上述两个任务完全可以用简单查询实现，即在条件子句中用 OR 运算符筛选记录，用 DISTINCT 关键字去掉查询结果中的重复行。然而，如果表中的数据量很大，则用集合查询能够提高查询效率。

【知识拓展】NoSQL 数据库

随着 Web2.0 网站的兴起，传统的关系型数据库在应对 Web2.0 网站，特别是超大规模和高并发的 SNS 类型的 Web2.0 纯动态网站时已经显得力不从心，暴露了很多难以克服的问题。而非关系型数据库则由于其本身的特点得到了快速发展。

NoSQL 数据库就是为了解决大规模数据集合、多重数据种类带来的挑战应运而生的。

1. NoSQL 的含义

NoSQL 仅仅是一个概念，泛指非关系型数据库。与关系型数据库相比，NoSQL 不保证关系型数据库的 ACID 特性。NoSQL 是一项全新的数据库革命性技术，其拥护者们提倡运用非关系型的数据存储技术。NoSQL 在解决大数据应用难题时有着良好的表现。

2. NoSQL 数据库分类

（1）键值存储数据库。

在键值存储数据库中，用 Key-Value 的方式存储数据，其中，Key 和 Value 可以是简单的数据，也可以是复杂的对象。Key 作为唯一的标识符，优点是查询速度比 SQL 快很多，但缺点也很明显，即它无法像关系型数据库一样能够自由使用条件过滤（如 WHERE 语句），如果用户不知道去哪里查找数据，就会从头遍历所有数据，这样会消耗大量的时间和资源。

Redis 是目前比较流行的键值存储数据库。

（2）列存储数据库。

相比于行存储数据库（Oracle、MySQL、SQL Server 等关系型数据库都采用行存储），列存储数据库是将数据以列为单位存储到数据库中的，其原因是每列的数据格式是相同的，在存储过程中，可以使用有效的压缩算法进行压缩存储，压缩后的数据容量变小，这样就可以明显减少系统的 I/O。列存储数据库适合分布式文件系统。

HBase 是目前比较流行的列存储数据库。

（3）文档型数据库。

文档型数据库可以用于管理文档，在这种数据库中，文档作为处理信息的基本单位，一个文档就相当于一条记录。文档型数据库可以看作键值存储数据库的升级版，但文档型数据库允许嵌套键值，在处理网页等复杂数据时，文档型数据库比传统键值数据库的查询效率更高。

MongoDB 是目前比较流行的文档型数据库。

（4）图形数据库。

图形数据库是利用图形存储实体（对象）之间的关系的。最典型的实例就是社交网络中人与人之间的关系，其数据模型主要是以节点和边（关系）实现的。图形数据库的特点是能高效地解决复杂的关系问题。

Neo4j 是目前比较流行的图形数据库。

3. NoSQL 数据库的优点

（1）数据之间无关系，易于扩展。NoSQL 数据库的种类繁多，但它们有一个共同的特点，即数据之间没有关系，这样就非常容易扩展。无形之间，它在架构的层面上带来了可扩展的能力。

（2）大数据量，高性能。NoSQL 数据库具有非常高的读写性能，尤其面对大量数据时，有着优秀的表现。这得益于 NoSQL 数据库结构非常简单，以及无关系性等特点。

（3）灵活的数据模型。NoSQL 无须事先为要存储的数据建立字段，它随时可以存储自定义的数据格式。而在关系型数据库中，增、删字段是一件非常麻烦的事情。如果面对数据量非常大的数据表，增、删字段的工作量是非常大的。

（4）高可用性。NoSQL 在不影响性能的情况下，可以方便地实现可用性极高的架构。

NoSQL 能完全取代 SQL 吗？NoSQL 相比于关系型数据库也有劣势，主要表现为：没有标准化；目前的查询功能比较有限；不遵守关系型数据库的 ACID 特性。因此，NoSQL 并不能完全取代关系型数据库，例如，银行更愿意使用关系型数据库（对 ACID 特性有严格的要求）。于是，很多人愿意把 NoSQL 理解为 "Not Only SQL"，即 NoSQL 是 SQL 的补充。

【同步实训】"员工管理"数据库的高级数据查询

1. 实训目的

（1）能用连接查询解决多表查询或复杂的单表查询。

（2）能灵活应用子查询解决某些多表查询或复杂的单表查询。

（3）能用集合查询解决一些查询问题。

2. 实训内容

基于"员工管理"数据库（empdb）的两张数据表（dept、emp），上机完成高级数据查询。

（1）使用内连接。

① 查询至少有一个员工的部门的信息。

② 查询所有员工的姓名、工资和所在部门的名称。

③ 查询所有部门的详细信息和部门人数。

④ 查询所有"CLERK"（办事员）的姓名和所在部门的名称。

⑤ 查询在部门"SALES"（销售部）工作的员工的姓名。

⑥ 查询所有在"CHICAGO"工作的"MANAGER"（经理）和"SALESMAN"（销售员）的工号、姓名及工资。

（2）使用外连接或自连接。

① 查询没有员工的部门的信息（使用外连接）。

② 查询入职日期早于其上级领导入职日期的员工的信息（使用自连接）。

③ 查询所有员工的姓名及其上级领导的姓名（使用自连接）。

（3）使用子查询。

① 查询至少有一个员工的部门的信息。

② 查询工资比"SMITH"多的员工的信息（假设"SMITH"没有同名）。

③ 查询在部门"SALES"（销售部）工作的员工的姓名。

④ 查询与"SCOTT"从事相同工作的员工的信息（假设"SCOTT"没有同名）。

⑤ 查询入职日期早于其上级领导入职日期的员工的信息。

⑥ 查询工资高于公司平均工资的员工的信息。

⑦ 查询工资高于员工所在部门平均工资的员工的信息（相关子查询）。

（4）使用集合查询。

① 查询部门"10"和部门"30"的所有职位，并去掉结果中的重复行。

② 查询"PRESIDENT"和"MANAGER"所在部门的编号，保留结果中的重复行。

习 题 八

一、单选题

1. 给定如下 SQL 语句：

   SELECT emp.name, dept.dname
   FROM dept,emp
   WHERE dept.did=emp.did;

   下列选项中，与其功能相同的是（　　）。

   A.

   SELECT emp.name, dept.dname

   FROM dept JOIN emp ON dept.did=emp.did;

   B.

   SELECT emp.name, dept.dname

   FROM dept CROSS JOIN emp ON dept.did=emp.did;

   C.

   SELECT emp.name, dept.dname

   FROM dept LEFT JOIN emp ON dept.did=emp.did;

   D.

   SELECT emp.name, dept.dname

   FROM dept RIGHT JOIN emp ON dept.did=emp.did;

2. 下列关于交叉连接的本质的描述中，正确的是（　　）。

   A. 两张表进行内连接　　　　　　　　B. 两张表进行左外连接

   C. 两张表进行右外连接　　　　　　　D. 两张表的所有行进行任意组合

3. 只有满足连接条件的记录才包含在查询结果中，这种连接是（　　）。

   A. 左连接　　　　B. 右连接　　　　C. 内连接　　　　D. 交叉连接

4. A 表有 4 条记录，B 表 5 条记录，两张表进行交叉连接后的记录数量是（　　）。

   A. 1 条　　　　B. 9 条　　　　C. 20 条　　　　D. 2 条

5. 下列选项中，用于实现交叉连接的关键字是（　　）。

   A. INNER JOIN　　B. CROSS JOIN　　C. LEFT JOIN　　D. RIGHT JOIN

6. 阅读下面的 SQL 语句：

   SELECT * FROM dept WHERE deptno=

   (SELECT deptno FROM emp WHERE name='赵四');

   下列关于该语句功能的描述中，正确的是（　　）。

   A. 查询员工"赵四"所在的部门

   B. 查询所有部门

   C. 查询不包含员工"赵四"的所有部门

   D. 以上说法都不对

7. 阅读下面的 SQL 语句：

   SELECT * FROM dept WHERE deptno>(SELECT min(deptno) FROM emp);

   下列关于该语句功能的描述中，正确的是（　　）。

    A. 查询所有大于员工编号的部门

    B. 查询所有部门

    C. 查询部门编号大于任意一个员工的部门编号的所有部门

    D. 以上说法都不对

8. 阅读下面的 SQL 语句：

SELECT * FROM dept WHERE deptno>(SELECT max(deptno) FROM emp);

下列关于该语句功能的描述中，正确的是（ ）。

    A. 查询所有大于员工编号的部门

    B. 查询所有部门

    C. 查询部门编号大于所有员工的部门编号的所有部门

    D. 以上说法都不对

9. 阅读下面的 SQL 语句：

SELECT * FROM dept
WHERE deptno NOT IN(SELECT deptno FROM emp WHERE age=20);

下列关于该语句功能的描述中，正确的是（ ）。

    A. 查询存在年龄为 20 岁的员工的部门

    B. 查询不存在年龄为 20 岁的员工的部门

    C. 查询不存在年龄为 20 岁的员工的信息

    D. 查询存在年龄为 20 岁的员工的信息

10. 阅读下面 SQL 语句：

SELECT *
FROM dept
WHERE EXISTS(SELECT * FROM emp WHERE age>21 and deptno=dept.deptno);

下列关于该语句功能的描述中，正确的是（ ）。

    A. 查询年龄大于 21 岁的员工的信息

    B. 查询存在年龄大于 21 岁的员工所对应的部门信息

    C. 查询存在年龄大于 21 岁的员工所对应的员工信息

    D. 查询存在年龄大于 21 岁的员工的信息

注：第 11 题到第 15 题基于学生表 s、课程表 c 和学生选课表 sc，它们的结构如下：

s(s#, sn, sex, age, dept)
c(c#, cn)
sc(s#, c#, grade)

其中，s#为学号，sn 为姓名，sex 为性别，age 为年龄，dept 为系别，c#为课程号，cn 为课程名，grade 为成绩。

11. 若查询所有比"王华"年龄大的学生的姓名、年龄和性别，则可以使用的语句是（ ）。

    A.

SELECT sn, age, sex

FROM s

WHERE age>(SELECT age FROM s WHERE sn='王华');

    B.

SELECT sn, age, sex

FROM s

WHERE sn='王华';

C.

SELECT sn, age, sex

FROM s

WHERE age>(SELECT age WHERE sn='王华');

D.

SELECT sn, age, sex

FROM s

WHERE age>王华.age;

12. 若查询选修"C2"课程的学生中成绩最高的学生的学号，则可以使用的语句是（ ）。

A.

SELECT s#

FROM sc

WHERE c#='C2' AND grade>=(SELECT grade FROM sc WHERE c#='C2');

B.

SELECT s#

FROM sc

WHERE c#='C2' AND grade IN(SELECT grade FROM sc WHERE c#='C2');

C.

SELECT s#

FROM sc

WHERE c#='C2' AND grade NOT IN(SELECT grade FORM sc WHERE c#='C2');

D.

SELECT s# FROM sc

WHERE c#='C2' AND grade>=(SELECT max(grade) FROM sc WHERE c#='C2');

13. 若查询学生姓名及其选修课程的课程号和成绩，则可以使用的语句是（ ）。

A.

SELECT s.sn, sc.c#, sc.grade

FROM s

WHERE s.s#=sc.s#;

B.

SELECT s.sn, sc.c#, sc.grade

FROM sc

WHERE s.s#=sc.grade;

C.

SELECT s.sn, sc.c#, sc.grade

FROM s, sc

WHERE s.s#=sc.s#

D.

SELECT s.sn, sc.c#, sc.grade

FROM s, sc

14. 有如下 SQL 语句：

Ⅰ. SELECT sn FROM s WHERE s# NOT IN(SELECT s# FROM sc);

Ⅱ. SELECT sn FROM s ,sc WHERE sc.s# IS NULL;

Ⅲ. SELECT sn FROM s LEFT JOIN sc ON s.s#=sc.s# WHERE sc.s# IS NULL;

若查询没有选修课程的学生的姓名，以上正确的语句有哪些？（ ）

A．Ⅰ和Ⅱ   B．Ⅰ和Ⅲ   C．Ⅱ和Ⅲ   D．Ⅰ、Ⅱ和Ⅲ

15. 有如下 SQL 语句：

    Ⅰ. SELECT sn FROM s,sc WHERE grade<60;

    Ⅱ. SELECT sn FROM s WHERE s# IN(SELECT s# FROM sc WHERE grade<60);

    Ⅲ. SELECT sn FROM s JOIN sc ON s.s#=sc.s# WHERE grade<60;

    若查询成绩不及格的学生的姓名，以上正确的语句有哪些？（　　）

    A. Ⅰ和Ⅱ　　　　　B. Ⅰ和Ⅲ　　　　　C. Ⅱ和Ⅲ　　　　　D. Ⅰ、Ⅱ和Ⅲ

二、多选题

1. 下列选项中，属于外连接的关键字是（　　）。

    A. LEFT JOIN　　　　　　　　　　B. RIGHT JOIN

    C. CROSS JOIN　　　　　　　　　　D. JOIN

2. 左外连接的结果包含（　　）。

    A. 左表的所有记录　　　　　　　　　B. 所有满足连接条件的记录

    C. 右表的所有记录　　　　　　　　　D. 左表与右表进行交叉连接的记录

3. 下列关于内连接的描述中，正确的是（　　）。

    A. 内连接使用 INNER JOIN 关键字进行连接

    B. 内连接使用 CROSS JOIN 关键字进行连接

    C. 内连接又被称为自然连接

    D. 使用内连接时，只有满足条件的记录才能出现在查询结果中

4. 下列关于内连接的基本语法的描述中，正确的是（　　）

    A. INNER JOIN 用于连接两张表

    B. ON 用于指定连接条件

    C. ON 与 WHERE 都可以带筛选条件，使用时没有区别

    D. INNER JOIN 也可以简写为 JOIN

5. 给定如下 SQL 语句：

```
SELECT p1.*
FROM emp p1 JOIN emp p2 ON p1.did=p2.did
WHERE p2.name='王红';
```

    说明：emp 是员工表，name 表示姓名，did 表示部门编号

    下列关于该 SQL 语句的描述中，正确的是（　　）

    A. 采用了自连接查询

    B. 采用了普通交叉连接查询

    C. 存在语法错误，其原因是 JOIN 两边都是对同一张表进行操作

    D. 用于查询与王红在同一个部门的员工

6. 下列选项中，用于实现内连接的关键字是（　　）

    A. INNER JOIN　　　B. CROSS JOIN　　　C. JOIN　　　D. LEFT JOIN

7. 下列关于内连接的描述中，正确的是（　　）

    A. 自连接是一种内连接

    B. 连接条件可以写在 WHERE 子句中

    C. 在内连接的语法格式中，INNER JOIN 不能简写为 JOIN

    D. 内连接可以得到被连接的两张表的所有行的笛卡儿积

8．下列关于交叉连接的描述中，正确的是（　　）

A．交叉连接在实际开发中很少使用

B．交叉连接在实际开发中经常使用

C．交叉连接的实质就是对两张表求笛卡儿积

D．交叉连接使用 INNER JOIN 关键字

三、SQL 语句题

1．写出以下基于 stuinfo 表、stucourse 表和 stumarks 表的查询语句。

要求：第（1）题用连接查询完成，第（8）～（10）题用子查询完成，第（2）～（7）题请用连接查询、子查询两种方法完成。

（1）查询男生的平均成绩和女生的平均成绩。

（2）查询选修了"高等数学"课程且成绩在 80～90 分之间的学生的学号及成绩。

（3）查询选修了"数据结构"课程的学生的学号、姓名和性别。

（4）查询至少选修一门课程的女学生的学号及姓名。

（5）查询没有选修课程号为"0003"的课程的学生的学号及姓名。

（6）查询没有学生选修的课程的课程号及课程名称。

（7）查询课程号为"0001"的课程，且成绩为不及格的学生的基本信息。

（8）查询年龄小于所有女生的男生的学号、姓名及出生日期。

（9）查询成绩比每门课程的平均成绩高的选课记录。

（10）查询成绩比该课程平均成绩高的选课记录（注：使用相关子查询）。

2．以下面的数据库为例，用 SQL 完成以下更新操作。关系模式如下。

仓库（仓库号，城市，面积）←→warehouse(wno, city, size)。

职工（职工号，工资，仓库号）←→employee(eno, salary, wno)。

订购单（订购单号，职工号，供应商号，订购日期）←→ order(ono, eno, sno, odate)。

供应商（供应商号，供应商名，地址）←→supplier(sno, sname, address)。

（1）删除目前没有任何订购单的供应商。

（2）删除由在上海仓库工作的职工发出的所有订购单。

（3）给低于职工平均工资的职工提高 5% 的工资。

3．有两张数据表，表结构如下。

员工（员工编号，员工姓名，员工工资）←→user(id, name, sal)。

工资标准（最低工资，最高工资，工资等级）←→ level(minsal, maxsal, grade)。

写出查询 6 号员工的工资等级的 SQL 语句。

项目 9

查询优化

项目描述

通过前面的学习，我们不难发现，查询数据有时要用连接查询、子查询等操作来实现。然而，如果查询逻辑复杂、语句较长、数据量大，那么查询速度也是一个要面对的问题。另外，假如把数据表的所有字段开放给用户，那么也会带来安全问题。

为了对"学生成绩管理"数据库（studb）的查询进行优化，在本项目中，请读者通过创建与使用视图，实现查询优化并提高数据的安全性；通过创建与使用索引，加快查询的速度。

学习目标

（1）理解视图、索引的概念。
（2）识记视图、索引相关语句的语法。
（3）能创建、使用及管理视图。
（4）能创建和管理索引，并能查看索引的使用情况。

任务 9.1 创建与使用视图

微课视频

【任务描述】

为"学生成绩管理"数据库（studb）创建视图，并对视图进行管理，使用视图查询或更新基本表的数据。具体任务如下。

（1）创建视图 v1，用于查看 stuinfo 表中所有女生的基本信息，并且强制以后通过该视图插入的记录必须是女生的记录。

（2）创建视图 v2，用于查看所有学生的学号及平均成绩。创建 v2 后，查看其结构及创建信息。

（3）创建视图 v3，用于查看所有学生的学号、姓名、课程名及成绩。

（4）查询 v2 视图中学号为"S003"的学生的平均成绩。

（5）通过 v1 视图更新基本表（stuinfo）的数据（包括插入、修改、删除操作）。

（6）修改视图 v3，把列名 stuno、stuname、cname、stuscore 分别改为学号、姓名、课程名、成绩。

（7）删除视图 v1 和 v2。

【相关知识】

9.1.1 视图的概念

视图（VIEW）看上去是表，但其实是虚拟表，原因是它本身没有数据。相反地，用 CREATE

TABLE 语句创建的表是有数据的，为了区分表和视图，通常把真正存放数据的表称为基本表。视图的数据来自对一个或多个基本表（或视图）进行查询的结果。定义视图的主体部分就是一条查询语句，打开视图看到的实际上就是执行这条查询语句所得到的结果集。

视图有以下作用。

（1）方便用户。在日常应用中，可以将经常使用的查询语句定义为视图，特别是一些复杂的查询语句，从而避免重复书写语句。

（2）安全性。通过视图，可以把用户和基本表隔离开，从而使特定用户只能查询或修改允许其可见的数据，其他数据则无法看到、无法获取。

（3）逻辑数据独立性。视图可以屏蔽真实的数据表的结构变化所带来的影响。例如，当其他应用程序查询数据时，若直接查询数据表，一旦表结构发生改变，则查询用的 SQL 语句就要相应地改变，应用程序也必须随之更改。然而，如果为应用程序提供视图，则修改表结构后只需修改视图对应的 SELECT 语句即可，而无须更改应用程序。

9.1.2 创建视图

创建视图用 CREATE VIEW 语句，语法格式如下：

```
CREATE [OR REPLACE] VIEW 视图名[(列 1,列 2,…)]
AS
SELECT 语句
[WITH CHECK OPTION];
```

说明：

- OR REPLACE 是可选项，其作用是替换已有的同名视图。
- (列 1,列 2,…)用于声明在视图中使用的列名，相当于给 SELECT 语句的各数据项起别名。
- WITH CHECK OPTION 子句用于限制通过该视图修改的记录要符合 SELECT 语句中指定的选择条件。

注意：成功创建视图只代表语法没有错误，并不代表其中的 SELECT 语句的逻辑是对的，因此初学者在创建视图前最好先把 SELECT 语句单独调试一下。

9.1.3 查看视图

视图创建成功后，可以查看其结构、基本信息及创建语句，查看视图的语法格式与查看表的语法格式完全类似。

1. 查看视图的结构

查看视图的结构，语法格式如下：

```
DESC[RIBE] 视图名;
```

2. 查看视图的基本信息

查看视图的基本信息，语法格式如下：

```
SHOW TABLE STATUS [LIKE '视图名'];
```

3. 查看视图的创建信息

查看视图的创建信息，语法格式如下：

```
SHOW CREATE VIW 视图名;
```

9.1.4　使用视图

1. 查询数据

视图创建后，可以通过视图查询基本表的数据，这是视图最基本的应用。查询数据也使用 SELECT 语句。

2. 更新数据

视图是虚拟表，本身没有数据，通过视图更新的是基本表的数据。不是所有的视图都可以更新数据，一般只能对"行列子集视图"更新数据，即视图是从单个基本表导出的某些行与列，并且保留了主键。

如果创建视图时使用了 WITH CHECK OPTION 子句，那么通过视图更新的数据必须满足定义视图时的 SELECT 语句中 WHERE 子句后面的筛选条件，否则会报错。进一步阐述：如果插入记录，则可以通过刷新该视图看到插入的记录；如果修改记录，则修改完的结果也能通过该视图看到；如果删除记录，则只能删除视图里有显示的记录。

9.1.5　修改视图

视图创建后，可以用 ALTER VIEW 语句进行修改，语法格式如下：

```
ALTER VIEW 视图名[(列 1,列 2,...)]
AS
SELECT 语句
[WITH CHECK OPTION];
```

其实，在前面所讲的 CREATE VIEW 语句后增加 OR REPLACE 也可以修改已有的视图。

9.1.6　删除视图

视图创建后，如果不再需要，则可以使用 DROP VIEW 语句进行删除，一次操作可以删除多个视图。语法格式如下：

```
DROP VIEW [IF EXISTS] 视图名 1[,视图名 2]…;
```

【任务实施】

1. 创建视图 v1

创建视图 v1，用于查看 stuinfo 表中所有女生的基本信息，并且强制以后通过该视图插入的记录必须是女生的记录。

分析：为了强制以后通过该视图插入 stuinfo 表的数据必须满足性别为"女"的条件，可以在创建视图时增加 WITH CHECK OPTION 子句。

代码如下：

```
CREATE OR REPLACE VIEW v1
AS
SELECT *
FROM stuinfo
WHERE stusex='女'
WITH CHECK OPTION;
```

执行上述代码，结果如图 9.1 所示。没有看到视图定义中查询语句执行的结果，只看到了已创建的视图 v1，初学者在创建视图前最好先单独运行其中的 SQL 语句，以判断查询语句是否正确。

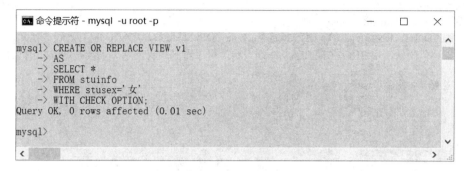

图 9.1 创建视图 v1

2．创建视图 v2

创建视图 v2，用于查询所有学生的学号及平均成绩。创建 v2 后，查看其结构及创建信息。

分析：在此任务要求查询的数据项中，有一个数据项用到了聚合函数，可以考虑在视图名之后给出新的列名。

代码如下：

```
CREATE OR REPLACE VIEW v2(stuno,avg_stuscore)
AS
SELECT stuno,avg(stuscore)
FROM stumarks
GROUP BY stuno;
```

执行上述代码后，查看 v2 的结构及创建信息，如图 9.2 所示。

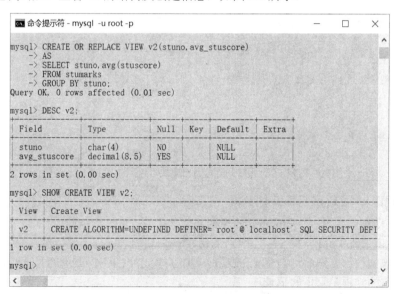

图 9.2 创建视图 v2 并查看其结构及创建信息

3．创建视图 v3

创建视图 v3，用于查询所有学生的学号、姓名、课程名及成绩。

代码如下：

```
CREATE OR REPLACE VIEW v3
AS
SELECT i.stuno ,stuname, cname,stuscore
FROM stuinfo i JOIN stumarks m ON i.stuno=m.stuno JOIN stucourse c ON m.cno=c.cno;
```

执行上述代码后，用 SHOW TABLES 语句查看，可以看到所有的基本表及视图，如图 9.3 所示。

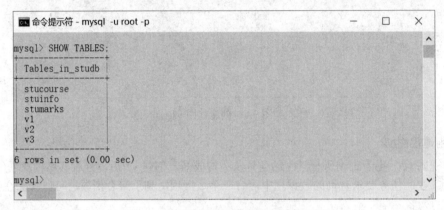

图 9.3　显示已创建的所有基本表及视图

4．使用视图 v2 查询数据

查询 v2 视图中学号为"S003"的学生的平均成绩。

代码如下：

```
SELECT avg_stuscore FROM v2 WHERE stuno='S003';
```

执行上述代码，结果如图 9.4 所示。

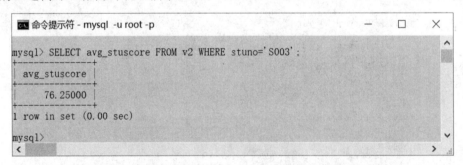

图 9.4　查询 v2 视图中学号为"S003"的学生的平均成绩

5．使用视图 v1 更新 stuinfo 表的数据

通过 v1 视图更新基本表（stuinfo）的数据（包括插入、修改、删除操作）。

分析：前面创建的 v1、v2、v3 三个视图，只有 v1 满足"行列子集视图"的条件，可用它更新对应的基本表的数据。然而，创建 v1 视图时增加了 WITH CHECK OPTION 子句，以强制以后通过该视图插入的必须是女生的记录。

① 插入记录，代码如下：

```
INSERT INTO v1(stuno,stuname,stusex) VALUES('S200','马六', '男');
```

执行上述代码，结果如图 9.5 所示。显示该语句执行失败，其原因是要插入的数据不满足性别为"女"的限制条件。

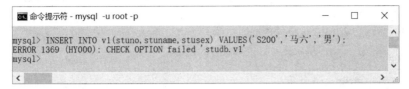

图 9.5 通过视图 v1 向基本表插入一条男生的记录，结果显示失败

把上面插入语句中的"性别"改为"女"，代码如下：

INSERT INTO v1(stuno,stuname,stusex) VALUES('S200','马六', '女');

执行上述代码，系统提示插入成功，并且查询 stuinfo 表，证明通过视图 v1 插入的记录确实已在基本表（stuinfo 表）中，如图 9.6 所示。

② 修改记录，代码如下：

UPDATE v1
SET stubirthday='1998-12-25'
WHERE stuno='S200';

执行上述代码后，查看基本表，结果如图 9.7 所示。

```
命令提示符 - mysql -u root -p                              —    □    ×

mysql> INSERT INTO v1(stuno,stuname,stusex) VALUES('S200','马六','女');
Query OK, 1 row affected (0.01 sec)

mysql> SELECT * FROM stuinfo;
+-------+----------+--------+------------+------------------+
| stuno | stuname  | stusex | stubirthday| stuaddress       |
+-------+----------+--------+------------+------------------+
| S001  | 刘卫平   | 男     | 1994-10-16 | 衡山市东风路78号  |
| S002  | 张卫民   | 男     | 1995-08-11 | 地址不详          |
| S003  | 马  东   | 男     | 1994-10-12 | 长岭市五一路785号 |
| S004  | 钱达理   | 男     | 1995-02-01 | 滨海市洞庭大道278号|
| S005  | 东方牧   | 男     | 1994-11-07 | 东方市中山路25号  |
| S006  | 郭文斌   | 男     | 1995-03-08 | 长岛市解放路25号  |
| S007  | 肖海燕   | 女     | 1994-12-25 | 山南市红旗路15号  |
| S008  | 张明华   | 女     | 1995-05-27 | 滨江市韶山路35号  |
| S200  | 马六     | 女     | NULL       | 地址不详          |
+-------+----------+--------+------------+------------------+
9 rows in set (0.00 sec)

mysql>
```

图 9.6 通过视图 v1 向 stuinfo 表成功插入一条女生的记录

```
命令提示符 - mysql -u root -p                              —    □    ×

mysql> UPDATE v1
    -> SET stubirthday='1998-12-25'
    -> WHERE stuno='S200';
Query OK, 1 row affected (0.01 sec)
Rows matched: 1  Changed: 1  Warnings: 0

mysql> SELECT * FROM stuinfo;
+-------+----------+--------+------------+------------------+
| stuno | stuname  | stusex | stubirthday| stuaddress       |
+-------+----------+--------+------------+------------------+
| S001  | 刘卫平   | 男     | 1994-10-16 | 衡山市东风路78号  |
| S002  | 张卫民   | 男     | 1995-08-11 | 地址不详          |
| S003  | 马  东   | 男     | 1994-10-12 | 长岭市五一路785号 |
| S004  | 钱达理   | 男     | 1995-02-01 | 滨海市洞庭大道278号|
| S005  | 东方牧   | 男     | 1994-11-07 | 东方市中山路25号  |
| S006  | 郭文斌   | 男     | 1995-03-08 | 长岛市解放路25号  |
| S007  | 肖海燕   | 女     | 1994-12-25 | 山南市红旗路15号  |
| S008  | 张明华   | 女     | 1995-05-27 | 滨江市韶山路35号  |
| S200  | 马六     | 女     | 1998-12-25 | 地址不详          |
+-------+----------+--------+------------+------------------+
9 rows in set (0.00 sec)

mysql>
```

图 9.7 通过视图 v1 修改 stuinfo 表的数据

③ 删除记录，代码如下：

DELETE FROM v1 WHERE stuno='S200';

执行上述代码后，查看基本表，结果如图 9.8 所示。

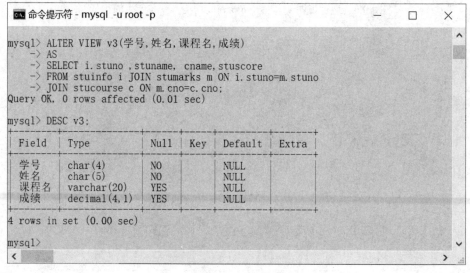

图 9.8　通过视图 v1 删除 stuinfo 表中的记录

6. 修改视图 v3

修改视图 v3，把列名 stuno、stuname、cname、stuscore 分别改为学号、姓名、课程名、成绩。代码如下：

```
ALTER VIEW v3(学号,姓名,课程名,成绩)
AS
SELECT i.stuno ,stuname, cname,stuscore
FROM stuinfo i JOIN stumarks m ON i.stuno=m.stuno JOIN stucourse c ON m.cno=c.cno;
```

执行上述代码后，用 DESC 语句查看视图 v3 的结构，结果如图 9.9 所示。

```
mysql> ALTER VIEW v3(学号,姓名,课程名,成绩)
    -> AS
    -> SELECT i.stuno ,stuname, cname,stuscore
    -> FROM stuinfo i JOIN stumarks m ON i.stuno=m.stuno
    -> JOIN stucourse c ON m.cno=c.cno;
Query OK, 0 rows affected (0.01 sec)

mysql> DESC v3;
+--------+-------------+------+-----+---------+-------+
| Field  | Type        | Null | Key | Default | Extra |
+--------+-------------+------+-----+---------+-------+
| 学号   | char(4)     | NO   |     | NULL    |       |
| 姓名   | char(5)     | NO   |     | NULL    |       |
| 课程名 | varchar(20) | YES  |     | NULL    |       |
| 成绩   | decimal(4,1)| YES  |     | NULL    |       |
+--------+-------------+------+-----+---------+-------+
4 rows in set (0.00 sec)

mysql>
```

图 9.9　修改并查看视图 v3 的结构

7．删除视图 v1 和 v2

删除视图 v1 和 v2。

代码如下：

```
DROP VIEW v1,v2;
```

执行上述代码后，用 SHOW TABLES 语句查看，发现视图 v1 和 v2 确实已不存在，结果如图 9.10 所示。

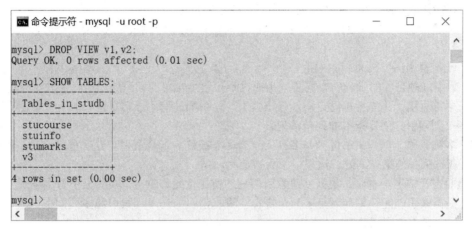

图 9.10　删除视图 v1 和 v2

任务 9.2　创建与使用索引

微课视频

【任务描述】

为"学生成绩管理"数据库（studb）创建和管理索引，并观察在查询过程中是否使用了索引。具体任务如下。

（1）创建一张 t1(id,name,score) 表，并且给 id 列创建普通索引。

（2）使用 CREATE INDEX 语句为 stuinfo 表的 stuname 列创建唯一索引，索引名为 uqidx。

（3）使用 ALTER TABLE 语句为 stuinfo 表的 stuno 列与 stubirthday 列建立多列索引，索引名为 multidx，stuno 列按升序排序，stubirthday 列按降序排序。

（4）观察在查询 stumarks 表中成绩小于 60 分的记录时是否使用了索引。

（5）使用 ALTER TABLE 语句删除 stuinfo 表中的唯一索引 uqidx。

（6）使用 DROP INDEX 语句删除 stuinfo 表中的多列索引 multidx。

【相关知识】

9.2.1　索引的概念

索引是一种单独的、物理的、对数据表中一列或多列的值进行排序的存储结构，它是某张表中一列或若干列值的集合，以及相应地标识这些值所在数据页的逻辑指针清单。

如果把数据库看成一本书，数据库的索引就像书的目录，其作用就是提高表中数据的查询速度。因为数据存放在数据表中，所以索引是创建在数据表上的。表的存储由两部分组成，一部分是表的数据页面，另一部分是索引页面，索引就存储在索引页面上。

索引创建后，更新表中数据时由系统自动维护索引页的内容。索引需要时间与空间的开销，因此要有选择地给某些列创建索引，过多的索引会降低表的更新速度，影响数据库的性能。适合创建索引的列包括：用于数据表之间相互连接的外键，经常出现在 WHERE、GROUP、ORDER BY 子句中的字段等。在查询中很少被使用的字段及重复值很多的字段则不适合创建索引。

在 MySQL 中，索引是在存储引擎中实现的，每种存储引擎支持的索引类型不尽相同。MySQL 8.0 默认的存储引擎 InnoDB 支持以下几种常见的索引。

（1）普通索引：最基本的索引类型，允许在创建索引的列中插入重复值或空值，只要不与约束冲突即可。

（2）唯一索引：要求索引列的值必须唯一，可以是空值，使用 UNIQUE 关键字可以把索引设为唯一索引（项目 5 的唯一约束其实就是通过唯一索引实现的）。

（3）主键索引：建立主键时自动创建该索引，索引列的值不能重复也不能为空值。

（4）单列索引：创建索引的列是单列。

（5）多列索引：创建索引的列是多列的组合，又被称为组合索引。要注意，只有在查询条件中使用了这些列中的第一列时，该索引才会被使用。

从上面定义中不难看出：根据创建索引的列的值是否允许重复，可将索引分为普通索引和唯一索引；根据索引创建在单列还是多列组合上，可将索引分为单列索引和多列索引，单列索引和多列索引可以是普通索引或唯一索引。

一张表只能有一个主键索引，其他索引可以有多个。

9.2.2　创建索引

在 MySQL 中，使用语句创建索引有以下三种方法。

1. 创建表的时候创建索引

创建表的时候创建索引，语法格式如下：

```
CREATE TABLE 表名(
字段名 1 数据类型 1 [列级完整性约束 1]
[,字段名 2 数据类型 2 [列级完整性约束 2]][,…]
[,表级完整性约束 1][,…]
, [UNIQUE] INDEX|KEY[索引名](字段名[(长度)] [ASC|DESC])
);
```

创建表时指定索引的子句为：

```
[UNIQUE] INDEX|KEY[索引名](字段名[(长度)] [ASC|DESC]));
```

说明：

- UNIQUE 是可选项，如果有该项，则表示创建的是唯一索引。
- 在 MySQL 中，KEY 和 INDEX 的意思是一样的。
- 索引名如果没有指定，则默认使用字段名。
- 长度指使用列的前几个字符创建索引。
- ASC|DESC 是可选项，ASC 表示升序，DESC 表示降序，默认是升序。

2. 使用 CREATE INDEX 语句在已经存在的表上创建索引

使用 CREATE INDEX 语句在已经存在的表上创建索引，语法格式如下：

```
CREATE [UNIQUE] INDEX 索引名 ON 表名 (字段名[(长度)] [ASC|DESC]);
```

其中，各参数的含义可参照创建表时创建索引的说明，要注意，这里的索引名不能省略。

3. 使用 ALTER TABLE 语句在已经存在的表上创建索引

使用 ALTER TABLE 语句在已经存在的表上创建索引，语法格式如下：

```
ALTER TABLE  表名  ADD [UNIQUE] INDEX  索引名(字段名[(长度)] [ASC|DESC]);
```

其中，各选项的含义可参照创建表时创建索引的说明。

9.2.3 使用索引

创建索引的目的是提高查询速度，若想查看索引是否被使用，则可以在查询语句前增加关键字 EXPLAIN。

语法格式如下：

```
EXPLAIN   SELECT 语句
```

执行上述代码后，会出现一张表格，可以通过 possible_keys 和 key 的值判断是否使用了索引。

说明：

- possible_keys：可能使用的索引，可以有一个或多个，如果没有，则值为 NULL。
- key：显示实际使用的索引，如果没有使用索引，则值为 NULL。

9.2.4 删除索引

删除表中已创建的索引有以下两种方法。

1. 使用 ALTER TABLE 语句

使用 ALTER TABLE 语句删除索引，语法格式如下：

```
ALTER TABLE  表名  DROP INDEX  索引名;
```

2. 使用 DROP INDEX 语句

使用 DROP INDEX 语句删除索引，语法格式如下：

```
DROP INDEX  索引名  ON  表名;
```

【任务实施】

1. 创建 t1 表，同时创建索引

创建一张 t1(id,name,score)表，并且给 id 列创建普通索引。

代码如下：

```
CREATE TABLE t1(
    id INT,
    name VARCHAR(20),
    score FLOAT,
    INDEX (id));
```

执行上述代码，用 DESC 语句或 SHOW CREATE TABLE 语句查看结果，如图 9.11 所示。

说明：使用 DESC 语句查看表结构时，Key 列可能出现的值有如下几种：PRI（主键）、MUL（普通索引）、UNI（唯一索引）。

2. 使用 CREATE INDEX 语句创建索引

使用 CREATE INDEX 语句为 stuinfo 表的 stuname 列创建唯一索引，索引名为 uqidx。

代码如下：

```
CREATE UNIQUE INDEX uqidx ON stuinfo(stuname);
```
执行上述代码，用 DESC 语句查看结果，如图 9.12 所示。

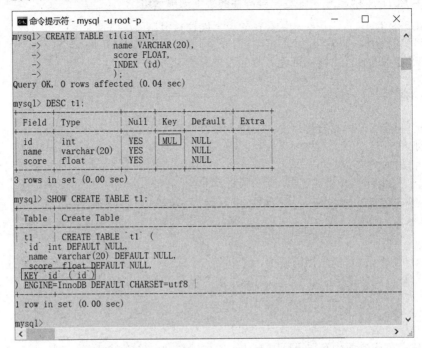

图 9.11　创建 t1 表，并且给 id 列创建普通索引

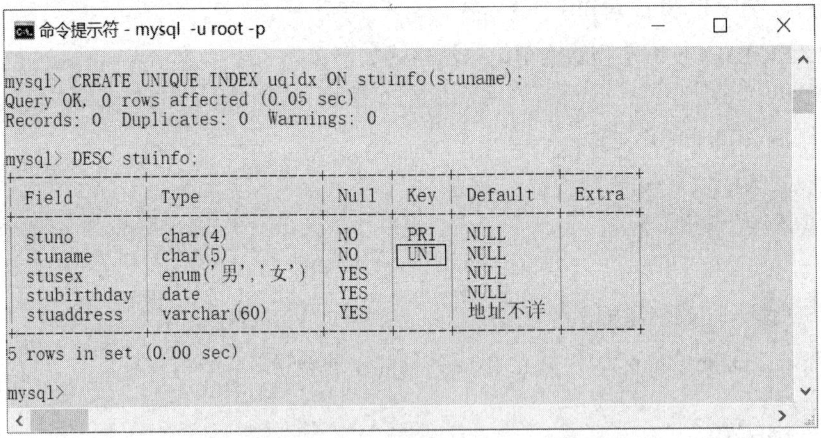

图 9.12　为 stuinfo 表的 stuname 列添加唯一索引

3. 使用 ALTER TABLE 语句创建索引

使用 ALTER TABLE 语句为 stuinfo 表的 stuno 列与 stubirthday 列创建多列索引，索引名为 multidx，stuno 列按升序排序，stubirthday 列按降序排序。

代码如下：

```
ALTER TABLE stuinfo ADD INDEX multidx(stuno,stubirthday DESC);
```
执行上述代码，用 SHOW CREATE TABLE 语句查看结果，如图 9.13 所示。

注意： 如果用 DESC 语句查看多列索引，则该索引在 Key 列不显示。

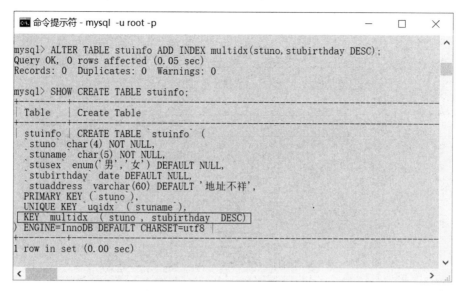

图 9.13　为 stuinfo 表创建多列索引

4．观察查询时是否使用了索引

观察在查询 stumarks 表中成绩小于 60 分的记录时是否使用了索引。

代码如下：

```
EXPLAIN SELECT * FROM stumarks WHERE stuscore<60\G;
```

执行上述代码，结果如图 9.14 所示。

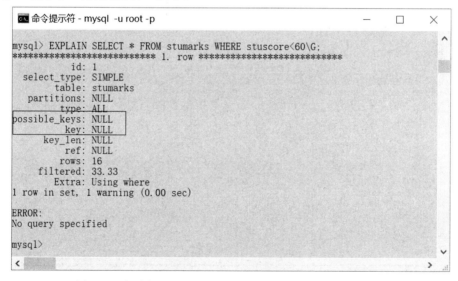

图 9.14　查看索引的使用情况（没有为 stuscore 列创建索引）

从图 9.14 中可以看出，possible_keys 和 key 的值都为 NULL，表示在执行"SELECT *
FROM stumarks WHERE stuscore<60"这条查询语句时没有可用的索引，实际上，也未使用索引。

下面为 stumarks 表的 stuscore 列创建一个普通索引，重新执行 EXPLAIN 语句查看索引的使
用情况，结果如图 9.15 所示。

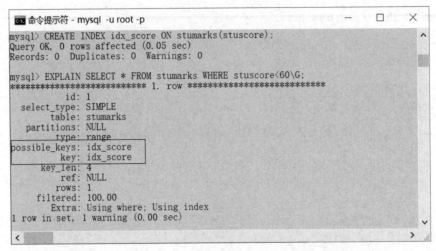

图 9.15　查看索引的使用情况（为 stuscore 列创建了索引）

从图 9.15 中可以看出，possible_keys 和 key 的值都为 idx_score，表示执行该查询语句时，有可用的索引 idx_score，实际上，确实使用了该索引。

5. 使用 ALTER TABLE 语句删除索引

使用 ALTER TABLE 语句删除 stuinfo 表中的唯一索引 uqidx。

代码如下：

```
ALTER TABLE stuinfo DROP INDEX uqidx;
```

执行上述代码，用 DESC 语句（或 SHOW CREATE TABLE 语句）验证该唯一索引已被删除，如图 9.16 所示。

```
命令提示符 - mysql -u root -p                          —   □   ×

mysql> ALTER TABLE stuinfo DROP INDEX uqidx;
Query OK, 0 rows affected (0.06 sec)
Records: 0  Duplicates: 0  Warnings: 0

mysql> DESC stuinfo;
+-------------+---------------+------+-----+---------+-------+
| Field       | Type          | Null | Key | Default | Extra |
+-------------+---------------+------+-----+---------+-------+
| stuno       | char(4)       | NO   | PRI | NULL    |       |
| stuname     | char(5)       | NO   |     | NULL    |       |
| stusex      | enum('男','女')| YES  |     | NULL    |       |
| stubirthday | date          | YES  |     | NULL    |       |
| stuaddress  | varchar(60)   | YES  |     | 地址不详 |       |
+-------------+---------------+------+-----+---------+-------+
5 rows in set (0.00 sec)

mysql>
```

图 9.16　删除索引 uqidx（索引列 stuname）

6. 使用 DROP INDEX 语句删除索引

使用 DROP INDEX 语句删除 stuinfo 表中的多列索引 multidx。

代码如下：

```
DROP INDEX multidx ON stuinfo;
```

执行上述代码，用 SHOW CREATE TABLE 语句验证该多列索引已被删除，如图 9.17 所示。

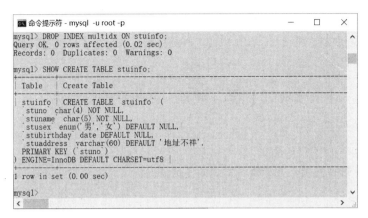

图 9.17 删除多列索引 multidx（索引列 stuno 和 stubirth）

【拓展知识】MySQL 千万级大数据查询优化经验

当数据表有数百万条、数千万条记录后，为了提高查询效率，查询优化就显得非常重要。从互联网中，可以找到很多开发人员分享的 MySQL 千万级大数据查询优化经验，笔者整理了一些有效信息供读者参考使用。

（1）对查询进行优化时，应尽量避免全表扫描，先考虑在 WHERE 子句及 ORDER BY 子句涉及的列上创建索引。

（2）当使用索引字段作为查询条件时，如果该索引是复合索引，那么使用该索引中的第一个字段作为条件时才能保证系统使用该索引，否则该索引将不会被使用，并且应尽可能地让字段顺序与索引顺序一致。

（3）索引并不是越多越好，索引虽然可以提高查询效率，但同时也降低了数据更新的效率，其原因是数据更新时系统需要维护索引，一张表的索引数量最好不超过 6 个。

（4）应尽量避免在 WHERE 子句中对字段进行空值（NULL）判断，否则将导致引擎放弃使用索引而进行全表扫描，可以设置默认值为 0，从而确保表中的该列没有空值（NULL）。

（5）应尽量避免在 WHERE 子句中使用!=或<>操作符，否则引擎将放弃使用索引而进行全表扫描。

（6）应尽量避免在 WHERE 子句中使用 OR 关键字连接筛选条件，否则将导致引擎放弃使用索引而进行全表扫描。例如，"SELECT id FROM test WHERE num=10 OR num=20"可以写为"SELECT id FROM test WHERE num=10 UNION ALL SELECT id FROM test WHERE num=20"。

（7）IN 和 NOT IN 要慎用，否则将导致引擎放弃使用索引而进行全表扫描。例如，"SELECT id FROM t WHERE num IN(1,2,3)"语句中有连续的数值，能用 BETWEEN…AND 就不要用 IN，即可以写为"SELECT id FROM t WHERE num BETWEEN 1 AND 3"。

（8）应尽量避免在 WHERE 子句中对字段进行表达式操作或函数操作，否则将导致引擎放弃使用索引而进行全表扫描。

（9）不要在 WHERE 子句中的"="左边进行函数运算、算术运算或其他表达式运算，否则系统将可能无法正确使用索引。例如，"SELECT id FROM t WHERE num/2=100"可以写为"SELECT id FROM t WHERE num=100*2"。

（10）很多时候，用 EXISTS 代替 IN 是一个好的选择。

（11）尽量使用数值型字段，若字段只包含数值信息，则尽量不要将其设置为字符型字段，这样会降低查询和连接的性能，并增加存储开销。其原因是引擎在处理查询和连接时会逐个比较字符串中的每个字符，而对数值型字段而言，只需比较一次就够了。

（12）在任何地方都不要使用"SELECT * FROM t"，应该用具体的字段列表代替"*"，不要返回任何用不到的字段。

【同步实训】"员工管理"数据库的查询优化

1. 实训目的

（1）能创建、使用及管理视图。

（2）能创建、管理索引，并能查看索引的使用情况。

2. 实训内容

以下操作基于 empdb 数据库的部门表（dept）和员工表（emp）。

（1）上机完成以下关于视图的操作。

① 创建视图 v1，用于查看 emp 表中所有在部门编号为"20"的部门工作的员工的信息，并且强制以后通过该视图插入的记录必须是在部门编号为"20"的部门工作的员工。

② 创建视图 v2，用于查看每个部门的平均工资、最高工资和最低工资。

③ 创建视图 v3，用于查看所有经理（MANAGER）的工号、姓名及所在部门的部门名称。

④ 修改视图 v3，把列名 empno、ename、dname 分别改为工号、姓名、部门名称。

⑤ 查询视图 v1 的所有数据。

⑥ 查询视图 v2 中平均工资低于 2000 元的部门编号及平均工资。

⑦ 通过视图 v1 更新基本表 emp 的数据（试着插入一条记录，再对它进行修改，最后将其删除）。

⑧ 删除视图 v1 和 v2。

（2）上机完成以下关于索引的操作。

① 创建一张数据表 test(id ,name)，同时给 id 字段指定普通索引。

② 使用 CREATE INDEX 语句为 emp 表的 ename 列创建唯一索引，索引名为 uqidx。

③ 使用 ALTER TABLE 语句为 emp 表的 empno 列与 sal 列建立多列索引，索引名为 multidx，empno 列按升序排序，sal 列按降序排序。

④ 查看当查询 emp 表中工资（sal）达到 2000 元的员工记录时是否使用了索引。

⑤ 查看当查询 emp 表中工号为"7788"的员工记录时是否使用了索引。

⑥ 使用 ALTER TABLE 语句删除 emp 表上的唯一索引 uqidx。

⑦ 使用 DROP INDEX 语句删除 emp 表上的多列索引 multidx。

习　题　九

一、单选题

1. 下列选项中，用于创建视图的语句是（　　）。

  A．DECLARE VIEW   B．CREATE VIEW

  C．SHOW VIEW   D．NEW VIEW

2. 下列关于创建视图的描述中，错误的是（　　）。

  A．可以创建在单表上

  B．可以创建在视图上

C．可以创建在两张或两张以上表的基础上

D．视图只能创建在单表上

3．在 student 表上创建 view_stu 视图，正确的语句是（ ）。

    A．CREATE VIEW view_stu IS SELECT * FROM student;

    B．CREATE VIEW view_stu AS SELECT * FROM student;

    C．CREATE VIEW view_stu SELECT * FROM student;

    D．CREATE VIEW SELECT * FROM student AS view_stu;

4．下列选项中，用于删除视图的语句是（ ）。

    A．DROP VIEW   B．DELETE VIEW   C．ALERT VIEW   D．UPDATE VIEW

5．删除视图时，出现"Table 'studb.v2' doesn't exist"错误信息，其含义是（ ）。

    A．删除视图的语句存在语法错误   B．被删除的视图所对应的基本表不存在

    C．被删除的视图不存在   D．被删除的视图和表都不存在

6．下列关于视图的描述中，错误的是（ ）。

    A．可以让视图集中数据，简化和定制不同用户对数据库的不同要求

    B．视图可以让用户只关心其感兴趣的某些特定数据

    C．视图可以让不同的用户以不同的方式看到不同或相同的数据集

    D．视图数据不能来自多张表

7．视图是一种特殊类型的表，下列关于视图的描述，正确的是（ ）。

    A．视图由自己专门的表组成

    B．视图仅由窗口部分组成

    C．视图存储着本身所需要的数据

    D．视图反映的是一张表或若干表的局部数据

8．下列关于视图的描述中，不正确的是（ ）。

    A．视图可以提供数据的安全性

    B．视图是虚拟表

    C．使用视图可以加快查询语句的执行速度

    D．使用视图可以简化查询语句的编写过程

9．下列选项中，用于定义唯一索引的关键字是（ ）。

    A．KEY   B．UNION   C．UNIQUE   D．INDEX

10．在表中的多个字段上创建索引后，只有在查询条件中使用了索引字段中的第一个字段时，才会被使用的索引是（ ）。

    A．普通索引   B．唯一索引   C．单列索引   D．多列索引

11．下列选项中，用于查看索引是否被使用的语句是（ ）。

    A．SHOW CREATE TABLE   B．EXPLAIN

    C．DESC   D．以上选项都正确

12．下列选项中，可以为 id 字段创建唯一索引 unique_id，并按照升序排序的语句是（ ）。

    A．UNIQUE unique_id(id ASC)   B．UNIQUE INDEX unique_id(id ASC)

    C．INDEX unique_id(id ASC)   D．Key unique_id(id ASC)

二、多选题

1．下列关于 CREATE OR REPLACE VIEW 语句的描述中，正确的是（ ）。

    A．如果视图存在，那么将替换原有视图

    B．如果视图不存在，那么将创建一个视图

    C．如果视图存在，也可以创建一个新的视图

    D．以上说法都不对

2．下列关于视图优点的描述中，正确的是（　　）。

    A．简化查询语句　　　　　　　　　　B．提高真实数据的安全性

    C．屏蔽真实表结构的变化所带来的影响　D．实现了逻辑数据独立性

3．下列选项中，（　　）可以在更新视图时进行操作。

    A．UPDATE　表中的数据　　　　　　B．INSERT　表中的数据

    C．DELETE　表中的数据　　　　　　D．DROP　表

4．下列关于视图的描述中，正确的是（　　）。

    A．更新视图指通过视图插入、修改、删除基本表中的数据

    B．视图是一个虚拟表

    C．视图本身不存放数据

    D．通过视图更新数据不会影响基本表中的数据

5．下列关于删除 v1 视图的语句中，正确的是（　　）。

    A．DROP VIEW IF EXISTS v1;

    B．DROP VIEW v1;

    C．DELETE VIEW v1;

    D．DELETE VIEW IF EXISTS v1;

6．下列关于查看 v2 视图的字段信息的语句中，正确的是（　　）。

    A．DESCRIBE v2;　　　　　　　　　B．DESC v2;

    C．SHOW VIEW v2;　　　　　　　　D．SELECT v2;

7．下列关于单列索引的描述中，正确的是（　　）。

    A．在表中单个字段上创建索引

    B．在表中多个字段上创建索引

    C．可以同时是普通索引和单列索引

    D．可以同时是唯一索引和单列索引

8．下列关于删除索引的语法格式中，正确的是（　　）。

    A．ALTER TABLE　表名　DROP INDEX　索引名;

    B．DROP TABLE　表名　DROP INDEX　字段名;

    C．DROP INDEX　索引名;

    D．DROP INDEX　索引名　ON　表名;

数据库的编程访问

项目描述

通过前面的学习，读者能够编写并执行单条 SQL 语句，然而，单条语句可以完成的功能相对有限。在具体的应用中，一个完整的操作需要包含多条 SQL 语句，为了解决该问题，MySQL 提供了存储过程、自定义函数等数据库对象。

在本项目中，请读者先学习 MySQL 编程的基础知识，包括常量、变量、流程控制语句、常用内置函数等；再学习创建与使用存储过程、自定义函数，实现通过编程访问"学生成绩管理"数据库（studb）的目的。

学习目标

（1）识记 MySQL 编程的基础知识（包括常量与变量、常用内置函数、流程控制语句）。

（2）识记创建与使用存储过程、自定义函数相关语句的语法。

（3）能创建不带参数的存储过程并调用。

（4）能创建带参数的存储过程并调用。

（5）能创建不带参数的自定义函数并调用。

（6）能创建带参数的自定义函数并调用。

任务 10.1　掌握 MySQL 编程基础

微课视频

【**任务描述**】

掌握 MySQL 编程的基础知识，包括常量与变量、常用内置函数、流程控制语句等。具体任务如下。

说明：第（1）～（2）项任务要求上机操作，第（3）～（6）项任务写出代码即可，学完任务 10.3 后再上机操作。

（1）定义一个用户变量@name，并为其赋值"张三"。

（2）显示当前使用的 MySQL 版本信息。

（3）声明两个整型的局部变量 n1 和 n2，统计 stuinfo 表的学生人数并赋值给 n1。

（4）判断 n1 和 n2 的数值哪个更大，将结果存放在变量 result 中。

提示：用 IF 语句。

（5）根据成绩等级 gradeLevel 的值('A','B','C','D','E')，设置变量 grade 相应的值('优秀','良好','中等','及格','不及格')。

提示：使用 CASE 语句。

（6）分别用 WHILE、REPEAT、LOOP 三种循环语句实现"1+2+…+100"。

【相关知识】

10.1.1　常量与变量

1. 常量

常量指在程序运行过程中其值始终不变的量。设计程序时，定义常量的格式取决于它所表示的值的数据类型。MySQL 常用的常量有以下几种。

（1）字符串常量。用单引号或双引号括起来的字符序列，如'hello'或"hello"

（2）数值常量。如-1.39、2。

（3）日期时间常量。用单引号或双引号括起来的日期时间字符串，如'1999-06-17'或"1999-06-17"。

（4）布尔值。只有两个值，即 TRUE 和 FALSE，TRUE 的数值为 1，FALSE 的数值为 0。

（5）空值（NULL）。空值的含义是"未定义""没数据"等，不同于数值 0 或空字符串。

2. 变量

变量指在程序运行过程中其值可以改变的量。变量用于临时存放数据。变量由变量名和变量值构成，其类型与常量一样。变量名不能与关键字和函数名相同。MySQL 根据变量的定义方式把变量分为局部变量、用户变量和系统变量，局部变量和用户变量都是由用户定义的，系统变量是由系统定义的。

（1）局部变量。

局部变量一般用在 SQL 语句块中，比如存储过程的 BEGIN…END 语句块，其作用域仅限于该语句块。

① 声明。局部变量要先声明后使用，声明变量的语法格式如下：

DECLARE 变量名 1[, 变量名 2]…数据类型 [DEFAULT 默认值];

说明：

- 可以同时定义多个变量，它们之间用逗号隔开。
- DEFAULT 子句用于设置变量的默认值，如果没有该子句，则变量的默认值为 NULL。

② 赋值。给局部变量赋值可以使用 SET 语句或 SELECT…INTO…语句。

SET 语句可以一次给多个变量赋值，语法格式如下：

SET 变量 1=表达式 1[,变量 2=表达式 2,…];

SELECT…INTO…语句可以把查询得到的值赋给变量，变量的个数与数据类型要与 SELECT 子句中数据项的个数及数据类型一致。要注意，当查询结果返回多行时，系统会报错。

（2）用户变量。

用户变量与连接有关，在客户端连接到数据库实例的整个过程中，用户变量都是有效的，可以通过用户变量将值从一个语句传递到另一个语句。在 MySQL 中，用户变量不用事先声明，给用户变量赋值后，相当于完成了变量的定义和初始化工作，不过，用户变量的名字必须以"@"开头。给用户变量赋值也可以使用 SET 语句或 SELECT…INTO…语句。

（3）系统变量。

系统变量是 MySQL 提供的一些特定的设置，当数据库服务器启动时，这些设置被读取以决定下一步的操作。和用户变量一样，系统变量也有一个变量名和变量值；不同之处在于，用户变量名以"@"开头，系统变量名以"@@"开头，系统变量在 MySQL 服务器启动时就被引入并初始化为默认值，在运行过程中，用户不能用 SET 语句或 SELECT…INTO…语句给系统变量赋值，只能读取系统变量的值来决定下一步操作。例如，系统变量@@VERSION 存放的是当前使用的 MySQL 版本。

显示系统变量清单用 SHOW VARIABLES 语句。

10.1.2 流程控制语句

程序设计中的控制语句用于对程序流程的选择、循环、转向和返回等操作进行控制。MySQL 的流程控制语句用于将多个 SQL 语句划分成符合业务逻辑的代码块。MySQL 流程控制语句包括 IF 语句、CASE 语句、WHILE 语句、LOOP 语句、LEAVE 语句、ITERATE 语句、REPEAT 语句。下面介绍几种常用的语句。

1. IF 语句

IF 语句用于条件判断，根据不同的条件，执行不同的操作。

语法格式如下：

```
IF 条件 1 THEN 语句序列 1
[ELSEIF 条件 2 THEN 语句序列 2]…
[ELSE 语句序列 n]
END IF;
```

说明：

- 执行该语句时，先判断 IF 后的条件是否为真，如果为真，则执行 THEN 后面的语句序列；如果为假，则继续判断条件 2 是否为真，如果条件 2 为真，则执行其对应的 THEN 后面的语句序列，以此类推。如果所有条件都为假，则执行 ELSE 后的语句序列。
- 语句序列可以包含一条或多条语句，如果是多条语句，则要用 BEGIN…END 把它们括起来。

2. CASE 语句

CASE 语句用于更复杂的条件判断，CASE 语句有两种语法格式。

（1）简单 CASE 语句。

简单 CASE 语句是通过比较某个表达式与一组简单表达式来确定结果的。

语法格式如下：

```
CASE 表达式
    WHEN 值 1  THEN 语句序列 1
    [WHEN 值 2  THEN 语句序列 2]…
    [ELSE 语句序列 n]
END CASE;
```

说明：

- CASE 后面表达式的数据类型必须与 WHEN 子句中的值 1、值 2…的数据类型一致。
- 将表达式从上往下依次与 WHEN 子句中的值 1、值 2…进行比较，只要找到与表达式相等的值，则立即结束比较，执行对应的 THEN 后面的语句序列。如果比较完 WHEN 后面所有的值，且没有相等的值，则执行 ELSE 子句后的语句序列。

（2）搜索 CASE 语句。

搜索 CASE 语句是通过计算一组条件表达式以确定结果的。

语法格式如下：

```
CASE
    WHEN 条件 1 THEN 语句序列 1
```

```
      [WHEN  条件 2 THEN  语句序列 2]…
      [ELSE  语句序列 n]
END CASE;
```

说明：

- 从上往下判断条件 1、条件 2…是否为真，只要有一个条件为真，则立即结束判断，执行对应的 THEN 后面的语句序列。如果所有的条件都不为真，则执行 ELSE 子句后的语句序列。
- 搜索 CASE 语句比简单 CASE 语句可以实现更复杂的条件判断，使用起来更方便。

3．WHILE 语句

WHILE 语句是循环语句。设置重复执行 SQL 语句序列的条件，当指定的条件为真时，重复执行循环体的语句序列。

语法格式如下：

```
[开始标号:]WHILE  条件  DO
      语句序列；
END WHILE[结束标号];
```

说明：

- 开始标号和结束标号分别表示循环的开始和结束，可以省略。有开始标号才能出现结束标号，并且两者的名字必须相同。
- 可以在循环体内设置 LEAVE 语句和 ITERATE 语句，以便控制循环语句的执行过程。LEAVE 语句用于直接退出循环，使用格式为"LEAVE 标号"；ITERATE 语句用于跳出本次循环，不再执行后面的语句，直接进入下一次循环，使用格式同 LEAVE 语句。

4．REPEAT 语句

REPLEAT 语句也是循环语句，与 WHILE 语句的不同之处为 WHILE 语句先判断再执行，循环体的语句序列有可能一次也不会执行；而 REPEAT 语句则是先执行再判断。循环体内的语句序列至少执行一次。

语法格式如下：

```
[开始标号:]REPEAT
      语句序列；
UNTIL  条件
END REPEAT[结束标号];
```

5．LOOP 语句

LOOP 语句可以使某些特定的语句重复执行，实现一个简单的循环。然而，LOOP 语句本身没有停止循环的判断条件，必须遇到 LEAVE 语句才能停止循环。

语法格式如下：

```
[开始标号:]LOOP
      语句序列；
END LOOP[结束标号];
```

【任务实施】

1．定义用户变量并赋值

定义一个用户变量@name，并为其赋值"张三"。

分析：用户变量不用事先声明，给用户变量赋值后，相当于完成了变量的定义和初始化工作，赋值可以用 SET 语句。

代码如下：

```
SET @name="张三";
```

执行上述代码，用 SELECT 语句显示用户变量 @name 的值，结果如图 10.1 所示。

图 10.1　给用户变量赋值

2．显示系统变量的值

显示当前使用的 MySQL 版本信息。

分析：系统变量 @@VERSION 存放着当前使用的 MySQL 版本信息，显示变量值用 SELECT 语句。

代码如下：

```
SELECT @@VERSION;
```

执行上述代码，结果如图 10.2 所示。

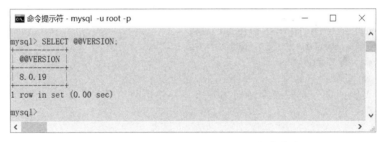

图 10.2　显示当前使用的 MySQL 版本信息

3．定义局部变量并赋值

声明两个整型的局部变量 n1 和 n2，统计 stuinfo 表的学生人数并赋值给 n1。

分析：局部变量要在语句块中使用。局部变量需要先声明后使用，声明局部变量用 DECLARE 语句，可以使用 SELECT…INTO 语句把查询结果赋值给局部变量。

代码如下：

```
DECLARE   n1,n2   INT;
SELECT count(*) INTO n1 FROM stuinfo;
```

4．IF 语句的应用

判断 n1 和 n2 的数值哪个更大，将结果存放在变量 result 中。

提示：用 IF 语句。

代码如下：

```
IF n1>n2 THEN
    SET result='大于';
ELSEIF n1=n2 THEN
```

```
    SET result='等于';
ELSE
    SET result='小于';
END IF;
```

5. CASE 语句的应用

根据成绩等级 gradeLevel 的值('A','B','C','D','E')，设置变量 grade 相应的值('优秀','良好','中等','及格','不及格')。

提示：使用 CASE 语句。

分析：此题涉及多条件分支，适合用 CASE 语句，并且两种 CASE 语句都可以实现。

（1）用普通 CASE 语句，代码如下：

```
CASE gradeLevel
    WHEN 'A' THEN SET grade= '优秀';
    WHEN 'B' THEN SET grade='良好';
    WHEN 'C' THEN SET grade='中等';
    WHEN 'D' THEN SET grade='及格';
    WHEN 'E' THEN SET grade='不及格' ;
ELSE SET grade='超出范围！';
END CASE;
```

（2）用搜索 CASE 语句，代码如下：

```
CASE
    WHEN gradeLevel='A' THEN SET grade= '优秀';
    WHEN gradeLevel='B' THEN SET grade='良好';
    WHEN gradeLevel='C' THEN SET grade='中等';
    WHEN gradeLevel='D' THEN SET grade='及格';
    WHEN gradeLevel='E' THEN SET grade='不及格' ;
ELSE SET grade='超出范围！';
END CASE;
```

想一想：如果想把百分制的成绩转换为等级，并将值赋给变量，那么还能用两种 CASE 语句实现吗？为什么？

6. 循环语句的应用

分别用 WHILE、REPEAT、LOOP 三种循环语句实现"1+2+…+100"。

分析：此题需要两个变量，一个变量用于存放数据项，另一个变量用于存放和。

（1）用 WHILE 语句，代码如下：

```
SET i = 0;
SET s = 0;
WHILE i <100 DO
    SET i = i + 1;
    SET s = s + i;
END WHILE;
```

（2）用 REPEAT 语句，代码如下：

```
SET i = 0;
SET s = 0;
REPEAT
    SET i = i + 1;
    SET s= s + i;
UNTIL i>=100
END REPEAT;
```

（3）用 LOOP 语句，代码如下：

```
        SET i = 0;
        SET s = 0;
        L1 :LOOP
            SET i = i + 1;
            SET s = s + i;
            IF i>=100 THEN
                LEAVE L1;
            END IF;
        END LOOP L1;
```

任务 10.2　掌握常用的内置函数

微课视频

【任务描述】

掌握常用的 MySQL 内置函数，包括数学函数、字符串函数、日期时间函数、流程控制函数。具体任务如下。

（1）显示-435 和-278.5 的绝对值。

（2）将-1.2 分别向下、向上取整；将 9.9 分别向下、向上取整，并显示数值。

（3）显示-2、2、0 的符号。

（4）对以下数字进行四舍五入操作，并显示结果：去掉 5.6 的小数部分，给 3.54 保留一位小数，给 2.637 保留两位小数。

（5）对以下数字进行截断操作，并显示结果：给 3.54 保留 1 位小数，给 2.637 保留 2 位小数。

（6）显示 3 除以 2 的余数，以及 8 除以 4 的余数。

（7）显示字符串'ax'左边字符的 ASCII 码值，以及 ASCII 值为 97 和 98 的字符组成的字符串。

（8）查询 stuinfo 表中女生的学号与姓名，并且合并成"学号-姓名"的形式。

（9）分别求'MySQL'中和'数据库'两个字符串的字符数量及字节长度。

（10）将字符串'MySQL'中的字符全部转换成大写/小写状态。

（11）取字符串'foobarbar'左边/右边的 5 个字符。

（12）将字符串' bar '的首部/尾部/首尾部的空格截去，并且显示字符串的长度。

（13）将字符串'www.mysql.com'中的'w'字符用'Ww'替换。

（14）取字符串'foobarbar'的子串，从第 4 个字符开始，取 3 个字符。

（15）显示当前的日期时间、当前的日期、当前的时间。

（16）分别显示日期'2019-10-1'的年份、月份的数值，以及该日期是本月的第几天。

（17）显示日期'2019-10-1'的英文月份名称，以及该日期是星期几。

（18）显示日期'2020-2-26'与'1994-9-10'相隔的天数。

（19）查询学生选课成绩表（stumarks）中成绩及格的选课记录：80 分以上显示为"优良"，其他分数显示为"合格"。

（20）查询学生选课成绩表（stumarks）中学号为"S001"的学生的所有选课记录，成绩为 NULL 的显示为 0 分。

（21）查询学生基本信息表（stuinfo）中的学生的姓名及性别，性别为"女"时显示为"0"，性别为"男"时显示为"1"。

【相关知识】

MySQL 提供了丰富的内置函数，它们功能强大、方便易用，可以大大提高用户对数据库的管理效率。在进行数据库管理及数据查询等操作时会经常用到内置函数。

　　MySQL 提供的内置函数可以从功能上进行分类，包括数学函数、字符串函数、日期时间函数、聚合函数、流程控制函数等。常用的聚合函数在前面的任务中已经介绍过，本任务主要介绍数学函数、字符串函数、日期时间函数和流程控制函数。

10.2.1　数学函数

　　数学函数是常用的 MySQL 内置函数，主要用于处理数字。常用的数学函数如表 10-1 所示。如果在计算过程中出现错误，那么表 10-1 中的所有函数都将返回空值（NULL）。

表 10-1　MySQL 常用数学函数

函 数 名 称	功 能 描 述
ABS(x)	返回绝对值
CEIL(x)|CEILING(x)	返回大于 x 的最小整数
FLOOR(x)	返回小于 x 的最大整数
SIGN(x)	返回数值 x 的符号(正数返回1，负数返回-1，零返回 0)
MOD(x,y)	返回 x 除以 y 的余数
ROUND(x[,y])	返回数值 x 四舍五入后保留 y 位小数的值，若省略 y，则表示取整
TRUNCATE(x,y)	返回数值 x 截断为 y 位小数的值

10.2.2　字符串函数

　　字符串在数据库中是一种常见的数据类型。为了处理该类数据，MySQL 提供了很多函数，包括字符串截取、字符串拼接、大小写转换等。MySQL 提供的常用字符串函数如表 10-2 所示。

表 10-2　MySQL 常用字符串函数

函 数 名 称	功 能 描 述
ASCII(str)	返回字符串 str 最左端字符的 ASCII 码值
CHAR(n,…USING ASCII)	返回这些整数对应的 ASCII 字符组成的字符串
CONCAT(str1,str2,…)	将 str1、str2 等多个字符串合并为一个字符串
CHAR_LENGTH(str)	返回字符串 str 的字符个数，一个汉字算一个字符
LENGTH(str)	返回字符串 str 的字节长度，如果是 UTF-8 编码，则一个汉字占 3 字节
UPPER(str)	将字符串 str 中的所有字符转为大写
LOWER(str)	将字符串 str 中的所有字符转为小写
LEFT(str,n)	返回字符串 str 左边的 n 个字符
RIGHT(str,n)	返回字符串 str 右边的 n 个字符
TRIM(str)	删除字符串 str 首部和尾部的空格
LTRIM(str)	删除字符串 str 首部的空格
RTRIM(str)	删除字符串 str 尾部的空格
REPLACE(str1,str2,str3)	用字符串 str3 替换 str1 中所有出现的字符串 str2
SUBSTRING(str,n1,n2)	截取 str 字符串中从 n1 位置开始，长度为 n2 的子串

10.2.3　日期时间函数

　　MySQL 的常用日期时间函数如表 10-3 所示。

表 10-3　MySQL 常用日期时间函数

函 数 名 称	功 能 描 述
NOW()	返回当前日期和时间
CURDATE()	返回当前日期
CURTIME()	返回当前时间
YEAR|MONTH |DAY(d)	返回日期 d 的年份或月份，或者该日期是本月的第几天
MONTHNAME(d)	返回日期 d 的英文月份
DAYNAME(d)	返回日期 d 是星期几
DATEDIFF(d1,d2)	返回日期 d1 与 d2 相隔的天数

10.2.4　流程控制函数

流程控制函数用于控制 SQL 语句中实现条件的选择，MySQL 的常用流程控制函数如表 10-4 所示。

表 10-4　MySQL 常用流程控制函数

函 数 名 称	功 能 描 述
IF(exp1,exp2,exp3)	如果 exp1 为真，则返回 exp2，否则返回 exp3
IFNULL(exp1,exp2)	如果 exp1 不为 NULL，则返回 exp1，否则返回 exp2
CASE exp WHEN value1 THEN result1 … ELSE default END	如果 exp=value1，则返回表达式 result1，以此类推。如果没有匹配的值，则返回 default。请注意，CASE 函数与普通 CASE 语句的区别为 CASE 函数返回的是表达式的值，可以出现在表达式中

【任务实施】

1．ABS 函数

显示-435 和-278.5 的绝对值。代码如下：

SELECT ABS(-435),ABS(-278.5);

执行上述代码，结果如图 10.3 所示。

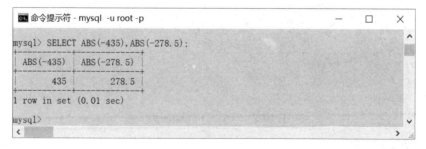

图 10.3　ABS 函数的应用

2．FLOOR 函数和 CEILING 函数

将-1.2 分别向下、向上取整；将 9.9 分别向下、向上取整，并显示数值。代码如下：

SELEC FLOOR(-1.2),CEILING(-1.2),FLOOR(9.9),CEILING(9.9);

执行上述代码，结果如图 10.4 所示。

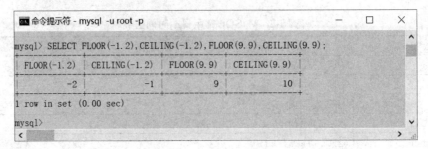

图 10.4   FLOOR 函数和 CEILING 函数的应用

3. SIGN 函数

显示-2、2、0 的符号。代码如下：

SELECT SIGN(-2),SIGN(2),SIGN(0);

执行上述代码，结果如图 10.5 所示。

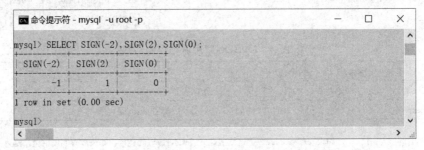

图 10.5   SIGN 函数的应用

4. ROUND 函数

对以下数字进行四舍五入操作，并显示结果：去掉 5.6 的小数部分，给 3.54 保留一位小数，给 2.637 保留两位小数。代码如下：

SELECT ROUND(5.6),ROUND(3.54,1),ROUND(2.637,2);

执行上述代码，结果如图 10.6 所示。

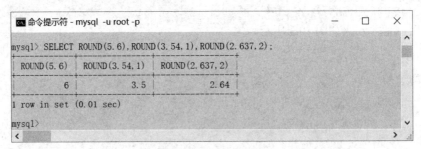

图 10.6   ROUND 函数的应用

5. TRUNCATE 函数

对以下数字进行截断操作，并显示结果：给 3.54 保留 1 位小数，给 2.637 保留 2 位小数。代码如下：

SELECT TRUNCATE(3.54,1),TRUNCATE(2.637,2);

执行上述代码，结果如图 10.7 所示。

6. MOD 函数

显示 3 除以 2 的余数，以及 8 除以 4 的余数。代码如下：

```
SELECT MOD(3,2),MOD(8,4);
```

执行上述代码，结果如图 10.8 所示。

7. ASCII 函数和 CHAR 函数

显示字符串'ax'左边字符的 ASCII 码值，以及 ASCII 值为 97 和 98 的字符组成的字符串。代码如下：

```
SELECT ASCII('ax'),CHAR(97,98 USING ascii);
```

执行上述代码，结果如图 10.9 所示。

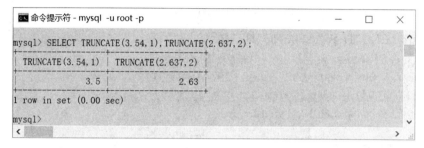

图 10.7　TRUNCATE 函数的应用

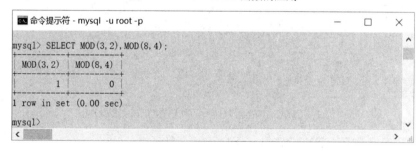

图 10.8　MOD 函数的应用

图 10.9　ASCII 函数的应用

8. CONCAT 函数

查询女生的学号与姓名，并且合并成"学号-姓名"的形式。代码如下：

```
SELECT CONCAT(stuno,'-',stuname) AS '学号-姓名'
FROM stuinfo
WHERE stusex='女';
```

执行上述代码，结果如图 10.10 所示。

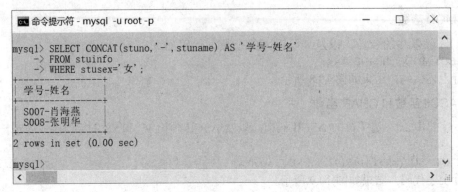

图 10.10　CONCAT 函数的应用

9. CHAR_LENGTH 函数和 LENGTH 函数

分别求'MySQL'和'数据库'两个字符串的字符数量及字节长度。代码如下：

```
SELECT CHAR_LENGTH('MySQL'),CHAR_LENGTH('数据库'),
    LENGTH('MySQL8.0'),LENGTH('数据库');
```

执行上述代码，结果如图 10.11 所示

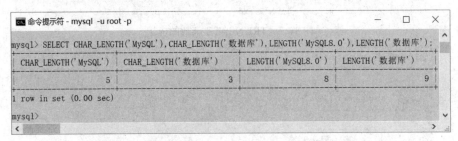

图 10.11　CHAR_LENGTH 函数和 LENGTH 函数的应用

10. UPPER 函数和 LOWER 函数

将字符串'MySQL'中的字符全部转换成大写/小写状态。代码如下：

```
SELECT UPPER('MySQL'),LOWER('MySQL');
```

执行上述代码，结果如图 10.12 所示。

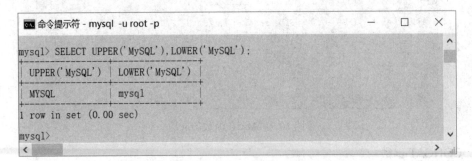

图 10.12　UPPER 函数和 LOWER 函数的应用

11. LEFT 函数和 RIGHT 函数

取字符串'foobarbar'左边/右边的 5 个字符。代码如下：

```
SELECT LEFT('foobarbar',5), RIGHT('foobarbar', 5);
```

执行上述代码，结果如图 10.13 所示。

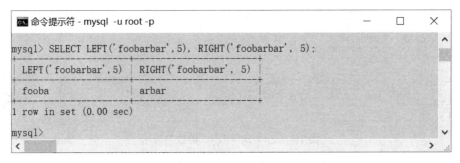

图 10.13 LEFT 函数和 RIGHT 函数的应用

12. LTRIM 函数、TRIM 函数和 RTRIM 函数

将字符串' bar '的首部/尾部/首尾部的空格截去，并且显示字符串的长度。代码如下：
SELECT LENGTH(LTRIM(' bar ')),LENGTH(TRIM(' bar ')),LENGTH(RTRIM(' bar '));
执行上述代码，结果如图 10.14 所示。

13. REPLACE 函数

将字符串'www.mysql.com'中的'w'字符用'Ww'替换。代码如下：
SELECT REPLACE('www.mysql.com', 'w', 'Ww');
执行上述代码，结果如图 10.15 所示。

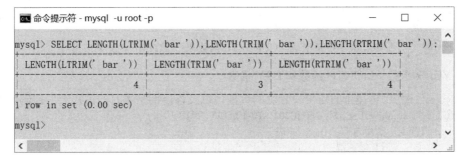

图 10.14 去空格函数（LTRIM、RTRIM、TRIM）的应用

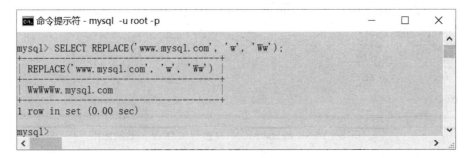

图 10.15 REPLACE 函数的应用

14. SUBSTRING 函数

取字符串'foobarbar'的子串，从第 4 个字符开始，取 3 个字符。代码如下：
SELECT SUBSTRING('foobarbar',4,3);
执行上述代码，结果如图 10.16 所示。

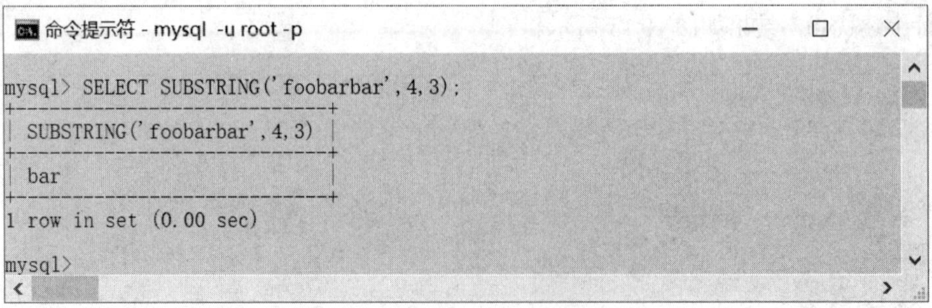

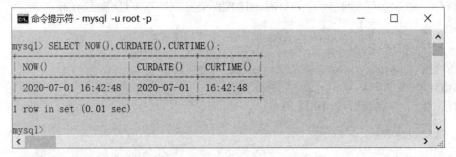

图 10.16　SUBSTRING 函数的应用

15．NOW 函数、CURDATE 函数和 CURTIME 函数

显示当前的日期时间、当前的日期、当前的时间。代码如下：

```
SELECT NOW(),CURDATE(),CURTIME();
```

执行上述代码，结果如图 10.17 所示。

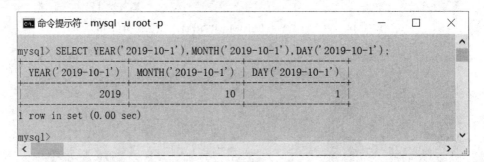

图 10.17　NOW 函数、CURDATE 函数和 CURTIME 函数的应用

16．YEAR 函数、MONTH 函数和 DAY 函数

分别显示日期'2019-10-1'的年份、月份的数值，以及该日期是本月的第几天。代码如下：

```
SELECT YEAR('2019-10-1'),MONTH('2019-10-1'),DAY('2019-10-1');
```

执行上述代码，结果如图 10.18 所示。

图 10.18　YEAR 函数、MONTH 函数和 DAY 函数的应用

17．MONTHNAME 函数和 DAYNAME 函数

显示日期'2019-10-1'的英文月份名称，以及该日期是星期几。代码如下：

```
SELECT MONTHNAME('2019-10-1'),DAYNAME('2019-10-1');
```

执行上述代码，结果如图 10.19 所示。

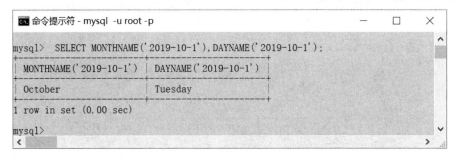

图 10.19　MONTHNAME 函数和 DAYNAME 函数的应用

18．DATEDIFF 函数

显示日期'2020-2-26'与'1994-9-10'相隔的天数。代码如下：

```
SELECT DATEDIFF('2020-2-26','1994-9-10');
```

执行上述代码，结果如图 10.20 所示。

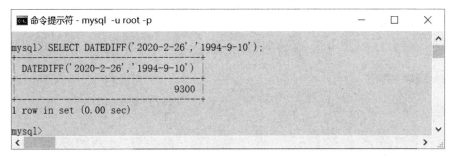

图 10.20　DATEDIFF 函数的应用

19．IF 函数

查询学生选课成绩表（stumarks）中成绩及格的选课记录：80 分以上显示为"优良"，其他分数显示为"合格"。代码如下：

```
SELECT stuno,cno,IF(stuscore>=80,'优良','合格')
FROM stumarks
WHERE stuscore>=60;
```

执行上述代码，结果如图 10.21 所示。

20．IFNULL 函数

查询学生选课成绩表（stumarks）中学号为"S001"的学生的所有选课记录，成绩为 NULL 的显示为 0 分。代码如下：

```
SELECT cno,IFNULL(stuscore,0) FROM stumarks WHERE stuno='S001';
```

执行上述代码，结果如图 10.22 所示。

21．CASE 函数

查询学生基本信息表（stuinfo）中的学生的姓名及性别，性别为"女"时显示为"0"，性别为"男"时显示为"1"。代码如下：

```
SELECT stuname,CASE stusex
                WHEN '女' THEN '0'
                WHEN '男' THEN '1'
              END stusex
FROM stuinfo;
```

执行上述代码，结果如图 10.23 所示。

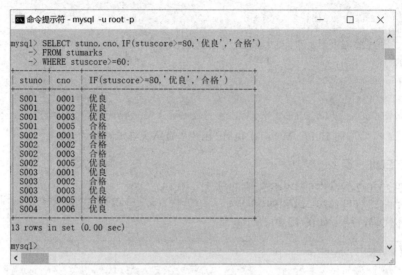

图 10.21　IF 函数的应用

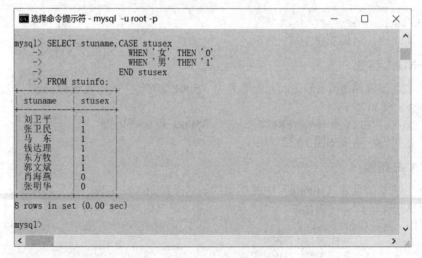

图 10.22　IFNULL 函数的应用

图 10.23　CASE 函数的应用

任务 10.3　创建与使用存储过程

微课视频

【任务描述】

通过创建存储过程访问"学生成绩管理"数据库（studb）中的数据，具体任务如下。

（1）创建一个不带参数的存储过程 p1 并调用。

功能：查询 stuinfo 表中所有男生的信息。

（2）创建一个带参数的存储过程 p2 并调用。

功能：根据两个学生的学号从数据表中获取他们的出生日期，将两人的出生日期进行比较，并且输出比较结果。

提示：用两个输入参数，一个输出参数。

（3）创建一个交换两个整数的存储过程 proc_swap 并调用。

提示：请用两个 INOUT 参数存放两个整数。

【相关知识】

10.3.1　存储过程的概念

存储过程（Procedure）是在数据库中定义的一些完成特定功能的 SQL 语句集。我们可以这样理解存储过程，即为以后使用而保存一条或多条 SQL 语句，并且把这些 SQL 语句封装成一个过程，从而实现一些比较复杂的逻辑功能，类似于 Java 语言中的方法。

存储过程可以有输入参数和输出参数，也可以声明变量，还可以包含 IF、CASE、WHILE 等流程控制语句。

使用存储过程有以下优点。

（1）能提高执行速度。其原因是存储过程只在创建时进行编译，以后每次执行存储过程都无须重新编译，而一般的 SQL 语句每执行一次就编译一次。因此使用存储过程可以大大提高数据库的执行速度。

（2）减少网络流量。通常，复杂的业务逻辑需要多条 SQL 语句，这些语句要分别从客户机发送到服务器，当客户机和服务器之间的操作很多时，将产生大量的网络流量，如果将这些操作存放在一个存储过程中，存储过程位于服务器上，则调用时只需传递存储过程的名称及参数即可，因此减少了网络流量。

（3）模块化程序设计。只需创建一次存储过程，以后在程序中就可以多次调用该存储过程。

（4）存储过程在服务器端运行，可以减少客户端的压力。

（5）存储过程能够作为一种安全机制。系统管理员可以对某个存储过程进行权限限制，从而实现对某些数据访问的限制，避免非授权用户对数据的访问，保证数据的安全。

10.3.2　创建存储过程

创建存储过程用 CREATE PROCEDURE 语句。如果想在调用存储过程的过程中传入或传出数据，则创建存储过程时可以带参数，参数列表在存储过程名后面的括号中定义。

语法格式如下：

```
CREATE PROCEDURE 存储过程名([参数[,…]] );
```

```
BEGIN
    语句序列;
END
```

说明：

- 一个存储过程是属于某个数据库的，不能重名，也不能与系统内置函数同名。默认在当前数据库中创建，如果不是当前数据库，则可以在存储过程名前面加上数据库名，格式为：数据库名.存储过程名。

- 即使没有参数，存储过程名后面的括号也不能省略。

- 参数由三部分组成：输入输出类型、参数名和数据类型。输入输出类型有三种：IN、OUT、INOUT。"IN"表示输入参数，当调用存储过程时，要传入过程体内；"OUT"表示输出参数，当调用存储过程时，过程体内的执行结果要通过它返回给调用者；"INOUT"表示参数既是输入参数，也是输出参数。
  参数定义格式如下：

```
IN|OUT|INOUT 参数名 数据类型(长度);
```

- 过程体以 BEGIN 开始，以 END 结束，包含了调用存储过程时要执行的语句序列。如果只有一条语句，则可以省略 BEGIN 和 END 关键字。

- 过程体可能有多条 SQL 语句，都是以分号作为结尾标志的，系统遇到第一个分号就会认为程序结束了，因此，创建存储过程前，必须修改语句结束符，创建存储过程后，再把语句结束符改回分号。
  修改语句结束符用 DELIMITER 命令，语法格式如下：

```
DELIMITER //;
```

其中，"//"是定义的语句结束符，此外，还能使用一些其他的特殊符号，如"$$""##"等，但要避免使用反斜杠"\\"，这是因为"\\"是 MySQL 的转义字符。

10.3.3 调用存储过程

存储过程创建成功后，可以用 CALL 命令随时调用。

1. 不带参数的存储过程的调用

语法格式如下：

```
CALL 存储过程名();
```

2. 带参数的存储过程的调用

语法格式如下：

```
CALL 存储过程名(实参列表);
```

说明：

- 实参列表要与创建存储过程时的参数列表相对应，即当参数被指定为 IN 时，实参值可以是变量或数据；当参数被指定为 OUT 或 IN OUT 时，实参值必须是一个变量，用于接收返回给调用者的数据。

10.3.4 查看存储过程

MySQL 提供了查看存储过程的命令。

1. 查看当前库下所有存储过程

语法格式如下：

```
SHOW PROCEDURE STATUS;
```

2．查看某个存储过程的创建信息

语法格式如下：

```
SHOW CREATE PROCEDURE 存储过程名;
```

10.3.5　删除存储过程

用 DROP PROCEDURE 语句从当前数据库中删除用户指定的存储过程。

语法格式如下：

```
DROP PROCEDURE [IF EXISTS] 存储过程名;
```

说明：

- IF EXISTS 子句是可选项，用于判断要删除的存储过程是否存在，防止发生错误。

【任务实施】

1．创建一个不带参数的存储过程 p1 并调用

创建一个不带参数的存储过程 p1 并调用。

功能：查询 stuinfo 表中所有男生的信息。

（1）创建存储过程 p1，代码如下：

```
DROP PROCEDURE IF EXISTS p1; #如果有重名的存储过程先删除
DELIMITER //        #把默认语句结束符改成//
CREATE PROCEDURE p1()
BEGIN
   SELECT * FROM stuinfo WHERE stusex='男';
END
//
DELIMITER ;    #把语句结束符改回分号
```

说明：

- MySQL 的注释符有三种，行注释可以用"#"或"-- "（注意，"--"后面有一个空格），块注释用"/*…*/"。

执行上述代码，结果如图 10.24 所示。黑色框线中的内容表示存储过程创建成功，但不会执行过程体内的语句序列。

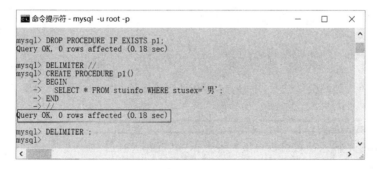

图 10.24　创建存储过程 p1

（2）调用存储过程 p1，代码如下：

```
CALL p1();
```

执行上述代码，结果如图 10.25 所示，显示了执行过程体内查询语句的结果。

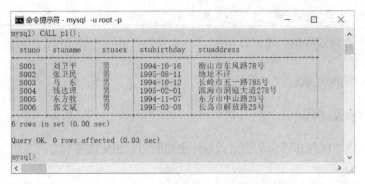

图 10.25　存储过程 p1 的调用结果

2．创建一个带参数的存储过程 p2 并调用

创建一个带参数的存储过程 p2 并调用。

功能：根据两个学生的学号从数据表中获取他们的出生日期，将两人的出生日期进行比较，并且输出比较结果。

提示：用两个输入参数，一个输出参数。

（1）创建存储过程 p2。

分析：根据学号（由输入参数提供）可以查询学生的出生日期，再用 IF 语句进行比较，将比较结果赋值给输出参数。

代码如下：

```
DROP PROCEDURE IF EXISTS p2;
DELIMITER //
CREATE PROCEDURE p2(sno1 char(4),sno2 char(4), OUT result VARCHAR(10))
BEGIN
    DECLARE b1,b2 DATE;
    SELECT stubirthday INTO b1 FROM stuinfo WHERE stuno=sno1;
    SELECT stubirthday INTO b2 FROM stuinfo WHERE stuno=sno2;
    IF b1>b2 THEN
        SET result='大于';
    ELSEIF b1=b2 THEN
        SET result='相等';
    ELSE
        SET result='小于';
    END IF;
END
//
DELIMITER ;
```

执行上述代码，系统会给出如图 10.24 所示的黑色框线中的提示信息，表示存储过程 p2 创建成功。

（2）调用存储过程 p2。

分析：调用时，输入参数可以直接传递数据，但输出参数必须用变量。

代码如下：

```
-- 比较'S001'和'S003'这两个学生的出生日期，返回结果存入用户变量@result
CALL p2('S001','S002',@result);
SELECT @result;      --查看变量@result 值
```

执行上述代码，结果如图 10.26 所示。

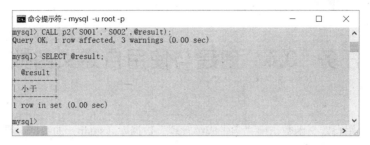

图 10.26 存储过程 p2 的调用结果

3. 创建一个交换两个整数的存储过程 proc_swap 并调用

创建一个交换两个整数的存储过程 proc_swap 并调用。

提示：请用两个 INOUT 参数存放两个整数。

（1）创建存储过程 proc_swap，代码如下：

```
DROP PROCEDURE IF EXISTS proc_swap;
DELIMITER //
CREATE PROCEDURE `proc_swap`(INOUT a int,INOUT b int)
BEGIN
    DECLARE temp int;
    SET temp=a;
    SET a=b;
    SET b=temp;
END//
DELIMITER ;
```

执行上述代码，系统会提示存储过程 proc_swap 创建成功。

（2）调用存储过程 proc_swap。

分析：调用时，输入参数和输出参数必须用变量传递。

代码如下：

```
--用 proc_swap 交换变量@a、@b 的值
SET @a=10,@b=20;
SELECT @a,@b;
CALL proc_swap(@a,@b);
SELECT @a,@b;
```

执行上述代码，结果如图 10.27 所示。

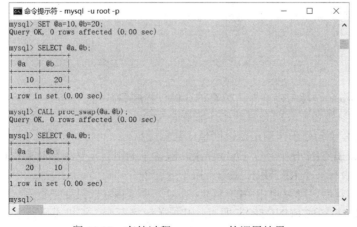

图 10.27 存储过程 proc_swap 的调用结果

任务 10.4　创建与使用自定义函数

微课视频

【任务描述】

通过创建与使用自定义函数访问"学生成绩管理"数据库（studb）的数据，具体任务如下。

（1）创建一个不带参数的自定义函数 f1 并调用。

功能：用于返回 stuinfo 表中学生的总人数。

（2）创建一个带参数的自定义函数 f2 并调用。

功能：根据学生的学号返回该生的平均成绩等级（[0,60)不及格，[60,70)及格，[70,80)中等，[80,90)良好，[90,100]优秀）。

【相关知识】

10.4.1　自定义函数概述

在实际的开发过程中，MySQL 提供的内置函数不能满足所有开发场景的需要，用户可以通过创建自定义函数进行扩展。

自定义函数与之前介绍的存储过程有些相似，它们都是在数据库中定义的一些完成特定功能的 SQL 语句集。但是，它们也有如下区别。

（1）存储过程用 CALL 语句调用，自定义函数不能用 CALL 语句调用，只能在表达式中使用。

（2）存储过程的参数有 IN、OUT 和 INOUT 三种类型，自定义函数的参数只有一种类型，默认为 IN。这是因为自定义函数返回的值相当于输出参数。

10.4.2　创建自定义函数

创建自定义函数用 CREATE FUNCTION 语句。如果想在调用自定义函数的时候传入数据，则创建自定义函数时可以带参数。CREATE FUNCTION 语句的语法和前面介绍的 CREATE PROCEDURE 语句的语法比较相似。

语法格式如下：

```
CREATE FUNCTION    自定义函数名([参数[,…]] )
RETUNRS  数据类型
BEGIN
语句序列;
END
```

说明：

- 自定义函数名不能与当前库中已有的存储过程同名。
- 参数只有参数名和数据类型，并且都是输入参数。
- RETUNRS 子句用于声明函数返回值的数据类型。
- 函数体以 BEGIN 开始，以 END 结束，包含了调用自定义函数时要执行的语句序列。函数体里至少有一个 RETURN 语句，用于返回值。

自定义函数创建后，可以用相关的 SQL 语句查看、删除，只要把查看、删除存储过程的语句中的 PROCEDURE 换成 FUNCTION 即可，其他关键字不变，这里不再赘述。

【任务实施】

1. 创建一个不带参数的自定义函数 f1 并调用

创建一个不带参数的自定义函数 f1 并调用。

功能：用于返回 stuinfo 表中学生的总人数。

（1）创建自定义函数 f1。

分析：创建自定义函数的代码框架和创建存储过程基本相似，要避免重名和修改语句结束符。

代码如下：

```
DROP FUNCTION IF EXISTS f1;
DELIMITER //
CREATE FUNCTION f1()
RETURNS INT
BEGIN
    DECLARE n INT;
    SELECT count(*) INTO n FROM stuinfo;
    RETURN n;
END//
DELIMITER ;
```

执行上述代码，结果如图 10.28 所示。黑色框线中的内容表示自定义函数创建成功，但不会执行函数体内的语句序列。

（2）调用自定义函数 f1，代码如下：

```
SELECT f1();
```

执行上述代码，结果如图 10.29 所示。

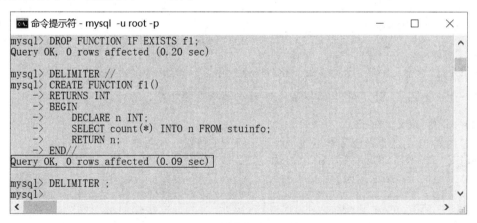

图 10.28 创建自定义函数 f1

图 10.29 调用自定义函数 f1

2. 创建一个带参数的自定义函数 f2 并调用

创建一个带参数的自定义函数 f2 并调用。

功能：根据学生的学号返回该生的平均成绩等级（[0,60)不及格，[60,70)及格，[70,80)中等，[80,90)良好，[90,100]优秀）。

（1）创建自定义函数 f2。

分析：先查询该生的平均成绩，再用一个多分支语句获取该平均成绩的等级。因为平均成绩的取值范围是 0～100 分，所以不能用普通 CASE 语句，要用搜索 CASE 语句。

代码如下：

```
DROP FUNCTION IF EXISTS f2;
DELIMITER //
CREATE FUNCTION f2(sno char(4))
RETURNS VARCHAR(4)
BEGIN
    DECLARE score    decimal(4,1);
    DECLARE degree    varchar(4);
    SELECT    avg(stuscore) INTO score FROM stumarks WHERE stuno=sno;
    CASE
        WHEN score between 90 and 100  THEN SET degree='优秀';
        WHEN score between 80 and 90   THEN SET degree='良好';
        WHEN score between 70 and 80   THEN SET degree='中等';
        WHEN score between 60 and 70   THEN SET degree='及格';
        WHEN score between  0 and 60   THEN SET degree='不及格';
        ELSE    SET degree='没有成绩';
    END CASE;
    RETURN degree;
END//
DELIMITER ;
```

执行上述代码，系统提示"Query OK, 0 rows affected (0.00 sec)"，表示创建成功。

想一想：上述 CASE 语句中的各 WHEN 子句能否交换顺序，为什么？

（2）调用自定义函数 f2。

通过调用 f2 函数查看部分学生的平均成绩对应的等级。代码如下：

```
SELECT f2('S001'),f2('S003'),f2('S005');
```

执行上述代码，结果如图 10.30 所示。

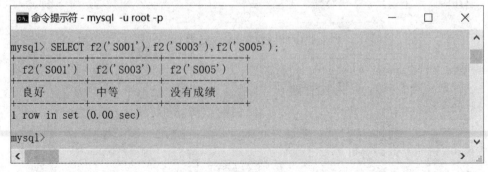

图 10.30　调用自定义函数 f2

【知识拓展】MySQL 触发器

1．触发器的概念

触发器（trigger）用于监视某种情况，并触发某种操作。触发器是一种特殊的存储过程，与存储过程相比，触发器不能通过名称调用，更不允许设置参数。当一个预定义的事件发生时，触发器就会被自动调用。触发器通常用于强制执行一定的业务规则，以保持数据完整性、检查数据有效性，实现数据库管理任务和一些附加功能。

2．MySQL 触发器的类型

MySQL 触发器是由表事件触发的，这些事件包括 INSERT、DELETE 和 UPDATE 操作，当数据发生改变时才会被触发，执行一些特定的操作，以保持数据完整性。根据激活触发器的事件及时间的差异，MySQL 触发器可以分为以下六种。

- BEFORE INSERT：在数据插入表之前被激活的触发器。
- BEFORE UPDATE：在修改表中数据之前被激活的触发器。
- BEFORE DELETE：在删除表中数据之前被激活的触发器。
- AFTER INSERT：在数据插入表之后被激活的触发器。
- AFTER UPDATE：在修改表中数据之后被激活的触发器。
- AFTER DELETE：在删除表中数据之后被激活的触发器。

3．创建 MySQL 触发器

创建 MySQL 触发器用 CREATE TRIGGER 语句，语法格式如下：

```
CREATE TRIGGER 触发器名
触发时间 触发事件
ON 表名
FOR EACH ROW
BEGIN
    -- 触发器内容主体，每行用分号结尾
END;
```

说明：

- 触发时间：AFTER|BEFORE。AFTER 表示数据更新后再执行触发器里定义的处理操作；BEFORE 表示数据更新前先执行触发器里定义的处理操作。
- 触发事件：INSERT|UPDATE|DELETE。触发事件可以是 INSERT、DELETE 或 UPDATE 操作。
- 表名：MySQL 触发器必须与特定的表关联。

举例：创建一个 BEFORE DELETE 触发器。

功能：在删除 stuinfo 表的学生记录之前，先删除这些学生在 stumarks 表中的选课记录。

分析：因为 stumarks 表的学号要参照 stuinfo 表的学号，所以如果一个学生有选课记录，就不能删除该学生的基本信息，可以用触发器在删除 stuinfo 表的记录之前先删除 stumarks 表的相关记录。

代码如下：

```
CREATE TRIGGER del_stuinfo
BEFORE DELETE
ON stuinfo
FOR EACH ROW
BEGIN
```

DELETE FROM stumarks WHERE stuno=OLD.stuno; #OLD.stuno 表示要删除的学号
END

执行上述代码，并且删除学号为"S004"的学生进行验证，结果如图 10.31 所示。

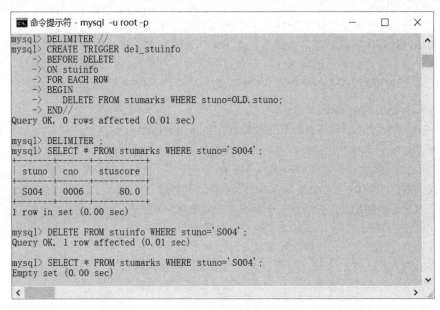

```
mysql> DELIMITER //
mysql> CREATE TRIGGER del_stuinfo
    -> BEFORE DELETE
    -> ON stuinfo
    -> FOR EACH ROW
    -> BEGIN
    ->    DELETE FROM stumarks WHERE stuno=OLD.stuno;
    -> END//
Query OK, 0 rows affected (0.01 sec)

mysql> DELIMITER ;
mysql> SELECT * FROM stumarks WHERE stuno='S004';
+-------+------+----------+
| stuno | cno  | stuscore |
+-------+------+----------+
| S004  | 0006 |     80.0 |
+-------+------+----------+
1 row in set (0.00 sec)

mysql> DELETE FROM stuinfo WHERE stuno='S004';
Query OK, 1 row affected (0.01 sec)

mysql> SELECT * FROM stumarks WHERE stuno='S004';
Empty set (0.00 sec)
```

图 10.31　创建 del_stuinfo 触发器并验证

【同步实训】"员工管理"数据库的编程访问

1. 实训目的

（1）能创建不带参数的存储过程并调用。

（2）能创建带参数的存储过程并调用。

（3）能创建不带参数的自定义函数并调用。

（4）能创建带参数的自定义函数并调用。

2. 实训内容

（1）创建一个不带参数的存储过程 px1 并调用。

功能：查询 emp 表中所有职员（CLERK）的信息。

（2）创建一个带参数的存储过程 px2 并调用。

功能：根据两个员工的编号从 emp 表中获取他们的工资（sal），将两人的工资进行比较，并且输出比较结果。

提示：用两个输入参数，一个输出参数。

（3）创建一个带参数的存储过程 px3 并调用。

功能：根据员工编号输出该员工的姓名。

要求：用 INOUT 参数存放员工编号和姓名。

（4）创建一个不带参数的自定义函数 fx1 并调用。

功能：根据部门编号返回该部门的最高工资。

（5）创建一个带参数的自定义函数 fx2，分别用 WHILE、REPEAT、LOOP 三种循环语句实现 $1+2+\cdots+n$，其中 n 的值在调用 fx2 时通过参数提供。

习　题　十

一、单选题

1. 下列选项中，可以给存储过程中的变量进行赋值的关键字是（　　）。
   A．DECLARE　　　　B．SET　　　　　　C．DELIMITER　　　D．CREATE

2. 已知 student 表及对应的字段都存在，阅读下面 SQL 代码：
```
DECLARE s_grade FLOAT;
DECLARE s_gender CHAR(2);
SELECT grade, gender INTO s_grade, s_gender
FROM student WHERE name = 'rose';
```
   下列关于上述代码的描述中，正确的是（　　）。
   A．存在语法错误，声明变量没有给定初始值
   B．存在语法错误，因为给变量赋值应该使用 SET 关键字
   C．声明变量并通过 SELECT…INTO…语句给变量赋值
   D．以上说法都不对

3. 下列关于定义 INT 类型变量 myVar，并且设置默认值为 100 的语句中，正确的是（　　）。
   A．DECLARE myVar INT DEFAULT 100;
   B．DECLARE myVar INT DEFAULT=100;
   C．DECLARE INT myVar DEFAULT 100;
   D．DECLARE INT myVar DEFAULT=100;

4. 下列选项中，用于定义存储过程中变量的关键字是（　　）。
   A．DELIMITER　　　　　　　　B．DECLARE
   C．SET DELIMITER　　　　　　D．SET DECLARE

5. 下列选项中，用于在 MySQL 中创建自定义函数的关键字是（　　）。
   A．CREATE PROC　　　　　　　B．CREATE DATABASE
   C．CREATE FUNCTION　　　　　D．CREATE PROCEDURE

6. 下列选项中，用于设置 MySQL 的结束符为 "//" 的语句是（　　）。
   A．DELIMITER //;　　　　　　B．DECLARE //;
   C．SET DELIMITER //;　　　　　D．SET DECLARE //;

7. 下列选项中，用于表示存储过程输出参数的是（　　）。
   A．IN　　　　　　B．IN OUT　　　　C．OUT　　　　D．INPUT

8. 下列选项中，用于表示存储过程输入输出参数的是（　　）。
   A．IN　　　　　　B．OUT　　　　　C．INOUT　　　D．OUTPUT

9. 下列关于删除存储过程的语句中，正确的是（　　）。
   A．DROP PROC proc1;　　　　　B．DELETE PROC proc1;
   C．DROP PROCEDURE proc1;　　　D．DELETE PROCEDURE proc1;

10. 下列选项中，用于调用存储过程的关键字是（　　）。
    A．DECLARE　　B．DELIMITER　　C．REPEAT　　　D．CALL

二、判断题

1. 在 MySQL 中，删除存储过程使用 DELETE 语句。　　　　　　　　　　　（　　）

2．在 MySQL 中，存储过程的参数类型可分为三种：输入参数、输出参数和输入输出参数，定义存储过程时必须使用参数。　　　　　　　　　　　　　　　　　　　　（　　）

3．存储过程是一条 SQL 语句，当对数据库进行操作时，存储过程可以将这条语句封装成一个代码块。　　　　　　　　　　　　　　　　　　　　　　　　　　　　　　　　（　　）

4．当删除存储过程时，使用 IF EXISTS 子句可以避免由于存储过程不存在而发生的错误，只产生一个警告。　　　　　　　　　　　　　　　　　　　　　　　　　　　　　　　（　　）

5．MySQL 默认的语句结束符号为分号';'，当定义存储过程时，是用分号表示存储过程定义结束的。　　　　　　　　　　　　　　　　　　　　　　　　　　　　　　　　　　　（　　）

6．在 MySQL 中，自定义函数是通过 CALL 语句调用的。　　　　　　　　　　　　（　　）

7．在 MySQL 中，自定义函数的参数也有 IN、OUT、INOUT 等类型。　　　　　　（　　）

8．在自定义函数的函数体中，至少要有一个 RETURN 语句用于返回值。　　　　　（　　）

数据库的安全管理

项目描述

在前面的项目中，我们对数据库的访问操作都是以超级管理员身份（root 用户）登录服务器的，root 用户拥有 MySQL 提供的一切权限。然而，MySQL 的数据库可能包含重要的数据，因此，系统提供了一套完整的安全性机制保证数据的安全性：一方面，要防止普通用户随意访问；另一方面，如果发生软件或硬件故障、自然灾害、操作失误等意外时，则应当能恢复数据，尽可能挽回或减少数据的损失。

本项目主要介绍 MySQL 8.0 的用户管理、权限管理、数据的备份与还原等操作。

学习目标

（1）识记系统数据库 mysql 中 user、db、tables_priv 等权限表的作用。

（2）识记创建用户、修改用户密码、删除用户相关语句的语法。

（3）识记查看、授予、收回用户权限相关语句的语法。

（4）识记数据导出工具 mysqldump 备份数据库的语法。

（5）能用语句创建用户、修改用户密码、删除用户。

（6）能用语句查看用户、授予、收回用户权限。

（7）能选择一个、多个或所有数据库进行备份并还原。

任务 11.1 用户管理

微课视频

【任务描述】

在本任务中，请读者进行 MySQL 用户管理，包括查看用户、创建用户、修改用户密码、删除用户等操作。具体任务如下。

（1）查看所有用户的主机名、用户名、密码及账户锁定状态。

（2）创建一个新用户，用户名为"zhang"，密码为"z123"，只允许本机登录。

（3）创建一个新用户，用户名为"wang"，密码为"w123"，允许其从其他计算机远程登录。

（4）修改用户"wang"的密码，新密码为"123456"。

（5）删除用户"wang"和"zhang"。

【相关知识】

MySQL 主要包含两种用户身份：root 用户和普通用户。root 用户是软件安装时自带的超级管理员身份，拥有软件提供的一切权限。使用该身份可以进行查看用户、创建用户、修改用户密码、删除用户等操作；普通用户只拥有被赋予的权限，即在 MySQL 服务启动后，系统会将系统数据库 mysql 存储的用户权限表的内容加载到内存中，用户登录后，系统将根据这些用户权限表的内容为其赋予相应的权限。

11.1.1 查看用户

查看用户并没有直接的 SQL 语句，我们可以通过系统数据库 mysql 的 user 表，并使用"SELECT * FROM user"语句查看数据库的所有用户及其权限。

user 表有几十个字段，可以大致分为 4 类：用户列、权限列、安全列和资源控制列。user 表的主键是 Host 列和 User 列的组合。用户登录服务器时，服务器会根据 user 表中的 Host 列、User 列、authentication_string 列、account_locked 列（分别存储主机名、用户名、密码、账户锁定状态）的值判断是否允许用户登录，只有当用户的主机名和用户名与 user 表中的某条记录的 Host 列和 User 列的值匹配，密码与该条记录的 authentication_string 列的值符合，该记录的 accout_locked 列的值为"N"时，该用户才能登录成功。

说明：
- MySQL 自 5.7 版本开始，将 user 表的 password 字段修改为 authentication_string，自 8.0 版本开始，移除了加密函数 password()。

11.1.2 创建用户

创建用户用 CREATE USER 语句，创建者必须拥有 CREATE USER 权限，语法格式如下：
```
CREATE USER '用户名'@'主机名'
[IDENTIFIED [WITH 身份验证加密规则] BY '密码'];
```
说明：
- 用户名：登录数据库服务器使用的用户名。
- 主机名：表示允许这个新创建的用户从哪台机器登录，可以是 IP 地址，也可以是客户机名称，如果只允许从本机登录，则填"localhost"，如果允许从其他计算机远程登录，则填"%"。
- IDENTIFIED BY 子句用于设置用户登录密码，如果没有密码，则可以省略该子句。为了安全起见，不建议省略密码设置。
- 身份验证加密规则可以选择 caching_sha2_password 或 mysql_native_password，如果省略 WITH 子句，则该选项默认为配置文件 my.ini 中的 default_authentication_plugin 值。

11.1.3 修改用户密码

在 MySQL 中进行用户管理时，设置用户密码是很常用的操作，除创建用户时可以设置密码外，还可以为没有密码的用户、密码过期的用户设置密码，或者为指定的用户修改密码。
修改用户密码一般用 ALTER USER 语句或 SET PASSWORD 语句。

1. 使用 ALTER USER 语句

使用 ALTER USER 语句必须拥有 CREAT USER 权限，语法格式如下：
```
ALTER USER '用户名'@'主机名'
[IDENTIFIED BY '密码'];
```

2．使用 SET PASSWORD 语句

SET PASSWORD 语句的语法格式如下：

SET PASSWORD [FOR '用户名'@'主机名']= '新密码';

说明：

- FOR 子句用于指定用户，如果省略，则表示为当前用户修改密码，普通用户可以用该方式修改自己的密码。

11.1.4　删除用户

如果不需要某个用户，可以用 DROP USER 语句进行删除，使用 DROP USER 语句必须拥有 CREAT USER 权限，语法格式如下：

DROP USER '用户名'@'主机名' [,…];

说明：

- 一次可以删除多个用户，用户之间用逗号隔开。

【任务实施】

1．查看所有用户的信息

查看所有用户的主机名、用户名、密码及账户锁定状态。

分析：用户信息储存在 mysql 系统数据库的 user 表中，user 表中的 Host 列、User 列、authentication_string 列、account_locked 列分别存储主机名、用户名、密码、账户锁定状态。由于用户管理的相关操作都需要相关权限，下面的任务实施都以 root 用户身份连接服务器。

代码如下：

```
USE mysql
SELECT Host,User,authentication_string, account_locked FROM user;
```

执行上述代码，结果如图 11.1 所示，user 表中的用户密码是根据指定规则加密后的内容。

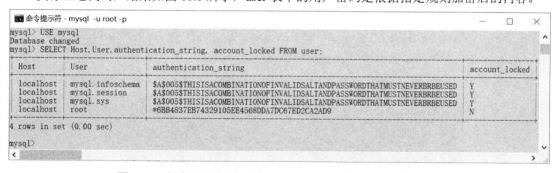

图 11.1　查看所有用户的主机名、用户名、密码及账户锁定状态

2．创建一个新用户，用户名为"zhang"，密码为"z123"，只允许本机登录

创建一个新用户，用户名为"zhang"，密码为"z123"，只允许本机登录。

分析：创建用户使用 CRAETE USER 语句，因为只允许本机登录，所以主机名可写为"localhost"。

代码如下：

CREATE USER 'zhang'@'localhost' IDENTIFIED BY 'z123';

执行上述代码，系统提示创建成功，查看 user 表，用户"zhang"的信息已被插入表中，如图 11.2 所示。

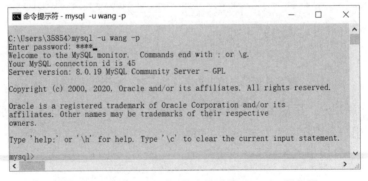

图 11.2　创建用户"zhang"并查看其信息

3．创建一个远程登录用户账号"wang"

创建一个新用户，用户名为"wang"，密码为"w123"，允许其从其他计算机远程登录。

分析：因为允许用户从其他计算机远程登录，所以主机名写为"%"。

代码如下：

```
CREATE USER 'wang'@'%' IDENTIFIED BY 'w123';
```

执行上述代码，查看 user 表，结果如图 11.3 所示。

图 11.3　创建用户"wang"并查看其信息

新开一个"命令提示符"窗口，以用户"wang"的身份连接 MySQL 服务器，结果如图 11.4 所示。

图 11.4　以用户"wang"的身份连接 MySQL 服务器

4．修改用户"wang"的密码

修改用户"wang"的密码，新密码为"123456"。

分析：可以通过 root 用户身份修改普通用户的密码，普通用户也可以修改自己的密码。

（1）通过 root 用户身份修改密码，代码如下：

ALTER USER 'wang'@'%' IDENTIFIED BY '123456';

执行上述代码，结果如图 11.5 所示。系统提示修改成功。

或者输入如下代码，也可以实现同样的功能：

SET PASSWORD FOR 'wang'@'%'='123456';

（2）用户自己修改密码，代码如下：

SET PASSWORD='123456';

打开"命令提示符"窗口，执行"mysql -u wang -p"命令，连接 MySQL 服务器，输入新密码"123456"后，系统提示连接成功，新密码已经生效。

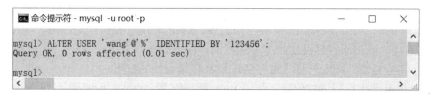

图 11.5　修改用户"wang"的密码

5. 删除用户"wang"和"zhang"

删除用户"wang"和"zhang"。

分析：删除用户用 DROP USER 语句。

代码如下：

DROP USER 'wang'@'%','zhang'@'localhost';

执行上述代码，系统提示删除成功，查看 user 表，这两个用户的信息确实不在 user 表中了，如图 11.6 所示。

图 11.6　删除用户"wang"和"zhang"

任务 11.2　权限管理

微课视频

【任务描述】

新用户虽然可以连接服务器，但不具备访问数据库的实质权限。在本任务中，请读者给指定用户授权，使其能访问"学生成绩管理"数据库（studb）中的数据；还可以根据需要随时收回用户的权限，具体任务如下。

（1）查看两个新用户的权限（'zhang'@'localhost'和'wang'@'localhost'）。

（2）授予用户"zhang"查询及修改 studb 数据库的所有数据表中的数据的权限，并允许其将此权限授予其他用户。

（3）通过用户"zhang"给用户"wang"授予查看 stuinfo 表的权限。

（4）授予用户"zhang"在 studb 数据库中创建数据表的权限。

（5）收回用户"zhang"和"wang"的所有权限。

【相关知识】

用户通过身份验证并成功连接 MySQL 服务器后，服务器要对用户进行操作权限验证，确定用户是否有权限执行所请求的数据库操作。用户权限存储在 mysql 系统数据库的 user、db、tables_priv、columns_priv、procs_priv 等权限表中。user 表用于存储全局权限，全局权限对任何数据库均有效；db 表用于存储特定数据库的权限；tables_priv 表、columns_priv 表和 procs_priv 表分别用于存储特定表、特定列和特定存储过程及存储函数的权限。

服务器对用户操作权限进行验证，按照 user 表，db 表，tables_priv 表，columns_priv 表的顺序实施验证流程。例如，用户要查询 studb 数据库的 stuinfo 表，权限验证流程如下：先检查全局权限表 user，如果 user 表中该用户的 Select_priv 权限为 Y，则此用户对所有数据库的查询权限都为 Y，将不再检查 db 表、tables_priv 表和 columns_priv 表；如果为 N，则到 db 表中检查此用户对应的 studb 数据库，如果此用户对 studb 数据库的 Select_priv 权限为 Y，则此用户对 studb 数据库所有表的查询权限都为 Y；如果在 db 表中找不到相关记录，或者 Select_priv 权限为 N，则检查 tables_priv 表中此用户对应 studb 数据库的 stuinfo 表，明确此用户对该表的操作权限（Table_priv 列的值），根据结果允许或拒绝用户对 stuinfo 表的查询操作。

11.2.1 查看权限

要对用户权限进行管理，应先了解 MySQL 提供了哪些权限，MySQL 提供的常用权限如表 11-1 所示。

表 11-1　MySQL 提供的常用权限

序　号	权 限 类 型	描　　述
1	SELECT	查询表中的数据
2	INSERT	插入表中的数据
3	UPDATE	更新表中的数据
4	DELETE	删除表中的数据
5	SHOW DATABASES	查看用户可见的所有数据库
6	SHOW VIEW	查看视图
7	PROCESS	查看 MySQL 中的进程信息
8	EXECUTE	执行存储过程或自定义函数
9	CREATE	创建数据库、数据表
10	ALTER	修改数据库、数据表
11	DROP	删除数据库、数据表或视图
12	CREATE TEMPORARY TABLES	创建临时表
13	CREATE VIEW	创建或修改视图

（续表）

序　号	权 限 类 型	描　　述
14	CREATE ROUTINE	创建存储过程或自定义函数
15	ALTER ROUTINE	修改、删除存储过程或自定义函数
16	INDEX	创建或删除索引
17	TRIGGER	触发器的所有操作
18	EVENT	事件的所有操作
19	REFERENCES	创建外键
20	SUPER	超级权限（执行一系列数据库管理命令）
21	CREATE USER	创建、修改或删除用户
22	GRANT OPTION	授予或撤销权限
23	RELOAD	重新加载权限表到系统内存中（FLUSH）
24	FILE	读写磁盘文件
25	LOCK TABLES	锁住表，阻止对表的访问/修改
26	SHUTDOWN	关闭 MySQL 服务器
27	REPLICATION SLAVE	建立主从复制关系
28	REPLICATION CLIENT	访问主服务器或从服务器

因为不同级别的用户权限分别存放在 mysql 系统数据库的 user、db、tables_priv、columns_priv、procs_priv 等权限表中，所以通过 SELECT 语句查询相应的权限表，可以查看用户当前拥有的各级权限。这种查看方法比较复杂，此处不再赘述。

MySQL 提供了 SHOW GRANTS 语句以便查看某个用户所拥有的各级权限，语法格式如下：
SHOW GRANTS [FOR '用户名'@'主机名'];

说明：

- 如果省略 FOR 子句，则表示当前用户查看自己的权限。通过 FOR 子句，root 用户可以查看指定用户的权限。

11.2.2　授予权限

授予用户权限使用 GRANT 语句，语法格式如下：
GRANT 权限[(列名列表)] ON 库名.表名
TO '用户名'@'主机名' [,…]
[WITH with-option[with option]…];

说明：

- 权限表示权限类型，可以是一个或多个，如果是多个，则它们之间要用逗号隔开，如果是全部权限，则可以使用 all privileges，简写为 all。
- 列名列表是可选项，表示权限作用于哪些列上，没有此项则表示权限作用于整个表。
- 如果准备授予的权限对任何数据库都有效（即全局级），则后面的"库名.表名"要写成"*.*"；如果准备授予的权限对指定数据库的所有表都有效，则"库名.表名"要写成"库名.*"。
- 可以把权限一次授予多个用户，用户账号之间用逗号隔开。
- WITH with-option 指定授权选项，with-option 授权选项有以下 5 个子选项。
    ◇ GRANT OPTION：被授权的用户可以将此权限授予其他用户。

    ✧ MAX_QUERIES_PER_HOUR n：每小时最多可执行 n 次查询。
    ✧ MAX_UPDATES_PER_HOUR n：每小时最多可执行 n 次更新。
    ✧ MAX_CONNECTIONS_PER_HOUR n：每小时最多可建立 n 个连接。
    ✧ USER_CONNECTIONS n：单个用户可以同时具有 n 个连接。

对同一用户多次授权，其权限是多次授权的合并。另外，使用 MySQL 8.0 版本，必须先创建用户，再用 GRANT 语句给用户授权，在之前的版本中，可以使用一条 GRANT 语句同时创建用户并给用户授权。

授权或收回授权后，如果原来的权限没有改变，但又不想重启 MySQL 服务，则可以用 flush privileges 语句刷新权限，这条语句的作用是将权限表中的内容提取到内存中。

11.2.3　收回权限

收回用户权限使用 REVOKE 语句，语法格式如下：

REVOKE 权限[(列名列表)] ON 库名.表名 FROM '用户名'@'主机名' [,…];

上述语法格式中各参数的说明同 GRANT 语句的相关说明。

要注意的是，MySQL 的权限不能级联收回。例如，A 用户把权限 X 授予了 B 用户（授权时附带 WITH GRANT OPTION 选项），B 用户再把 X 权限授予了 C 用户，那么 A 用户把 B 用户的 X 权限收回之后，C 用户的 X 权限是不受影响的。

如果用一条语句把一个用户的权限全部收回，则使用下面的语句，语法格式如下：

REVOKE ALL PRIVILEGES,GRANT OPTION FROM '用户名'@'主机名' [,…];

收回某个用户的全部权限后，用户权限回到刚创建时的状态，除登录和连接服务器外，几乎没有其他权限。

【任务实施】

1．查看两个新建本地用户"wang"和"zhang"的权限

查看两个新用户的权限（'zhang'@'localhost'和'wang'@'localhost'）。

分析：以 root 用户身份连接服务器，创建两个用户，查看这两个用户的权限。查看权限用 SHOW GRANTS 语句，可以用 root 用户身份查看权限，也可以让用户连接服务器后查看自己的权限，查看当前用户权限时，应省略后面的 FOR 子句。

（1）用 root 用户身份查看普通用户的权限，代码如下：

SHOW GRANTS FOR 'wang'@'localhost';

执行上述代码，结果如图 11.7 所示。"USAGE ON *.*"表示这个新用户可以连接服务器。

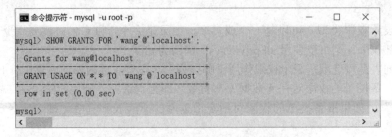

图 11.7　用 root 用户身份查看普通用户权限

（2）用户"zhang"查看自己的权限。

新开一个"命令提示符"窗口，以用户"zhang"的身份连接服务器，代码如下：

SHOW GRANTS;

执行上述代码，结果如图 11.8 所示，可以看到，两个新用户的权限完全一样。

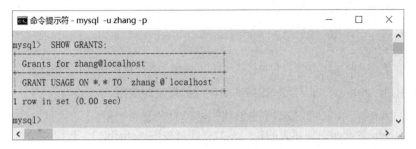

图 11.8 用户"zhang"查看自己的权限

2. 授予用户"zhang"查询及修改 studb 数据库的所有数据表中的数据的权限

授予用户"zhang"查询及修改 studb 数据库的所有数据表中的数据的权限，并允许其将此权限授予其他用户。

分析：多个权限用逗号隔开。因为要授予的权限是操作 studb 数据库中的所有数据表的权限，所以使用数据库级权限（studb.*）。允许用户将得到的权限授予其他用户，需要附带 WITH GRANT OPTION 选项。

代码如下：

GRANT SELECT,UPDATE ON studb.* TO 'zhang'@'localhost' WITH GRANT OPTION;

执行上述代码，查看用户"zhang"的权限，结果如图 11.9 所示，显示授权成功。

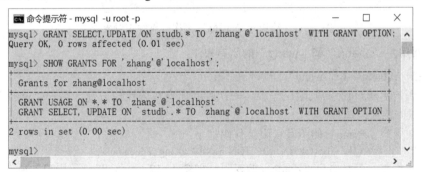

图 11.9 给用户"zhang"授权并查看权限

授权成功后，可以进一步验证授权效果：在图 11.8 中，执行查询或修改 studb 数据库中任意一张数据表的语句，发现都能正常执行，不会出现没有相关权限的系统提示。

3. 通过用户"zhang"给用户"wang"授予查看 stuinfo 表的权限

通过用户"zhang"给用户"wang"授予查看 stuinfo 表的权限。

分析：之前给用户"zhang"授权时附带了 WITH GRANT OPTION 选项，因此，可以通过该用户把权限授予其他用户。查看 stuinfo 表的权限是表级权限（studb.stuinfo），包含在查询 studb 数据库的所有数据表中的数据的权限中。

代码如下：

GRANT SELECT ON studb.stuinfo TO 'wang'@'localhost';

执行上述代码，结果如图 11.10 所示，显示授权成功。如果想进一步验证，可以使用用户"wang"的身份连接服务器，查看 stuinfo 表及其他表，结果显示只有 stuinfo 表可以查看。

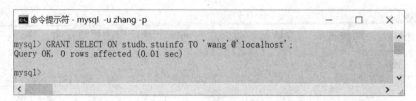

图 11.10　通过用户"zhang"给用户"wang"授予查看 stuinfo 表的权限

4．授予用户"zhang"在 studb 数据库中创建数据表的权限

授予用户"zhang"在 studb 数据库中创建数据表的权限。

分析：在 studb 数据库中创建表的权限是数据库级权限（studb.*），权限类型为 CREATE。

代码如下：

```
GRANT CREATE ON studb.* TO 'zhang'@'localhost';
```

执行上述代码，查看用户"zhang"的权限，结果如图 11.11 所示，对用户"zhang"多次授权后，其权限是多次授权后合并的结果。

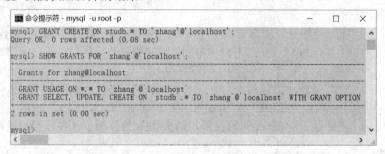

图 11.11　给用户"zhang"再次授权并查看权限

5．收回用户"zhang"和"wang"的所有权限

收回用户"zhang"和"wang"的所有权限。

分析：用户"zhang"的权限比较多，一次收回所有权限比较方便，用户"wang"只有一个权限，直接收回该权限即可。

（1）收回用户"zhang"的所有权限，代码如下：

```
REVOKE ALL PRIVILEGES,GRANT OPTION FROM 'zhang'@'localhost';
```

执行上述代码，查看用户"zhang"的权限，如图 11.12 所示，显示该用户的所有权限已经被收回，恢复到刚被创建时的状态。

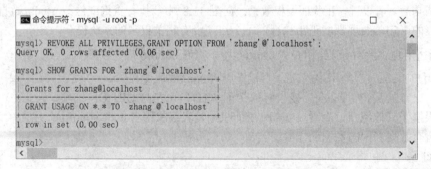

图 11.12　收回用户"zhang"的所有权限

用户"zhang"的所有权限已被收回，查看用户"wang"的权限，证明授予用户"wang"的权限没有受到影响，如图 11.13 所示。

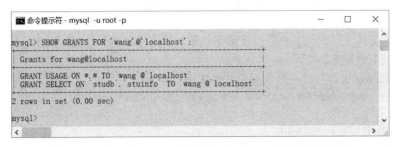

图 11.13　用户"zhang"授予用户"wang"的权限不受影响

（2）收回用户"wang"的查看权限，代码如下：

REVOKE SELECT ON studb.stuinfo FROM 'wang'@'localhost';

执行上述代码，查看用户"wang"的权限，如图 11.14 所示，显示该用户的权限已被收回。

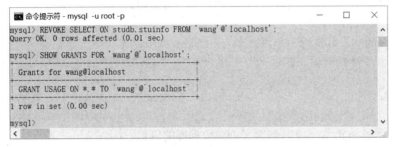

图 11.14　收回用户"wang"的查看权限

任务 11.3　数据的备份与还原

微课视频

【任务描述】

由于软硬件故障、自然灾害和操作失误等意外状况都有可能发生，为了确保数据的安全，需要定期对数据库进行备份。当数据库中的数据被损坏时，可以将备份的数据进行还原，从而最大限度地降低损失。

数据的备份与还原操作不仅可以避免因发生意外状况而造成的数据损失，而且可以实现数据库的迁移。数据库的迁移不能通过简单的复制（或剪切）、粘贴数据文件实现。

在本任务中，请读者对"学生成绩管理"等数据库进行备份和还原，具体任务如下。

（1）备份 studb 数据库，再还原该数据库。

（2）同时备份 studb 数据库和 empdb 数据库，再还原两个数据库。

（3）同时备份所有数据库，再还原所有数据库。

【相关知识】

11.3.1　数据备份

MySQL 提供了一个 mysqldump 数据导出工具，存储在 MySQL 安装目录下的 bin 文件夹中，mysqldump 工具可以将数据导出为一个 SQL 脚本文件，该脚本文件实际上包含了多个 CREATE 语句和 INSERT 语句，执行这些语句可以重新创建数据库、数据表，并给数据表插入数据，实现数据还原。

mysqldump 工具支持一次备份单个数据库、多个数据库和所有数据库。

（1）备份一个数据库。

使用 mysqldump 工具备份一个数据库的语法格式如下：

```
mysqldump -u username -p dbname[tbname1 tbname2…]>backupname.sql
```

说明：

- username 表示执行备份的用户名。
- dbname 表示要备份的数据库的名称，tbname1、tbname2 表示数据库中的表名，可以指定一个或多个，表名之间用空格分隔，如果没有指定数据表，则表示备份整个数据库。
- backupname.sql 表示备份导出的 SQL 脚本文件名，可以包含该文件所在的路径，文件扩展名"sql"表示该文件是 SQL 脚本文件。。
- 备份产生的 SQL 脚本文件不包含创建数据库的语句。

（2）备份多个数据库。

使用 mysqldump 工具备份多个数据库的语法格式如下：

```
mysqldump -u username -p --databases dbname1 dbname2…>backupname.sql
```

说明：

- databases 前面有 2 个"-"，"--databases"后面跟多个数据库名称，数据库名之间用空格分隔。
- 备份产生的 SQL 脚本文件包含了创建数据库的语句。

（3）备份所有数据库。

使用 mysqldump 工具备份多个数据库的语法格式如下：

```
mysqldump -u username -p --all-databases >backupname.sql
```

说明：

- "--all-databases"表示备份所有数据库。
- 备份产生的 SQL 脚本文件包含了创建数据库的语句。

11.3.2　还原数据

完成数据备份操作后，当数据丢失、损坏或需要进行数据库迁移时，利用备份文件可以还原数据。在 MySQL 中，还原数据有两种常用的方式，下面分别介绍。

1. 使用 mysql 工具

在 11.3.1 节中，备份数据时，使用 mysqldump 工具将数据导出到 SQL 脚本文件中，与之相反，mysql 工具（与 mysqldump 在同一文件夹中，一般用它连接服务器）可以读取 SQL 脚本文件，进而导入数据，实现还原数据。

语法格式如下：

```
mysql –u username -p [dbname]< backupname.sql
```

说明：

- dbname 表示要还原数据库的名称，只有还原一个数据库时需要提供。
- backupname.sql 表示要还原的 SQL 脚本文件，如果不在当前路径下，则要指定该文件所在的路径。
- 因为在备份一个数据库时，导出的 SQL 脚本文件（backupname.sql）没有创建数据库的语句，所以在还原一个数据库的数据之前，要先确认该数据库已经存在，如果不存在，则要创建数据库。

2．使用 source 命令

source 命令是 mysql 客户端程序提供的命令，语法格式如下：

```
source backupname.sql
```

说明：

- backupname.sql 表示要还原的 SQL 脚本文件，如果不在当前路径下，则要指定该文件所在的路径。
- 如果 backupname.sql 是单个数据库的备份文件，则执行 source 命令前应先用 USE 语句切换到需要还原的数据库。

【任务实施】

说明：在下面的任务实施过程中，均以 root 用户身份进行操作，备份的 SQL 脚本文件全部存储在 d:\backup 文件夹中。

1．备份 studb 数据库，再还原该数据库

备份 studb 数据库，再还原该数据库。

（1）备份数据。

打开"命令提示符"窗口，输入如下代码：

```
mysqldump -u root -p studb>d:\backup\studb.sql
```

按 Enter 键，执行上述代码，按提示输入 root 用户的密码，结果如图 11.15 所示，显示备份成功。查看 d:\backup 文件夹，发现生成了一个 studb.sql 文件，用记事本打开这个脚本文件，里面没有创建 studb 数据库的语句，但包含了创建 studb 数据库的三张数据表（stuinfo 表、stucourse 表和 stumarks 表），以及向这三张数据表插入记录的 SQL 语句。

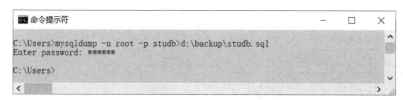

图 11.15　备份一个数据库（studb）

（2）还原数据。

为了验证还原效果，还原数据前，先删除 studb 数据库中的所有数据表。再选用下面任意一种方式还原数据。

注意，删除数据表时，不能删除数据库！其原因是之前备份的脚本文件没有创建数据库的语句。

① 用 mysql 工具，代码如下：

```
mysql -u root -p studb<d:\backup\studb.sql
```

在 DOS 提示符后输入上述代码并执行，按提示输入 root 用户的密码，结果如图 11.16 所示，显示还原成功。启动 mysql 客户端程序，查看 studb 数据库，确认三张数据表已被还原。

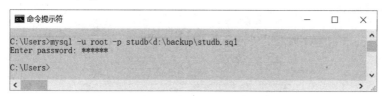

图 11.16　用 mysql 工具还原 studb 数据库

② 用 source 命令。启动 mysql 客户端程序并切换到 studb 数据库，输入如下代码：

```
source d:\backup\studb.sql
```

执行上述代码，系统提示多条语句执行成功（studb.sql 中的 SQL 语句），如图 11.17 所示。
查看 studb 数据库，确认三张数据表已被还原。

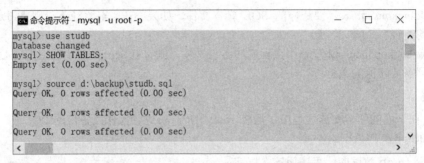

图 11.17　用 source 命令还原 studb 数据库

2. 同时备份 studb 数据库和 empdb 数据库，再还原两个数据库

同时备份 studb 数据库和 empdb 数据库，再还原两个数据库。

（1）备份数据，代码如下：

```
mysqldump -u root –p –databases studb empdb>d:\backup\studb_empdb.sql
```

执行上述代码，按提示输入 root 用户的密码，结果如图 11.18 所示，显示备份成功。查看
d:\backup 文件夹，发现生成了一个 studb_empdb.sql 文件，用记事本打开这个脚本文件，里面除
创建数据表的语句和插入记录的语句外，还有创建 studb 数据库和 empdb 数据库的语句，意味着
还原数据时，这两个数据库可以是不存在的。

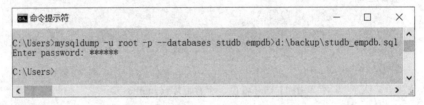

图 11.18　备份多个数据库（studb 和 empdb）

（2）还原数据。

为了验证还原效果，还原数据前，先删除 studb 数据库和 empdb 数据库（其原因是备份的脚
本文件里有创建数据库的语句）。再选用下面任意一种方式还原数据。

① 用 mysql 工具，代码如下：

```
mysql -u root -p<d:\backup\studb_empdb.sql
```

执行上述代码，按提示输入 root 用户的密码，结果如图 11.19 所示，显示还原成功。启动
mysql 客户端程序，查看所有数据库，确认 studb 数据库和 empdb 数据库已被还原。

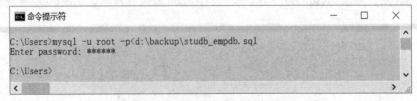

图 11.19　还原多个数据库（studb 和 empdb）

② 用 source 命令。启动 mysql 客户端程序，输入如下代码：

```
source d:\backup\studb_empdb.sql
```

执行上述代码，系统提示多条语句执行成功（studb_empdb.sql 中的 SQL 语句）。

查看所有数据库，确认 studb 数据库和 empdb 数据库已被还原。

3. 同时备份所有数据库，再还原所有数据库

同时备份所有数据库，再还原所有数据库。

（1）备份数据，代码如下：

```
mysqldump -u root -p --all-databases > d:\backup\alldb.sql
```

执行上述代码，按提示输入 root 用户的密码，结果如图 11.20 所示，显示备份成功。查看 d:\backup 文件夹，发现生成了一个 alldb.sql 文件，用记事本打开这个脚本文件，里面包含了恢复 所有数据库所需的 SQL 语句。

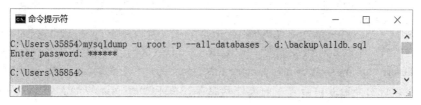

图 11.20　备份所有数据库

（2）还原数据。

还原数据的操作与前面介绍的还原多个数据库的操作类似，此处不再赘述。

【知识拓展】导出与导入表数据

数据备份与还原操作是以 MySQL 数据库的形式使用数据的，但有时需要将 MySQL 数据库 中的数据转换成文本文件、XLS 文件、HTML 文件等形式供其他环境使用；也有可能为了更快速 地向数据表中插入大批量数据，需要将其他形式的数据（如文本文件、XLS 文件等）导入数据表 中。导出和导入操作可以实现以不同文件形式将数据从 MySQL 数据表中输出，反之亦可输入。

在 MySQL 中，导出和导入数据表中的数据有多种操作方式，下面介绍使用 SELECT…INTO OUTFILE 语句和 LOAD DATA INFILE 语句导出与导入数据的方法。

1. 使用 SELECT…INTO OUTFILE 语句导出文本文件

使用 SELECT…INTO OUTFILE 语句将 MySQL 数据表中的数据导出为一个文本文件，执行 该语句需要拥有 FILE 权限。

语法格式如下：

```
SELECT…
INTO OUTFILE '文本文件名'
[option];
```

说明：

- "文本文件名"用于指定导出数据存放的文本文件名，可以包含路径。该路径不可以随 意指定，配置文件 my.ini 中的 secure_file_priv 参数用于限制导出与导入的文件传到哪个 目录，可以通过"SHOW VARIABLES LIKE '%secure%'"语句查询该参数的信息，如果 值为 NULL，则表示不允许进行导出与导入操作；如果值为某一具体的目录，则表示导 出和导入的文本文件只能在该目录中；如果没有值，则表示导出和导入的文本文件可以 在任意目录中。修改 my.ini 文件内容需要重新启动 MySQL 服务。

- option 有以下几种常用选项。
  - ◇ FIELDS TERMINATED BY '字段分隔符'：默认为'\t'。
  - ◇ FIELDS ENCLOSED BY '括住字段值的字符'：默认没有。
  - ◇ FIELDS OPTIONALLY ENCLOSED BY '括住字符型字段值的字符'：默认没有。
  - ◇ FIELDS ESCAPED BY '转义字符'：默认为'\'。
  - ◇ LINES STARTING BY '行开始标志'：可以是单个或多个字符，默认没有。
  - ◇ LINES TERMINATED BY '行结束标志'：可以是单个或多个字符，默认为'\n'。

【例】把 stuinfo 表中的所有女生记录导出到文本文件 student.txt 中（保存到 d:\data 文件夹中），字段值之间用逗号隔开。

代码如下：

```
SELECT * FROM stuinfo WHERE stusex='女'
INTO OUTFILE 'd:/data/stuinfo_female.txt'
FIELDS TERMINATED BY ','
LINES TERMINATED BY '\r\n';   #使每条记录分别占一行，其原因是'\r\n'是 Windows 的换行符。
```

执行上述代码，系统出现错误信息 "ERROR 1290 (HY000): The MySQL server is running with the --secure-file-priv option so it cannot execute this statement"。查看 secure_file_priv 的参数值，如图 11.21 所示，说明当前导出与导入的文件只能保存在 "C:\ProgramData\MySQL\MySQL Server 8.0\Uploads\" 路径下。

修改配置文件 my.ini 中的 secure_file_priv 的参数值，把原来配置 secure_file_priv 参数值的行注释掉，添加如下代码：

```
secure_file_priv=
```

该语句表示导出和导入的文件可以在任意目录中，保存修改内容，重启 MySQL 服务。

重新执行上述代码，结果如图 11.22 所示。

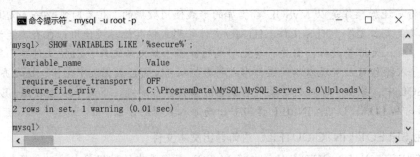

图 11.21　查看 secure_file_priv 的参数值

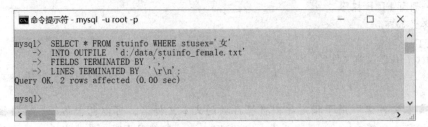

图 11.22　导出 stuinfo 表中的所有女生记录

查看 d:\data 文件夹，找到文本文件 stuinfo_female.txt，该文件的内容如下：

```
S007,肖海燕,女,1994-12-25,山南市红旗路 15 号
S008,张明华,女,1995-05-27,滨江市韶山路 35 号
```

2. 使用 LOAD DATA INFILE 语句导入文本文件

使用 LOAD DATA INFILE 语句将文本文件中的数据导入 MySQL 的数据表中，执行该语句需要拥有 FILE 权限。

语法格式如下：

```
LOAD DATA [LOCAL] INFILE '文本文件名'
INTO TABLE  表名
[option]
[IGNORE n LINES];
```

说明：

- LOCAL 是可选项，表示从指定客户主机读取文件，如果没有指定 LOCAL 参数，则文件必须位于服务器上。
- option 的常用选项与 SELECT…INTO OUTFILE 语句中 option 的常用选项完全相同。
- IGNORE n LINES：表示忽略文件的前 n 行记录。

【例】先删除 stuinfo 表中的所有女生记录，再使用 LOAD 语句将文本文件 stuinfo_female.txt 中的数据导入 stuinfo 表中。

代码如下：

```
LOAD DATA INFILE 'd:/data/stuinfo_female.txt'
INTO TABLE stuinfo
FIELDS TERMINATED BY   ','
LINES TERMINATED BY   '\r\n';
```

删除 stuinfo 表中的所有女生记录，执行上述代码，结果如图 11.23 所示，显示成功地导入了所有女生记录。

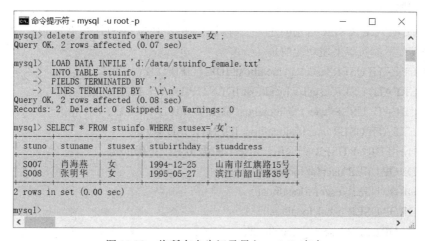

图 11.23 将所有女生记录导入 stuinfo 表中

【同步实训】"员工管理"数据库的安全管理

1. 实训目的

（1）能用语句创建用户、修改用户密码、删除用户。

（2）能用语句查看用户，授予、收回用户权限。

（3）能对一个、多个或所有数据库进行备份，并且还原数据库。

2. 实训内容

（1）用户管理。

① 查看是否存在用户"'user1'@'localhost'"和"'user2'@'%'"，如果存在，则把它们删除。

② 创建一个新用户，用户名为"user1"，密码为"u111"，只允许其从本机登录。

③ 创建一个新用户，用户名为"user2"，密码为"u222"，允许其从其他计算机远程登录。

④ 修改用户"user1"的密码，新密码为"123456"。

（2）权限管理。

① 查看两个新用户"user1"和"user2"的权限。

② 授予用户"user1"查询及修改 empdb 数据库的所有数据表中的数据的权限，并允许其将此权限授予其他用户。

③ 通过用户"user1"给用户"user2"授予查看 dept 表的权限。

④ 授予用户"user1"插入、修改 dept 表的权限。

⑤ 收回用户"user1"和"user2"的所有权限。

（3）备份与恢复。

① 备份 empdb 数据库并还原。

② 备份多个数据库并还原。

习题十一

一、单选题

1. 使用 CREATE USER 语句创建一个新用户，用户名为 user1，密码为 123，本地连接服务器。下列语句中，能实现上述功能的是（   ）。

   A．CREATE USER 'user1'@'localhost' IDENTIFIED BY '123';

   B．CREATE USER user1@localhost IDENTIFIED BY 123;

   C．CREATE USER 'user1'@'localhost' IDENTIFIED TO '123';

   D．CREATE USER user1@localhost IDENTIFIED TO '123';

2. 下列使用 DROP USER 删除用户 user1 的语句中，正确的是（   ）。

   A．DROP USER user1@localhost;

   B．DROP USER 'user1'.'localhost';

   C．DROP USER user1.localhost;

   D．DROP USER 'user1'@'localhost';

3. 下列使用 SHOW GRANTS 语句查询用户 user1 的权限的语句中，正确的是（   ）。

   A．SHOW GRANTS FOR 'user1'@'localhost';

   B．SHOW GRANTS TO user1@localhost;

   C．SHOW GRANTS OF 'user1'@'localhost';

   D．SHOW GRANTS FOR user1@localhost;

4. 下列关于 SHOW GRANTS 语句的描述中，正确的是（   ）。

   A．使用 SHOW GRANTS 语句查询权限信息时一定要指定查询的用户名和主机名

   B．使用 SELECT 语句查询权限信息比使用 SHOW GRANTS 语句更方便

C. 使用 SHOW GRANTS 语句查询权限信息时只需指定查询的用户名

D. 使用 SHOW GRANTS 语句查询当前用户的权限信息时可以省略用户名和主机名

5. 下列关于收回用户 user1 的 INSERT 权限（全局级的）的语句中，正确的是（　　）。

A. REVOKE INSERT ON *.* FROM 'user1'@'localhost';

B. REVOKE INSERT ON %.% FROM 'user1'@'localhost';

C. REVOKE INSERT ON *.* TO 'user1'@'localhost';

D. REVOKE INSERT ON %.% TO 'user1'@'localhost';

6. 下列选项中，可同时备份 mydb1 数据库和 mydb2 数据库的语句是（　　）。

A. mysqldump -uroot –p --databases mydb1,mydb2>d:/ mydb1_mydb2.sql

B. mysqldump -uroot -p --databases mydb1;mydb2>d:/ mydb1_mydb2.sql

C. mysqldump -uroot -p --databases mydb1 mydb2>d:/mydb1_mydb2.sql

D. mysqldump -uroot -p --database mydb1 mydb2<d:/ mydb1_mydb2.sql

7. 下列选项中，用于数据库备份的命令是（　　）。

A. mysqldump   B. mysql

C. store   D. mysqlstore

8. 下列关于 mysqldump 命令的参数的描述中，错误的是（　　）。

A. -u 表示登录 MySQL 的用户名

B. -p 表示登录 MySQL 的密码

C. >符号代表备份文件的具体位置

D. >符号代表备份文件的名称，不能包含路径

二、判断题

1. mysqldump 命令只能备份单个数据库，如果备份多个数据库，则应多次执行该命令。（　　）

2. 使用 root 用户身份登录后，SET 关键字不仅可以修改 root 用户密码，而且可以修改普通用户的密码，修改两者的密码时没有任何区别。（　　）

3. 如果备份了所有的数据库，则在还原数据库时，无须创建数据库并指定要操作的数据库。（　　）

4. 在创建新用户之前，可以通过 SELECT 语句查看 mysql.user 表中有哪些用户。（　　）

5. MySQL 提供了 GRANT 语句，用于为用户授权，合理的授权可以保证数据库的安全。（　　）

6. root 用户具有最高权限，不仅可以修改自己的密码，还可以修改普通用户的密码，而普通用户只能修改自己的密码。（　　）

7. 在 MySQL 中，为了保证数据库的安全性，应将用户非必需的权限收回。（　　）

8. MySQL 的权限可以级联收回，即 A 用户把权限 X 授了了 B 用户（授权时附带 WITH GRANT OPTION 选项），B 用户再把 X 权限授予了 C 用户，那么 A 用户把 B 用户的 X 权限收回之后，C 用户的 X 权限也将失去。（　　）

9. MySQL 提供了 SHOW GRANTS 语句，但在查询权限表中的用户权限信息时，使用该语句比使用 SELECT 语句麻烦。（　　）

10. MySQL 的 user 表中的相关权限字段都是以_priv 结尾的。（　　）

11. 使用 DROP USER 语句一次只能删除一个用户（　　）

12. 使用 source 命令还原数据库时，需要先打开"命令提示符"窗口。 （　）

13. 如果备份了指定的单个数据库，则还原数据库前，可以删除数据库。 （　）

14. 多个数据库的备份脚本文件包含了创建数据库的语句。 （　）

15. 使用 mysqldump 命令备份数据库时，直接在"命令提示符"窗口执行该命令即可，无须登录 MySQL 服务器。 （　）